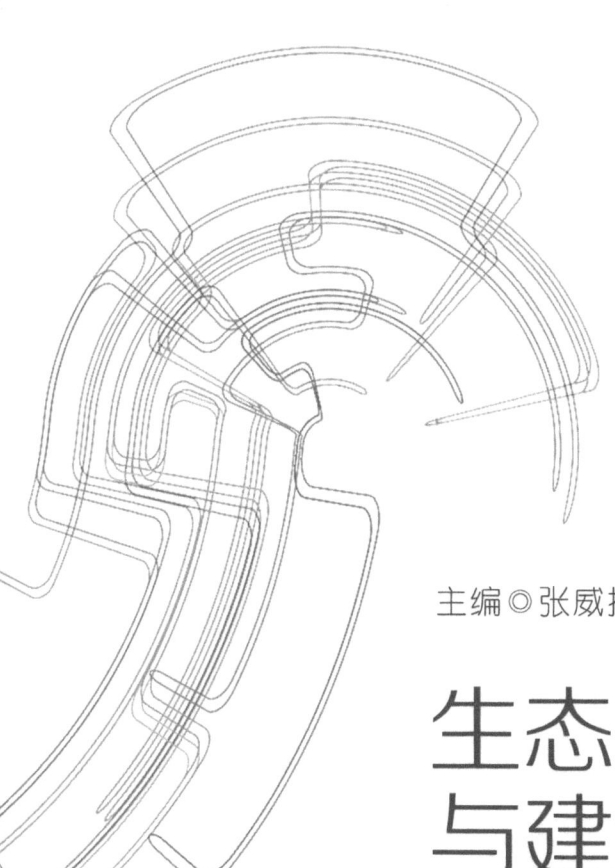

主编◎张威振 刘飞 何佳

生态河道设计与建设研究

河海大学出版社
HOHAI UNIVERSITY PRESS
·南京·

图书在版编目(CIP)数据

生态河道设计与建设研究 / 张威振，刘飞，何佳主编. -- 南京：河海大学出版社，2023.7
ISBN 978-7-5630-8265-0

Ⅰ.①生… Ⅱ.①张…②刘…③何… Ⅲ.①河道整治 Ⅳ.①TV85

中国国家版本馆 CIP 数据核字(2023)第 119110 号

书　　名	生态河道设计与建设研究 SHENGTAI HEDAO SHEJI YU JIANSHE YANJIU
书　　号	ISBN 978-7-5630-8265-0
责任编辑	陈丽茹
文字编辑	唐哲曼
特约校对	李春英
装帧设计	张世立
出版发行	河海大学出版社
地　　址	南京市西康路 1 号(邮编：210098)
网　　址	http://www.hhup.com
电　　话	(025)83737852(总编室)　(025)83787763(编辑室) (025)83722833(营销部)
经　　销	江苏省新华发行集团有限公司
排　　版	南京布克文化发展有限公司
印　　刷	苏州市古得堡数码印刷有限公司
开　　本	718 毫米×1000 毫米　1/16
印　　张	17
字　　数	298 千字
版　　次	2023 年 7 月第 1 版
印　　次	2023 年 7 月第 1 次印刷
定　　价	78.00 元

编委会

主　编　张威振　刘　飞　何　佳
副主编　李　琪　支国强　苏　建
编　委　吴　雪　杨　艳　张　英
　　　　　　刘　韬　王且鲁　王金林

前言

随着我国国民经济的发展,人们的生活水平越来越高,同时对生活的质量也提出了更高的要求,河流系统作为其中的重要组成因素,必然受到广泛的关注。河流作为一个生态系统,提供了自然资源和生存环境两个方面的多种服务功能。生态系统只有保持了结构和功能的完整性,并具有抵抗和恢复能力,才能长期为人类社会服务。因此保证河流的生态系统健康是人类社会可持续发展的根本保证之一。近年来,我国对生态环境的重视程度越来越高,这种情况下,进行生态河道设计,改善河道生态环境势在必行。

基于此,本书以"生态河道设计与建设研究"为题,全书共设置八章:第一章围绕河流生态展开,内容包括河流及其演变、河流生态系统、河流健康及其评价;第二章包括探索生态系统的组成与生态平衡分析、生态水利工程的设计技术、生态河道与河道的生态治理研究;第三章包括生态河道的治理规划设计、生态河道河槽形态与结构设计、生态河道内栖息地的设计、河道生态护岸与缓冲带设计;第四章从堤前波浪要素的确定与计算、堤坝防洪标准与堤岸防护工程、堤防设计的原则与方法分析、堤岸工程的生态修复措施四个方面展开探讨;第五章包括植物措施的应用理论与基本原理、生态河道植物的选择及群落构建、河道植物的管理与养护技术研究、植物造景在生态河道中的艺术表现手法;第六章探究传统河道治理工程与措施、河道水环境生态修复常用技术与方法、生态河道的放淤固堤技术;第七章对河道及其建设项目管理、河道堤防管理、河道堤防的险情处理与河道堤防管理的考核进行论述;第八章探索砂石资源与河道采砂规划、河道采砂许可管理与河道采砂的监督检查。

全书内容通俗易懂,结构层次严谨,条理清晰分明,从河流生态相关基础理论入手,拓展到生态河道工程建设与治理研究,兼具理论与实践价值,可供广大相关工作者参考借鉴。

笔者在撰写本书的过程中,得到了许多专家学者的帮助和指导,在此表示诚挚的谢意。由于笔者水平有限,加之时间仓促,书中所涉及的内容难免有疏漏之处,希望各位读者多提宝贵意见,以便笔者进一步修改,使之更加完善。

目录

第一章　河流生态概述 ··· 001
　第一节　河流及其演变 ··· 001
　第二节　河流生态系统 ··· 023
　第三节　河流健康及其评价 ··· 026

第二章　基于生态水利工程的河道治理 ··································· 041
　第一节　生态系统的组成与生态平衡分析 ································· 041
　第二节　生态水利工程的设计技术 ······································· 047
　第三节　生态河道与河道的生态治理研究 ································· 061

第三章　生态河道设计的具体内容 ······································· 064
　第一节　生态河道的治理规划设计 ······································· 064
　第二节　生态河道河槽形态与结构设计 ··································· 070
　第三节　生态河道内栖息地的设计 ······································· 074
　第四节　河道生态护岸与缓冲带设计 ····································· 080

第四章　生态堤防工程的设计与建设 ····································· 087
　第一节　堤前波浪要素的确定与计算 ····································· 087
　第二节　堤坝防洪标准与堤岸防护工程 ··································· 094
　第三节　堤防设计的原则与方法分析 ····································· 100
　第四节　堤岸工程的生态修复措施 ······································· 113

第五章　生态河道建设的植物措施 ……… 119
第一节　植物措施的应用理论与基本原理 ……… 119
第二节　生态河道植物的选择与群落构建 ……… 126
第三节　河道植物的管理与养护技术研究 ……… 138
第四节　植物造景在生态河道中的艺术表现手法 ……… 148

第六章　生态河道的治理技术研究 ……… 152
第一节　传统河道治理工程与措施 ……… 152
第二节　河道水环境生态修复常用技术与方法 ……… 162
第三节　生态河道的放淤固堤技术 ……… 169

第七章　生态河道堤防管理 ……… 171
第一节　河道及其建设项目管理 ……… 171
第二节　河道堤防管理 ……… 185
第三节　河道堤防的险情处理 ……… 199
第四节　河道堤防管理的考核 ……… 217

第八章　生态河道采砂管理 ……… 222
第一节　砂石资源与河道采砂规划 ……… 222
第二节　河道采砂许可管理 ……… 240
第三节　河道采砂的监督检查 ……… 257

参考文献 ……… 260

第一章

河流生态概述

第一节 河流及其演变

一、河流概述

河流,即地球表面较大的天然水流(如江、河等)的统称。在古代河流既是生活需要,又是生产(灌溉、运输等)需要,也是战争防御的手段。"河流作为人类文明的发源地,对人类的生产和生活具有极其重要的作用。"[①]

(一)河流的相关概念

河流是汇集地表水和地下水的天然泄水通道,是水流与河床的综合体,也就是说,水流和河床是构成河流的两个因素。水流与河床相互依存,相互作用,共同变化发展。水流塑造河床,适应河床,改造河床;河床约束水流,改变水流,同时也受水流改造。通常人们理解的河道是河流的同义词,简而言之,河道就是水流的通道。

天然河谷中被水流淹没的部分,称为河床或河槽。河谷是指河流在长期的流水作用下所形成的狭长凹地。水面与河床边界之间的区域称为过水断面,相应的面积为过水断面面积,或简称为过水面积,它随水位的涨落而变化。显然,过水断面面积随水位的升高而增大。

---

① 李成,高丹丹,杨小露,等.浅析河流生态修复[J].农业与技术,2016,36(5):151.

天然河道的河床，包括河底与河岸两部分。河底是指河床的底部；河岸是指河床的两边。河底与河岸的划分，可以枯水位为界，枯水位以上为河岸，以下为河底。面向水流方向，左边的河岸称为左岸，右边的河岸称为右岸。弯曲河段沿流向的平面水流形态呈凹形的河岸称为凹岸，呈凸形的河岸称为凸岸。在河流的凹岸附近，水深较大，称为深槽。两反向河湾之间的直段，水深相对较浅，称为浅滩。深槽与浅滩沿水流方向通常交替出现，具有一定的规律。深泓线是指沿流程各断面河床最低点的平面平顺连接线。主流线（水流动力轴线）指沿程各断面最大垂线平均流速处的平面平顺连接线。中轴线指河道在平面上沿河各断面中点的平顺连线，一般以中水河槽的中心点为据定线，它是量定河流长度的依据。

（二）河流的水源补给

河流的水源补给，是指河流中水的来源，河流的水文特性在很大程度上取决于水源补给类型，我国河流的水源补给有以下类型：

1. 雨水补给

河流的雨水补给是我国河流补给的主要水源，由于各地气候条件的差异，不同地区的河流雨水补给所占的比例有较大的差别。我国雨水补给量的分布，基本上与降水的分布一致，一般由东南向西北递减。

秦岭以南、青藏高原以东地区，雨量充沛，河流主要是雨水补给，补给量一般占河川年径流量的60%～80%。在这些地区冬天虽有降雪，但一般不能形成径流。东北、华北地区的河流虽有季节性积雪融水和融冰补给，但这部分水源仍占次要地位，雨水仍是各河流的主要补给源。

以雨水补给为主的河流，其水情特点是水位与流量增减较快，变化较大，在时程上与降水有较好的对应关系。由于雨量的年内分配不均匀，径流的年内分配也不均匀，且年际变化也比较大，丰枯变化悬殊。

2. 冰雪融水补给

冰雪融水，包括冰川、永久积雪融水及季节性积雪融水。冰川和永久积雪融水补给的河流，主要分布在我国西北内陆的高山地区。位于盆地边缘面临水汽来向的高山地区，气候相对较温润，不仅有季节雪，而且有永久积雪和冰川，因此高山冰雪融水成为河流的重要补给源。在某些地区，甚至成为河流的唯一水源。

季节性积雪融水补给主要发生在我国东北地区,补给时间主要在春季。由于东北地区冬季漫长,降雪量比较大,如大、小兴安岭地区和长白山地区,积雪厚度一般都在0.2 m以上,最厚年份可达0.5 m以上,春季融雪极易形成春汛,这种春汛正值桃花盛开之时,所以也称为桃花汛。这种春汛形成的径流,可占年径流量的15%左右。华北地区积雪不多,季节性积雪融水补给量占年径流量的比重不大,但春季融水有时可以形成不甚明显的春汛。季节性积雪融水补给的河流,其水量的变化在融化期与气温变化一致,径流的时程变化比雨水形成的径流平缓。

冰雪融水补给主要发生在气温较高的夏季,其水文特点是具有明显的日变化和年变化,其水量的年际变化幅度要比雨水补给的河流小,这是因为融水量与太阳辐射、气温的变化一致,且气温的年际变化比降雨量的年际变化小。

3. 地下水补给

地下水补给,是我国河流补给的普遍形式,特别是在冬季和少雨或无雨季节,大部分河流的水量基本上都来自地下水。由于各地区和河道本身水文地质条件的差异,地下水在年径流中的比例差异也较大。例如,东部湿润地区一般不超过40%,干旱地区更小。青藏高原由于地处高寒地带,地表风化严重,岩石破碎,有利于下渗,此外还有大量的冰水沉积物分布,致使河流获得大量的地下水,如狮泉河地下水占年径流的比重可达60%以上。我国西南岩溶地区(也称为喀斯特地区),由于具有发达的地下水系,暗河、明河交替出现,成为特殊的地下水补给区。

地下水实际上是雨水或冰雪融水渗入地下转化形成的,由于地下水流运动缓慢,又经过地下水库的调节,所以地下径流过程变化平缓,消退也缓慢。因此,以地下水补给为主的河流,其水量的年内分配和多年变化都较均匀。对于干旱年份,或者人工过量开采地下水以后,地下水的收支平衡常遭受破坏,这时河流的枯水(基流)将严重减少,甚至枯竭。

除少数山区间歇性小河外,一般河流常有两种及以上的补给形式,既有雨水补给也有地下水补给,或者还有季节性积雪融水补给。从这些补给中获得的水量,对不同的地区或同一地区不同的河流都是不同的。如淮河到秦岭一线以南的河流,只有雨水和地下水补给;以北的河流还有季节性积雪融水补给；西北和西南高原的河流，各种补给都存在。山区河流补给还具有垂直地带性，随着海拔的变化，其补给形式也不同。如新疆的高山地带，河流以冰雪融水、季节性积雪融水补给为主；而在低山地带以雨水补给为主；中山地带冰雪融水、雨水和地下水补给都占有一定比重。同一河流在不同季节，各种水源的补给量所占的比例亦有明显差异。如以雨水补给为主的河流，雨季径流的绝大部分为降雨所形成，而枯水期则基本靠地下水补给来维持。东北的河流在春汛径流中，大部分为季节性融水，而雨季的径流主要由雨水形成，枯水季节则以地下水补给为主。

虽然地下水是河流水量的补给来源之一（这主要是指在河流水位低于地下水位的条件下），但在洪水期或高水位时期，如果河流水位高于地下水位，这时河流又会补给两侧的地下水。河流与地下水之间的这种相互补给，水文学上称为"水力联系"。水力联系的概念，在水资源评价和水文分析计算中具有重要意义，这种水力联系必须在河流切割地下含水层时才会发生相互补给。在某些特殊情况下，水力联系只是单方面的，河流只补给地下水，而地下水无法补给河流，如黄河的中下游地区。

（三）河流的分类、分段与分级

1. 河流的分类

根据不同的划分标准，河流可以有以下6种分类：

（1）按照流经的国家分类。按照河流流经的国家，可分为国内河流与国际河流。国内河流简称"内河"，是指完全处于一国境内的河流。国际河流是指流经或分隔两个及两个以上国家的河流。这类河流由于不完全处于一国境内，所以流经各国领土的河段，以及分隔两国界河的分界线两边的水域，分属各国所有。国际河流有时特指已建立国际化制度的河流，一般允许所有国家的船舶特别是商船无害航行。

1994年，联合国国际法委员会第四十六届会议工作报告把国际河流的概念统一到"国际水道"中，它包括了涉及不同国家同一水道中相互关联的河流、湖泊、含水层、冰川、蓄水池和运河。

我国是国际河流众多的国家，包括珠江、黑龙江、雅鲁藏布江在内共有40余条，其中主要的国际河流有15条。

（2）按照最终归宿分类。按照河流的归宿不同，可分为外流河和内流河

（内陆河）。通常把流入海洋的河流称为外流河；流入内陆湖泊或消失于沙漠之中的河流称为内流河。如亚马孙河、尼罗河、长江、黄河、海河、珠江等属于外流河；我国新疆的塔里木河、伊犁河，甘肃的黑河等属于内流河。

（3）按照河流的补给类型和水情特点分类。按照河流水源补给途径将河流划分为融水补给为主（具有汛水的河流）的河流、融水和雨水补给为主（具有汛水和洪水的河流）的河流和雨水补给为主（具有洪水的河流）的河流3种类型。

在我国以融水补给为主的河流，主要分布在大兴安岭北端西侧、内蒙古东北部及西北的高山地区，汛水可分为春汛、春夏汛和夏汛三种类型；由融水和雨水补给的河流，主要分布在东北和华北地区；以雨水补给为主的河流，主要分布在秦岭—淮河以南、青藏高原以东的地区。

（4）按照河水含沙量大小分类。按照河水含沙量大小，可分为多沙河流与少沙河流。多沙河流，每立方米水中的泥沙含量常在几十千克、几百千克甚至千余千克；而少沙河流，则河水"清澈"，每立方米水中的泥沙含量常在几千克甚至不足1 kg。所谓"泾渭分明"的词语，正是两条河流河水含沙量的显著差异的反映。

（5）按照流经地区分类。在河床演变学中，一般将河流分为山区河流与平原河流两大类。

第一，山区河流。山区河流为流经地势高峻、地形复杂的山区和高原的河流。山区河流以侵蚀下切作用为主，其地貌主要是水流侵蚀与河谷岩石相互作用的结果。内营力在塑造山区河流地貌上有重要作用，旁向侵蚀一般不显著，两岸岩石的风化作用和坡面径流对河谷的横向拓宽有极为重要的影响，河流堆积作用极为微弱。

第二，平原河流。平原河流是流经地势平坦、土质疏松的冲积平原的河流。平原本身主要由水流挟带的大量物质堆积而成，其后由于水流冲蚀或构造上升运动原因，河流微微切入原来的堆积层，形成开阔的河谷，在河谷上常留下堆积阶地的痕迹。河流的堆积作用在河口段形成三角洲，三角洲不断延伸扩大，形成广阔的冲积平原。

通常又将冲积平原河流按其平面形态及演变特性分为顺直型、蜿蜒型、分汊型及游荡型4类。顺直型即中心河槽顺直，而边滩呈犬牙交错状分布，并在洪水期间向下游平移。蜿蜒型即呈现蛇形弯曲，河槽比较深的部分靠近凹岸，而边滩靠近凸岸。分汊型分为双汊或者多汊。游荡型河床分布着较密集的沙滩,河汊纵横交错,而且变化比较频繁。

(6)按照是否受人为干扰分类。按河流是否受到人为干扰,可分为天然河流与非天然河流。天然河流其形态特征和演变过程完全处于自由发展之中;而非天然河流或称半天然河流,其形态和演变在一定程度上受限于人为工程干扰或约束,如在河道中修建的丁坝、矶头、护岸工程、港口码头、桥梁、取水口和实施人工裁弯等。目前,自然界中的河流,完全不受人为干扰影响的已越来越少见。

2. 河流的分段

一条大河从源头到河口,按照水流作用的不同以及所处地理位置的差异,可将河流划分为河源、上游、中游、下游和河口段。

河源就是河流的发源地,河源以上可能是冰川、湖泊、沼泽或泉眼等。对于大江大河,支流众多,一般按"河源唯长"的原则确定河源,即在全流域中选定最长、四季有水的支流对应的源头为河源。

上游指紧接河源的河谷窄、比降和流速大、水量小、侵蚀强烈、纵断面呈阶梯状并多急滩和瀑布的河段。上游一般位于山区或高原,以河流的侵蚀作用为主。

中游大多位于山区与平原交界的山前丘陵和平原地区,以河流的搬运作用和堆积作用为主。其特点是水量逐渐增加,比降和缓,流水下切力开始减小,河床位置比较稳定,侵蚀和堆积作用大致保持平衡,纵断面往往呈平滑下凹曲线。

下游多位于平原地区,河谷宽阔、平坦,河道弯曲,河水流速小而流量大,以河流的堆积作用为主,到处可见沙滩和沙洲。

河口是指河流与海洋、湖泊、沼泽或另一条河流的交汇处,可分为入海河口、入湖河口、支流河口等。河口段位于河流的终端,处于河流与受水盆(海洋、湖泊以及支流注入主流处)水体相互作用下的河段。

许多江河在分段时,一般只分为上游、中游和下游三段。对于大江大河而言,上游一般位于山区或高原,下游位于平原,而中游则往往为从山区向平原的过渡段,可能部分位于山区,部分位于平原。

3. 河流的分级

河流的分级方法很多。比如,按流域水系中干、支流的主次关系,常见的有两种分级方法:①从河流水系的研究分析方便考虑,把最靠近河源的细沟作为一级河流,最接近河口的干流作为最高级别的河流,但是,这在具体划分上又存在不同的做法;②把流域内的干流作为一级河流,汇入干流的大支流作为二级河流,汇入大支流的小支流作为三级河流,依次类推。

在我国,各地对河道等级的划分不尽相同。如上海市按事权将河道划分为市管河道、区(县)管河道、乡(镇)管河道;浙江省按事权将河道划分为省级河道、市级河道、县级河道和其他河道4个等级,按河道重要性划分为骨干河道与一般河道,按河道流经的地域划分为城市河道与乡村河道。

(四)河流的基本特征

河流的基本特征大致可从三个方面进行描述:形态特征、水文特征和流域特征。

1. 河流的形态特征

河流的形态特征主要用河流的地貌、长度、弯曲系数、断面、落差、比降等参数表示。

(1)地貌。山区河流多急弯、卡口,两岸和河心常有突出的巨石,河谷狭窄,横断面多呈V形或不完整的U形,两岸山嘴突出,岸线犬牙交错很不规则,常形成许多深潭,河岸两侧形成数级阶地。平原河流横断面宽浅,浅滩、深槽交替,河道蜿蜒曲折,多江心洲、曲流与汊河。河床断面多为U形或宽W形,较大的河流上游和中游一般具有山区河流的地貌特征,而其下游多为平原河流;对于较小的河流,整条河流可能为山区河流或平原河流。

(2)长度。河长通常是指河流由河源至河口的河道中轴线的长度,它是确定河流比降、估算水能、确定航程、预报洪水传播时间等的重要参数。一般而言,河长基本能反映出河流集水面积的大小,即河长越长,河流集水面积越大,反之亦然。

(3)弯曲系数。河流平面形状的弯曲程度,可以用弯曲系数表示,即干流河源至河口两端点间的河长与其直线距离之比,它是研究河流水力特性和河床演变的一个重要指标,其数值的大小,取决于流域的地形、地质、土壤性质和水流特性等因素。弯曲系数越大,表明河流越弯曲,径流汇集相对较慢。

(4)断面。河流断面分为横断面和纵断面。

第一,河流横断面。垂直于水流方向的断面称为横断面,简称断面。在枯水期,有水流的部分称为基本河床或主槽;在洪水期,能被水淹没的部分称为洪水河床或滩地。断面内有水流流经的部分称为过水断面,过水断面的大小随水位和断面形状而变化。从上游至下游,一条河流有无数个横断面,各个横断面的形状各异,且受冲淤变化影响。河流的横断面是河流平面形态与水流长期相互作用、相互影响的结果,在顺直河段、弯曲河段与河流上下游河段,都有其特定的横断面形态。

第二,河流纵断面。河流纵断面是指从河源到河口之间河床最低点的连线,它表示了河槽纵向坡度或高程沿流向的变化情况。河流的纵断面图可通过实地测绘或在地形图上量算后绘制。河流纵断面特征可用落差或河底比降表示。任意河段两端的高程差称为落差,单位河长的落差称为比降。河流比降有水面比降与河底比降之分,此处特指河底比降。河流沿程各河段的比降不同,一般从上游向下游逐渐减小。

第三,河流断面横比降。地球自转产生的偏向力垂直于物体运动的方向,物体的运动在其作用下发生偏转。在北半球向右偏转,在南半球向左偏转,地球上的河道水流也不例外。尤其是在弯曲河段,由于地球自转及河道弯曲离心力的作用,河道横断面的水面并非完全水平,水流除向下游流动外,还发生垂直于主流方向的横向流动,这是存在水面横比降的缘故。水面横比降是指左、右岸水面的高程差与断面的河宽之比。

第四,横向环流。由于存在横比降,河流中表层的水流将向左岸流动,底层的水流将向右岸流动,它们构成一个横向环流。横向环流与河轴垂直,表层横向水流与底层横向水流的方向相反。横向环流与纵向的主水流结合起来,成为江河中常见的螺旋流,这种螺旋流使平原河道的凹岸受到冲刷,形成深槽,使凸岸受到淤积,形成浅滩。横向环流使水流不仅具有下切的能力,还具有侧向侵蚀的能力,这对认识河流地貌的形成与河流治理具有重要的意义。

2. 河流的水文特征

水文特征,主要是指某一河流降雨、流量、径流、水位、洪水、泥沙、潮汐、水质等。

(1) 降雨。降雨是指在大气中冷凝的水汽以不同方式下降到地球表面的天气现象。降雨的原理是地球上的水受到太阳光的照射后变成水蒸气,蒸发到空气中,水汽在高空遇到冷空气便凝聚成小水滴。从天空降落到地面上的雨水,未经蒸发、渗透、流失而在水面上积聚的水层深度,称为降雨量。把一点(或面上)的降水量、降水历时与降水强度称为降水三要素。降水量是指一场降水或一定时段内降落在某点或某一单位面积上的水层深度,以 P 表示,单位为 mm。降水历时是指一场降水从开始到结束持续的时间,以 t 表示,单位为 min、h 或 d。降水强度是指单位时间的降水量,又称为降雨率,以 i 表示,单位为 mm/min 或 mm/h。某时段内的平均降水强度与降水量、降水历时的关系为:

$$i = \frac{P}{t} \tag{1-1}$$

除了降水三要素外,描述一场降雨还需要知道降水面积和暴雨中心等。其中,降水面积是指降雨笼罩的水平范围,以 F 表示,单位为 km^2;暴雨中心是指雨量很集中的局部地区或某点,由等雨量线图可以了解暴雨中心所在位置。

(2) 流量。流量 Q 是指单位时间通过某河流断面的水量,以 m^3/s 计。流量有瞬时流量与平均流量之分。瞬时流量指某时刻通过河流断面的水量,一般用流量过程线表示。流量过程线的上升部分为涨水段,下降部分为退水段,最高点称为洪峰流量,简称洪峰,记为 Q_{max}。平均流量指某时段内通过河流断面的水量与时段的比值,常用的时段有日、月、年、多年,对应的为日平均流量、月平均流量、年平均流量、多年平均流量,也有某些特定时段的平均流量。多年平均流量是各年流量的平均值,如果统计的实测流量年数无限大,那么多年平均流量就趋于一个稳定的数值,即正常流量,它是反映一条河流水量多少的指标,是径流的重要特征值。

(3) 径流。径流是指由大气降水所形成的、在重力作用下沿着流域地面和地下向河川、湖泊或水库等水体流动的水流。其中,沿着地面流动的水流称为地面径流(或地表径流);在土壤中沿着某一界面流动的水流称为壤中流;在饱和土层及岩石中沿孔隙流动的水流称为地下径流;汇集到河流后,沿着河床流动的水流称为河川径流。

流域内,自降雨开始到水流汇集到流域出口断面的整个过程,称为径流形成过程。径流的形成是一个复杂的过程,大体可概化为两个阶段,即产流阶段和汇流阶段。当降雨满足了蒸发、植物截留、洼地蓄水和表层土壤储存后,后续降雨强度超过下渗强度,超渗雨沿坡面流动注入河槽的过程为产流阶段。降雨产生的径流,汇集到附近河网后,又从上游流向下游,最后全部流经流域出口断面,叫河网汇流,即为汇流阶段。

(4) 水位。河流的自由水面距离某基面零点以上的高程称为水位。由于历史原因,许多大江大河使用大沽基面、吴淞基面、1956黄海基面等作为基准面。

第一,水深。水深是指河流的自由水面离开河床底面的高度。河流水深是绝对高度指标,可以直接反映出河流水量的大小,而水位是相对高度指标,必须明确某一固定基面才有实际意义。

第二,起涨水位。一次洪水过程中,涨水前最低的水位。

第三,警戒水位。当水位继续上涨达到某水位时,河道防洪堤可能出现险情,此时防汛护堤人员应加强巡视,严加防守,随时准备投入抢险,该水位即定为警戒水位。警戒水位主要根据堤防标准及工程现状、地区的重要性、洪水特性确定。

第四,保证水位。按照防洪堤设计标准,保证在此水位时堤防不决堤。

第五,水位过程线与水位历时曲线。以水位为纵轴,时间为横轴,绘出水位随时间的变化曲线,称为水位过程线。某断面上一年水位不小于某一数值的天数,称为历时。在一年中按各级水位与相应历时点绘的曲线称为水位历时曲线。

(5) 洪水。河流洪水是指短时间内大量来水超过河槽的容纳能力而造成河道水位急涨的现象。洪水发生时,流量剧增,水位陡涨,可能造成堤防满溢或决口成灾。按洪水成因可分为暴雨洪水、风暴潮洪水、冰凌洪水、溃坝洪水、融雪洪水等。

河流洪水从起涨至峰顶到退落的整个过程称为洪水过程。描述一场洪水的指标要素很多,主要有洪峰流量及洪峰水位、洪水总量及时段洪量、洪水过程线、洪水历时与传播时间、洪水频率与重现期、洪水强度与等级等。在水文学中,常将洪峰流量(或洪峰水位)、洪水总量、洪水历时(或洪水过程线)称为洪水三要素。

一般来说,山区河流暴雨洪水的特征是坡度陡、流速大、水位涨落快、涨落幅度大,但历时较短,洪峰形状尖瘦,传播时间较快;平原河流的洪水坡度较缓、流速较小、水位涨落慢、涨幅也小,但历时长,峰形矮胖,传播时间较短。中小河流因流域面积小,洪峰多单峰;大江大河因为流域面积大、支流多,洪峰往往会出现多峰。

(6) 泥沙。随河水运动和组成河床的松散固体颗粒,叫作泥沙。不同河流挟带泥沙的数量有显著差异。河流泥沙的主要来源是流域表面的侵蚀和河床的冲刷,因此泥沙的多少和流域的气候、植被、土壤、地形等因素有关。

天然河流中的泥沙,按其是否运动可分为静止和运动的泥沙两大类。组成河床静止不动的泥沙称为床沙质;运动的泥沙又分为推移质和悬移质两类,两者共同构成河流输沙的总体。推移质泥沙较粗,沿河床滚动、滑动或跳跃运动;悬移质泥沙较细,在水中浮游运动。河流的泥沙情况通常用含沙量、输沙量等指标来描述。

第一,含沙量。含沙量指单位体积水中所含悬移质的质量。天然河道中悬移质含沙量沿垂线分布是自水面向河底增加的。泥沙颗粒愈小,沿垂线分布愈均匀。含沙量在断面内的分布,通常为靠近主流处较两岸大。黄河是世界上含沙量最大的一条河流。

第二,输沙量。输沙量指单位时间内通过单位面积的断面所输送的沙量。绝大多数河流的含沙量与输沙量高值集中在汛期。

(7) 潮汐。河流入海河口段在日、月引潮力作用下引起水面周期性的升降、涨落与进退的现象,称潮汐。河流潮汐是河流入海口河段的一种自然现象,古代称白天的为"潮",晚上的为"汐",合称为"潮汐"。入海河口段受径流、潮汐的共同作用,水动力条件复杂,通常把潮汐影响所及之地作为河口区。潮汐通常用潮位、潮差等特征值来描述。

第一,潮位。受潮汐影响周期性涨落的水位称为潮位,又称潮水位。

第二,平均潮位。某一定时期内的潮位平均值称为该时期的平均潮位。某一定时期内的高(低)潮位的平均值称为该时期平均高(低)潮位。

第三,最高(低)潮位。某一定时期内的最高(低)潮位值。

第四,潮差。在一个潮汐周期内,相邻高潮位与低潮位间的差值称为潮差。

第五,平均潮差。某一定时期内潮差的平均值称为平均潮差。我国东海沿岸平均潮差约 5 m,渤海、黄海的平均潮差 2~3 m,南海的平均潮差小于 2 m。

第六,最大潮差。某一定时期内潮差的最大值称为最大潮差。

(8) 水质。水质是指水和其中所含的物质组分所共同表现出的物理、化学和生物学的综合特性,也称为水的质量,通常用水的一系列物理、化学和生物指标来反映。

3. 河流的流域特征

河流的流域特征，主要包括流域面积、流域长度、流域平均宽度、流域形状系数、流域平均高程、流域平均坡度、河流密度、地理位置、气候条件、下垫面条件等。

(1) 流域面积。流域分水线和河口断面所包围的面积称为流域面积。流域面积是河流的重要特征值，其大小直接影响河流水量大小及径流的形成过程。自然条件相似的两个或多个地区，一般流域面积越大的地区，河流的水量也越丰富。

(2) 流域长度。确定流域长度的常用方法有三种，可依据研究目的选用：①从流域出口断面沿主河道到流域最远点的距离；②从流域出口断面至分水线的最大直线距离；③用流域平面图形几何中心轴的长度（也称流域轴长）表示，即以流域出口断面为圆心做若干个不同半径的同心圆弧，每个圆弧与流域边界的两个交点连成一割线，各割线中点连线的总长度即为流域几何轴长。

(3) 流域平均宽度。流域面积除以流域长度即得流域平均宽度。流域平均宽度越小，表明流域形状越狭窄，水流越分散，从而形成的洪峰流量小，洪水过程平缓；若流域平均宽度接近于流域长度，则流域形状近于正方形，水流较集中，形成的洪峰流量大，洪水过程较集中。

(4) 流域形状系数。流域平均宽度与流域长度之比称为流域形状系数。流域形状系数越大，表明流域形状越近于扇形，洪水过程越集中，从而形成尖瘦的洪水过程线；流域形状系数越小，表明流域形状越狭长，洪水过程越平缓，从而形成矮胖的洪水过程线。

(5) 流域平均高程。流域平均高程是指流域地面分水线内的地表平均高程，常用流域内各相邻等高线间的面积与其相应平均高程的乘积之和，再与流域面积的比值（面积加权法）计算。

(6) 流域平均坡度。流域平均坡度又称地面平均坡度，它是坡地漫流过程的一个重要影响因素，在小流域洪水汇流计算中是一个重要参数。

(7) 河流密度。河流密度是指单位流域面积内的河流长度，即干、支流河流的总长度与流域面积的比值，用来表征流域内河流的发育程度。

(8) 地理位置。流域的地理位置一般用流域中心或其边界的经纬度表示，如黄河流域位于北纬32°~42°和东经96°~119°。纬度相同地区的气候比较一致，所以东西方向较长的流域，流域上各处水文特征的相似程度较大。

另外,还需要说明所研究流域距离海洋的远近以及与其他流域和周围较大山脉的相对位置。流域距离海洋的远近和较大山脉的相对位置,影响水汽的输送条件,直接导致降雨量的大小和时空分布的不同。

(9) 气候条件。流域的气候要素包括降水、蒸发、气温、湿度、气压、风速等。河流的形成和发展主要受气候因素控制,即有"河流是气候的产物"之说。降水量的大小及分布直接影响河流年径流的多少;蒸发量则对年、月径流有重大影响。气温、湿度、风速、气压等主要通过影响降水和蒸发,从而间接影响流域径流。

(10) 下垫面条件。流域的下垫面指流域的地形、地质构造、土壤和岩石性质、植被、河流、湖泊、沼泽等情况,这些要素以及上述河流特征、流域特征都反映了每一水系形成过程的具体条件,并影响径流的变化规律。在天然情况下,水文循环中的水量、水质在时间上和地区上的分布与人类的需求是不相适应的。为了解决这一矛盾,长期以来人类采取了许多措施,如通过兴修水利、植树造林、水土保持、城市化等来改造自然以满足人类的需要。人类的这些活动,在一定程度上改变了流域的下垫面条件,从而引起水文特征的变化。因此,研究河流及径流的动态特性时,需对流域的自然地理特征及其变化状况进行专门的分析研究。

(五) 河流的重要功能

由于河流具有自然和社会属性,故把河流功能分为自然功能、生态功能和社会功能共三个功能。一般来说,河流自然、生态功能用于满足河流自身需求,河流社会功能用于满足人类需求。

1. 自然功能

河流在自然演变、发展过程中,在水流的作用下,起着调蓄洪水的运动、调整河道结构形态、调节气候等方面的作用,这即是河流的自然调节功能,归纳起来,主要包括水文调蓄功能、输送物质与能量功能、塑造地质地貌功能、调节周边气候功能。

(1) 水文调蓄功能。河流是水流的主要宣泄通道,在洪水期,河流能蓄滞一定的水量,减少洪涝灾害,起到调蓄分洪功能。河岸带植被可以调节地表和地下水文状况,使水循环途径发生一定的变化。洪峰到来时,河岸带植被可以减小洪水流速,削弱洪峰,延滞径流,从而储蓄和抵御洪水。而在枯水期,河流可以汇集源头和两岸的地下水,使河道中保持一定的径流量,也使不同地区间的水量得以调剂,同时能够补给地下水。河岸植被可以涵养水源,维持土壤水分,保持地表与地下水的动态平衡。

(2)输送物质与能量功能。河流生命的核心是水,命脉是流动,河水的流动形成了一个个天然线形通道。河流可以为收集、转运河水和沉积物服务。许多物质、生物通过河流进行地域移动,在这个物质输送搬移的过程中,达到了物质和能量交换的目的,河道和水体成为重要的运输载体和传送媒介。河中水流沿河床流动,其流速和流量会产生动能,并借助多变的河道和水流对流水侵蚀而来的泥土、砂石等各种物质进行输移搬运。

(3)塑造地质地貌功能。由于径流流速和落差,所形成的水动力切割地表岩石层,搬移风化物,通过河水的冲刷、挟带和沉积作用,形成并不断扩大流域内的沟壑水系和支干河道,也相应形成各种规模的冲积平原,并填海成陆。河流在冲积平原上蜿蜒游荡,不断变换流路,相邻河流时分时合,形成冲积平原上的特殊地貌,也不断改变与河流有关的自然环境。

(4)调节周边气候功能。河流的蒸发、输水作用能够改变周边空气的湿度和温度。

2. 生态功能

河流生态功能,主要指在输送淡水和泥沙的同时,运送由雨水冲刷而带入河中的各种物质和矿物盐类,为河流、流域内和近海地区的生物提供营养物并运送种子,排走和分解废弃物,以各种形态为它们提供栖息地,使河流成为多种生态系统生存和演化的基本保证条件。

(1)栖息地功能。河流生物栖息地,又称河流生境,指为河流生命体提供生活、生长、繁殖、觅食等生命赖以生存的局部环境,形成于河流演化的区域背景上,并构成了河流生命体的基础支持系统,是河流生态系统的重要组成部分。河流生物栖息地一般分为功能性栖息地和物理性栖息地。常见的功能性栖息地有岩石、卵石、砾石、砂、粉砂等无机物类,以及根、蔓生植物、边缘植物、落叶、木头碎屑、挺水植物、浮叶植物、阔叶植物、苔藓、海藻等植物类。常见的物理性栖息地有浅滩和深潭相间、急流和缓流相间、岸边缓流和回流等。

河流通常会为很多物种提供非常适合生存的条件,这些物种利用河流进行生存以形成重要的生物群落。在通常情况下,宽阔的、互相连接的河流会比那些狭窄的、性质相似的并且高度分散的河流存在着更多的生物物种。河流为一些生物提供了良好的栖息地和繁育场所,河边较平缓的水流为幼种提供了较好的生存与活动环境。如近岸水边适宜的环境结构和水流条件为鱼卵的孵化、幼鱼的生长以及鱼类躲避捕食提供了良好的环境,因此许多鱼类喜欢将卵产在水边的草丛中。

(2) 通道作用。河流水系以水为载体,连接陆相与海相、高山与河谷,沿河道收集和运送泥沙、有机质、各类营养盐,参与全球氮、磷、硫、碳等元素的循环。通道作用是指河流系统可以作为能量、物质和生物流动的通路,河流中流动的水体,为收集和转运河水与沉积物服务。河流既可以作为横向通道也可以作为纵向通道,使生物和非生物物质可以向各个方向运移。对于迁徙性野生动物和运动频繁的野生动物来说,河流既是栖息地又是通道。河流通常也是植物分布和植物在新的地区扎根生长的重要通道。流动的水体可以长距离地输移和沉积植物种子;在洪水泛滥时期,一些成熟的植物可能也会连根拔起、重新移位,并且会在新的地区重新存活生长。

野生动物也会在整个河流内的各个部分通过摄食植物种子或是挟带植物种子而造成植物的重新分布。生物的迁徙促进了水生物种与水域发生相互作用,因此河流的连通性对于水生物种的移动是非常重要的。

(3) 水质净化功能。河流在向下游流动过程中,在水体纳污能力范围内,通过水体的物理、化学和生物作用,使得排入河流的污染物质的浓度随时间不断降低,这就是河流的水质净化功能,也叫水体自净能力。水质净化的物理过程主要为自然稀释,保证河流生态系统具有足够的生态环境流量成为发挥水质净化功能的重要因素。水质净化的化学过程主要是通过河流生态系统的氧化还原反应实现对污染物的去除,其中,借助于河流生态系统的流动性增加水体的含氧量是水质天然化学净化过程的主要途径。河流生态系统中的水生动植物能够对各种有机、无机化合物和有机体进行有选择的吸收、分解、同化或排出。这些生物在河流生态系统中进行新陈代谢的摄食、吸收、分解、组合,并伴随着氧化、还原作用,保证了各种物质在河流生态系统中的循环利用,有效地防止了物质过分积累所形成的污染,一些有毒有害物质经过生物的吸收和降解后得以消除或减少,河流生态系统的水质因而得到保护和改善。

水体自净能力具有两层含义:①反映了河流生态系统作为一个开放系统,和外界进行物质、能量交换时,对外界胁迫的一种自我调控和自我修复;②河流生态系统是个相对稳定的系统,当外界污染物胁迫过大,超过水体纳污能力时,将破坏系统的平衡性,使系统失衡,向着恶化趋势发展。

（4）源汇功能。源的作用是为周围流域提供生物、能量和物质,汇的作用是不断从周围流域中吸收生物、能量和物质。不同的区域环境、气候条件以及交替出现的洪水和干旱,使河流在不同的时间和地点具有很强的不均一性和差异性,这种不均一性和差异性形成了众多的小环境,为种间竞争创造了不同的条件,使物种的组成和结构也具有很大的分异性,使得众多的植物、动物物种能在这一交错区内可持续生存繁衍,从而使物种的多样性得以保持,可见生态河岸带可以看作重要的物种基因库。

3. 社会功能

河流的社会功能,是指河流在社会的持续发展中所发挥的功能和作用。这种功能和作用可以分为两个方面:①物质层面,包括河流为生产、生活所提供的物质资源、治水活动所产生的各种治河科学技术、水利工程以及由此带来的生活上的便利和社会经济效益等;②精神层面,包括文化历史、文学艺术、审美观念、伦理道德、哲学思维、民风民俗、休闲娱乐等。河流的社会功能主要表现在以下方面:

（1）输水泄洪功能。河流的输水泄洪功能主要体现在防治洪水、内涝、干旱等灾害方面。河流是液态水在陆地表面流动的主要通道,流域面上的降水汇集于河道,形成径流并输送入海或内陆湖,同时实现水资源在不同区域间的调配。河道本身具有纳洪、泄洪、排涝、输水等功能。在汛期,河道的径流量急剧增加形成洪水,泄洪成为河流最主要的任务。通过河流及其洪泛区的蓄滞作用,能达到减缓水流流速、削减洪峰、调节水文过程、舒缓洪水对陆地侵袭的功效。在旱季,通过调节河流的地表和地下水资源保证农业灌溉用水,缓解旱季水资源不足的压力,提高粮食安全保障能力。

（2）泥沙输移功能。河流具备输沙能力。径流和落差提供的水动力,切割地表岩石层,搬移坡面风化物入河,泥沙通过河水的冲刷、挟带和沉积作用,从上游转移到下游,并在河口地区形成各种规模的冲积平原并填海成陆。河流中输送的泥沙,不仅有灾害性质,也有资源功能。河流泥沙可以填海造陆、塑造平原。

（3）淡水供给功能。河流是淡水储存的重要场所。

首先,河流提供的淡水是人类及其他动物（包括家禽及野生动物）维持生命的必需品。人类最初滨水而居就是为了方便从河流中取水使用。

其次,河流为农业灌溉、工业生产和城市生活提供了水源的保障。

最后,河流也为生态环境用水提供了淡水水源支持。蓄水、引水、提水和调水等水利工程为河流的淡水资源大规模开发利用提供了有效途径。取水许可、最严格水资源管理以及节水型社会建设等管理制度的制定和落实也为淡水资源合理开发利用提供了强有力的保障。

(4) 蓄水发电功能。河川径流蕴藏着丰富的水能资源。水力发电是对水流势能和动能的有效转换和利用。水能资源最显著的特点是可再生、无污染,并且使用成本低、投资回收快,众多水力发电站借此而兴建。同时,水能的开发和利用对江河的综合治理和开发利用具有积极作用,对促进国民经济发展,改善能源消费结构,缓解由于消耗煤炭、石油资源所带来的环境污染具有重要意义,因此世界各国都把开发水能放在能源发展战略的优先地位。

(5) 交通运输功能。河流借助水体的浮力能够起到承载作用,为物资输送提供了重要的水上通道。在交通不发达的古代,河流的航运功能占有重要地位。在近代公路、铁路运输大力发展以前,河流一直是运输大批物资的主要路径。河流航道运输功能的发挥极大地便利了不同地区之间的人口和物资流动,保障了资源供给,丰富了运输结构,促进了地区经济发展。水运的优点是运量大、能耗小、占地少、投资省、成本低等。对于体积较大、需长距离运输、对运输时间要求又不是特别紧迫的大宗货物,水运方式值得首选。但其缺点主要是运输速度慢,受港口条件及水位、季节、气候影响较大。

(6) 渔业养殖功能。河流中的自养生物,如高等水生植物和藻类等,能通过光合作用将 CO_2、H_2O 和无机物质合成有机物质,将太阳辐射能量转化为化学能固定在有机物质中;异养生物对初级生产者的取食也是一种次级生产过程。河流借助初级和次级生产制造了丰富的水生动植物产品,包括可作为畜产养殖饲料的水草和满足人类食用需求的河鲜水产品等。天然河流不仅具有多种野生渔业资源,还是开展淡水养殖的重要水域。

(7) 景观旅游功能。河流是自然界一道亮丽的风景。清澈的河水,怡人的两岸景色,壮观的水利工程,以及深厚的河流文化,都吸引着来自四面八方的游客。河流数千年来是无数文人获得创作灵感的地方。

(8) 休闲娱乐功能。"河流作为水资源的重要组成部分,不仅为人类提供淡水、食物以及生产原料,也为动、植物和微生物提供栖息地,同时也是人们观光、游憩的场所。"[①]河流具有休闲、娱乐功能:一是可直接利用河流水域开

---

① 贾茹.河流生态修复研究[J].建筑工程技术与设计,2018(30):2389.

展划船、滑水、游泳、钓鱼和漂流等运动、娱乐性活动；二是利用沿岸滨水环境进行如春游、戏水、露营、野餐和摄影等亲水休闲性活动。随着人们生活质量的不断提高,亲近自然的愿望日益增强,城市河流的水边环境已成为市民闲暇时亲水漫步的好去处。一些城市的江滩,已建成适宜市民亲水休闲的滨江长廊。

二、河流演变

（一）河流的地质作用

河流普遍分布于不同的自然地理带,是改造地表的主要地质营力之一。河流具有动能,但不同河流或同一河流不同河段,或同一河段在不同时期,河流的动能不同。在动能的作用下,河流进行侵蚀、搬运和沉积三大地质作用。

1. 侵蚀作用

河道水流在流动过程中,不断冲刷破坏河谷、加深河床的作用,称为河流的侵蚀作用。河流侵蚀作用的方式,包括机械侵蚀和化学溶蚀两种。前者是河流侵蚀作用的主要方式,后者只在可溶岩类地区的河流才表现得比较明显。按照河流侵蚀作用的方向,又分垂向侵蚀、侧向侵蚀和向源侵蚀三种情况。

（1）垂向侵蚀。垂向侵蚀又称下蚀,是指河水及其挟带的砂砾,在从高处向低处流动的过程中,不断撞击、冲刷、磨削和溶解河床岩石、降低河床和加深河谷的作用,这种作用的结果使河谷变深、谷坡变陡。

（2）侧向侵蚀。侧向侵蚀又称旁蚀或简称侧蚀,是指河水对河流两岸的冲刷破坏,使河床左右摆动,谷坡后退,不断拓宽河谷的过程。其结果是加宽河床、谷底,使河谷形态复杂化,形成河曲、凸岸、古河床和牛轭湖。

（3）向源侵蚀。向源侵蚀又称溯源侵蚀,它是指在河流下切的侵蚀作用下,引起的河流源头向河间分水岭不断扩展伸长的现象。向源侵蚀的结果是使河流加长,扩大河流的流域面积,改造河间分水岭的地形和发生河流袭夺。

2. 搬运作用

河流挟带大量的物质(主要是泥沙),不停地向下游输送的过程,称为河流的搬运作用。河流能够搬运多大粒径泥沙的能力,在地质学中称为河流的搬运能力,它主要取决于流速。流速越大,河流的搬运能力越强。

河流能够搬运物质的最大量称为搬运量,它取决于流速和流量。长江在一般的流速下挟带的仅是黏土、粉砂和砂,但数量巨大;而一条流速很大的山间河流,可以挟带巨砾,但搬运量很小。

3. 沉积作用

河水在搬运过程中,随着流速的减小,搬运能力随之降低,而使河水在搬运中的一部分碎屑物质(泥沙)从水中沉积下来,此过程称为河流的沉积作用。由此形成的堆积物,叫作河流的冲积物。因河流中水的溶解物质远未达到饱和,河流基本上不发生化学沉积,而主要是机械沉积。

河流沉积物具有良好的分选性。一般来说,河流自上游至下游,流速沿程逐渐减小,致使河流搬运的泥沙按颗粒由大到小依次从水中沉积下来。一般在河流的上游,沉积大的漂石、蛮石等巨大石块,顺河而下依次沉积卵石、砾石和粗砂,在河流的下游及河口区,其沉积物则为细砂和淤泥。

综上所述,侵蚀和沉积是河流地质作用的两个方面,而搬运则是它们中间不可缺少的"媒介"。一般来说,河流的侵蚀和沉积这两种作用是同时进行的;上游陡坡的河床,以侵蚀作用为主,而下游平坦宽阔的河床,则以沉积作用为主。但在不同的地区、不同的发育阶段,河流的上述三种作用的性质和强度又有不同,因此不能孤立、静止地看待这三种作用。

(二) 河流的发育过程

自然界中的河流,其发育过程都是由河口向河源不断推进,因此河流的河口段受河流作用时间最长,河源段受河流作用时间最短。河流的上游大多地处山地和高原,河谷深切而狭窄,多瀑布险滩;中游已经过较长时期发育,河谷宽展,已有河漫滩、河流阶地和嵌入曲流等;下游经过长期侵蚀,河床坡降很小,堆积作用强盛,河汊众多,曲流广布,河漫滩宽阔,河谷不明显;河流入海(湖)口段,往往形成三角洲堆积形态。

1. 河流的发育阶段

一条完整的河流水系,从初生到趋向成熟,是在漫长的历史年代中缓慢形成的。在河流的发育过程中,大致可分为幼年期、青年期、壮年期和老年期四个阶段,各个阶段有其不同的特征。

在陆面上受近代地壳活动的地形控制而形成的河流,水流在阶梯状瀑布中,强烈地磨蚀着基岩河床,此时的河流发育属于幼年期阶段。随着流水侵蚀的均夷作用的进行,湖泊、沼泽消失,峡谷加深,支谷延展,河床坡降逐渐减缓,河流发育处于青年时期。往后,泛滥平原逐渐发育,河谷进一步拓宽,干流显现均衡河流特征,此时接近壮年期阶段。随着侧蚀的不断进行,泛滥平原带宽扩大,形成冲积性准平原,曲流河型形成,河流地貌发育进入相对成熟期或称老年期。再往后,又可能由于地壳运动、气候等因素影响,河流侵蚀作用而重新"复活",河谷地貌又现出幼年期的特征,表现出地貌上的"回春"现象。

严格来说,上述河流发育的三个阶段并不是时间概念,而只是把河流发育过程中出现的地貌现象概括为三个具有一定特征的阶段。一般来说,一条发育历史较长、规模较大的河流,它的上游往往具有幼年期的特征,而中游、下游则具有壮年期和老年期的特征。

2. 河谷形态及其发育过程

河谷是以河流作用为主,并在坡面水流与沟谷水流参与下形成的狭长形凹地。河谷的组成包括谷坡与谷底。谷坡位于谷底两侧,其发育过程除受河流作用外,坡面岩性、风化作用、重力作用、坡面水流及沟谷水流作用也有不小影响。除强烈下切的山区河谷外,谷坡上还常发育阶地。谷底形态也因地而异,山区河流的谷底仅有河床,平原地区河流的谷底,则发育河床与河漫滩。河谷在发育初期,河流以下蚀为主,谷地形态多为V形谷或峡谷;而后侧蚀加强,凹岸冲刷与凸岸堆积形成连续河湾与交错山嘴。河湾既向两侧扩展,又向下游移动,最终将切平山嘴,展宽河谷,谷地发生堆积,形成河漫滩。

3. 河床纵剖面的发展过程

河床纵剖面的发展过程是一种向源侵蚀过程,即一方面通过源头谷地向分水岭推进,使河流长度延长;另一方面通过河谷纵剖面上的瀑布、陡坎的逐步后退,使河床不断加深。这两方面都是河流的向源侵蚀。

河床纵剖面的发展与侵蚀基准面的变化影响有关。侵蚀基准面的变化受地壳升降及湖面、海面升降等因素影响。侵蚀基准面上升,水流搬运泥沙能力减弱,河流发生堆积。地壳上升,侵蚀基准面下降,出露地面的坡度加大,侵蚀作用增强,河流从下游加速侵蚀,随后又不断向上游发展,即不断地向源侵蚀。由此可见,向源侵蚀在河床纵剖面的发育过程中起着重要作用。

当河流发育到一定阶段之后,纵剖面的坡度愈来愈小,最终达到河流的侵蚀与堆积作用趋于平衡,这时的河流纵剖面称为平衡纵剖面。然而在自然界中,绝对平衡的纵剖面是不存在的。因为自然界的河流受气候、地质、人为等许多因素影响而不断变化,所以平衡只能是相对的、暂时的,是在动态中趋向平衡。

(三) 河床演变的具体分析

自然界的河流无时无刻都处在发展变化过程之中。在河道上修建各类工程之后,受到建筑物的干扰,河床变化加剧。由于山区河流的发展演变过程十分缓慢,因此通常所说的河流演变,一般是指近代冲积性平原河流的河床演变。河流是水流与河床相互作用的产物。水流与河床,二者相互制约,互为因果。水流作用于河床,使河床发生变化;河床反作用于水流,影响水流的特性,这就是河床演变。

水流与河床之间相互作用的纽带——泥沙运动。泥沙有时因水流运动强度的减弱而成为河床的组成部分,有时又因水流运动强度的增强而成为水流的组成部分。换言之,河床的淤积抬高或冲刷降低,是通过泥沙运动来达到和实现的。因此,研究河床演变的核心问题,归根结底,还是关于泥沙运动的基本规律问题。

1. 河床演变分类

在天然河流中,河床演变的现象是多种多样的,同时也是极其复杂的。根据河床演变的某些特征,可将冲积河流的河床演变现象分为以下类型:

(1) 按照河床演变的时间特征分类。按照河床演变的时间特征分为长期变形和短期变形。如由河底沙波运动引起的河床变形历时不过数小时以至数天;由水下成型堆积体引起的河床变形,可长达数月乃至数年;蛇曲状的弯曲河流,经裁直后再度向弯曲发展,历时可能长达数十年、百年之久。

(2) 按照河床演变的空间特征分类。按照河床演变的空间特征分为整体变形和局部变形。整体变形一般是指大范围的变形,如黄河下游的河床抬升遍及几百千米的河床;而局部变形则一般指发生在范围不大的区域内的变形,如浅滩河段的汛期淤积、丁坝坝头的局部冲刷等。

(3) 按照河床演变形式特征分类。按照河床演变形式特征分为纵向变形、横向变形与平面变形。纵向变形是河床沿纵深方向发生的变形,如坝上游的沿程淤积和坝下游的沿程冲刷;横向变形是河床在与流向垂直的两侧方向发生的变形,如弯道的凹岸冲刷与凸岸淤积;平面变形是指从空中俯瞰河道发生的平面变化,如蜿蜒型河段的河湾在平面上缓慢地向下游蠕动。

(4) 按照河床演变的方向性特征分类。按照河床演变的方向性特征分为单向变形和复归性变形。河道在较长时期内沿着某一方向发生的变化如单向冲刷或淤积称为单向变形,如修建水库后较长时期内的库区淤积以及下游河道的沿程冲刷。而河道有规律的交替变化现象则称为复归性变形,如过渡段浅滩的汛期淤积、汛后冲刷,分汊河段的主汊发展、支汊衰退的周期性变化等。

(5) 按照河床演变是否受人类活动干扰分类。按照河床演变是否受人类活动干扰分为受人为干扰变形和自然变形。近代冲积河流的河床演变,完全不受人类活动干扰的自然变形几乎是不存在的。除水利枢纽的兴建会使河床演变发生根本性改变外,其他的人为建筑,如河工建筑物、桥渡、过河管道等,也会使河床演变发生巨大变化。

2. 河床演变的影响因素

影响河床演变的主要因素,可概括为进口条件、出口条件及河床周界条件三个方面。

(1) 进口条件:河段上游的来水量及其变化过程;河段上游的来沙量、来沙组成及其变化过程。

(2) 出口条件:出口处的侵蚀基点条件。通常是指控制河流出口水面高程的各种水面(如河面、湖面、海面等)。在特定的来水来沙条件下,侵蚀基点高程的不同,河流纵剖面的形态及其变化过程会有明显的差异。

(3) 河床周界条件:河流所在地区的地理、地质、地貌条件,包括河谷比降、河谷宽度、河底河岸的土层组成等。

3. 河床演变的分析方法

由于天然河流的来水来沙条件瞬息多变,河床周界条件因地而异,河床演变的形式及过程极其复杂,现阶段要进行精确的定量计算,尚有不少困难,但可借助某些手段对河床演变进行定性分析或定量估算。现阶段常用的分析途径如下:

（1）天然河道实测资料分析。天然河道实测资料分析方法是最基本、最常用的方法，这种方法的分析内容主要包括：①河段来水来沙资料分析：来水来沙的数量、过程；水、沙典型年；水、沙特性值；流速、含沙量、泥沙粒径分布等。②水道地形资料分析：根据河道水下地形观测资料，分别从平面和纵、横剖面对比分析河段的多年变化、年内变化；计算河段的冲淤量及冲淤分布；河床演变与水力泥沙因子的关系等。③河床组成及地质资料分析：包括河床物质组成、河床地质剖面情况等。④其他因素分析：如桥渡、港口码头、取水工程、护岸工程等人类活动干扰影响的分析等。

（2）运用泥沙运动基本规律及河床演变基本原理，对河床变形进行理论计算。

（3）运用模型试验的基本理论，通过河工模型试验，对河床演变进行预测。

（4）利用条件相似河段的资料进行类比分析。

上述分析方法，可以单独运用，也可以综合运用。在对诸多因素进行分析后，再由此及彼、由表及里地进行综合分析，探明河床演变的基本规律及主要影响因素，预估河床演变的发展趋势，为制订合理可行的整治工程方案提供科学依据。

第二节 河流生态系统

生态系统具有一定组成成分、结构和功能，是自然界的基本结构单元。生态系统是生物群落和生活环境的综合体，生物与环境之间相互作用、相互制约、不断演变，并在一定时期内处于相对稳定的动态平衡状态。河流生态系统是河流内生物群落与河流环境相互作用的统一体，是一个复杂、开放、动态、非平衡和非线性系统，是陆地和海洋联系的纽带，也是维持生物圈物质循环和能量流动的重要组成成分。

河流生态系统，包括陆地河岸生态系统、水生态系统、相关湿地及沼泽生态系统在内的一系列子系统，是一个复合生态系统，具有栖息地功能、过滤作用、屏蔽作用、通道作用、源汇功能。

一、河流生态系统的结构与功能

(一) 河流生态系统的结构

河流生态系统始终处于动态变化的过程中,由生物和生境两部分组成。其中,生物是河流的生命系统,生境是河流生物的生命支持系统,两者之间相互影响、相互制约,形成了特殊的时间、空间和营养结构,具备了物种流、能量流、物质流和信息流等生态系统功能。

生境由能源、气候、基质、介质、物质代谢原料等因素组成,其中能源包括太阳能、水能,气候包括光、温度、水、风等,基质包括岩石、土壤及河床地质、地貌,介质包括水、空气,物质代谢原料包括参加物质循环的无机物质(碳、氮、磷、二氧化碳、水等)以及联系生物和非生物的有机化合物(蛋白质、脂肪、碳水化合物、腐殖质等);生物部分由生产者、消费者和分解者所组成。

河流中栖息着很多生物类群,分别担当生产者、消费者、分解者,构成了河流的生物群落。

第一,生产者,主要指植物,包括大型植物,如挺水植物、浮叶植物、漂浮植物、沉水植物、浮游植物和附着植物。

第二,消费者,主要是指河流中的动物,属异养生物,包括浮游动物、底栖动物和游泳动物。

第三,分解者,包括细菌和真菌等。它们生长在河流中任何地方,包括水流、河床底泥、石头和植物表面。细菌和真菌在河流中将死亡的生物体进行分解,维持自然界的物质循环。

一般认为食物"网、链"越简单,生态系统就越脆弱。河流生态系统的食物"网、链"较简单,因而易受到破坏。

(二) 河流生态系统的功能

生态系统的基本功能就是物种迁移、能量流动和物质循环。各功能之间相互联系、紧密结合才能使生态系统得以生存和发展。

物种流是指种群在生态系统内或系统之间的时空变化状态。生态系统的生物生产是指生物有机体在能量和物质代谢的过程中,将能量、物质重新组合,形成新的产物——碳水化合物、脂肪、蛋白质等——的过程。

生态系统的能量流动是单一方向的，能量以光能状态进入生态系统，以热的形式不断逸散到环境中。能量在生态系统内流动的过程中不断递减，在流动中贮能效率逐渐提高。

生态系统中的物质主要指生物维持生命活动正常进行所必需的各种营养元素，包括近30种化学元素，主要是碳、氢、氧、氮和磷五种，构成全部原生质的97%以上。物质循环是指生物圈里的物质在生物、物理和化学作用下发生的转化和变化。

（三）河流生态系统结构与功能的哲学关系

河流生态系统结构与功能存在着辩证关系，主要表现在如下方面：

第一，河流生态系统结构与功能是相互依存的，要素与结构是功能的内在根据、是基础，功能是要素与结构的外在表现，一定结构表现一定的功能，一定的功能总是由一定系统结构产生的。

第二，河流生态系统结构与功能又是相互制约、相互转化的。一方面，系统的结构决定系统的功能，结构发生变化制约着系统发生变化，结构的变化必然导致功能的变化；另一方面，功能具有相对的独立性，可反作用于结构，在环境变化的影响下，结构虽未变化，但功能首先发生不断的变化，功能变化又反过来影响结构。

第三，河流生态系统结构与功能的联系密不可分，在河流生态系统中存在着多种类型，例如不同结构的生态系统都有生产的功能；组成系统的要素相同，但结构不同，系统的功能也就不同，一个生态系统的同一结构可能有多种功能。

第四，河流生态系统的稳定是相对的，生态系统总处于环境之中，与外界不断进行着物种和能量、物质和信息的交换与交流，在这种过程中，系统的结构不仅可以在量的方面逐渐发生变化，而且在一定条件下可以产生质的变化。

二、河流生态系统的特点分析

河流生态系统的演进是一个动态过程，不同因子产生动态变化的时间是不同的，如地貌和气候变化，其时间尺度往往是数千年到数百万年；河流的演进变化，也至少有数千年的历史。总的来说，河流生态系统主要具有以下特点：

第一,纵向成带现象,物种的纵向替换并不是均匀的连续变化,特殊种群可以在整个河流中出现。

第二,生物具有适应急流生境的特殊形态结构。表现为浮游生物较少,底栖生物多具有体形扁平、呈流线性等形态或吸盘结构,适应性强的鱼类和微生物丰富。

第三,与其他生态系统相互制约关系复杂。一方面表现为气候、植被以及人为干扰强度等对河流生态系统有较大影响;另一方面表现为河流生态系统明显影响沿海生态系统的形成和演化。

第四,自净能力强,受干扰后恢复速度较快。健康河流生态系统的生物群落主要包括浮游和游动生物群、附着生物群、水陆交错带生物群和底栖生物群四大类。浮游和游动生物群是指流动水中浮游或游动的生物,浮游植物只有当其生长速度达到在水流滞留时体量能成倍增长的程度,才能保持它的群体。浮游和游动生物群对河流的水文条件如流速、水温和河床侵蚀等变化以及进入河流的有毒物质十分敏感。附着植物是一种显微型植物,通常出现于岩石、砂粒和淤泥的表面,一些藻类附着在高等植物的茎、枝、叶表面生长,不易脱离被附着物。水中的附着生物还包括许多菌类和微型动物,它们附着在岩石、砂粒、淤泥和水生植物的表面,起着不断净化水中污染物质的作用。水陆交错带中生存的生物主要有挺水植物、两栖类动物等。河流中挺水植物的组成和茂密程度通常比较稳定,但是存在着明显的季节变化;挺水植物从河流中汲取营养盐,也为细小的无脊椎动物提供了生境,并成为鱼类的产卵索饵场所。底栖生物群主要包括底栖动物和底栖植物。正是生物群落与非生物条件的共同作用才使河流具有较大的环境容量,并具有显著的自净能力。

第三节 河流健康及其评价

一、河流健康的基础内容

河流健康,是指在特定时期一定的社会公众价值体系下,在保障河流自身基本生存需求的前提下,河流能够持续地为人类社会提供高效合理的生态服务功能,并实现服务功能综合价值最大化。在该概念定义中,"特定时期一定的社会公众价值体系"意味着河流健康实际上是一种社会选择,是一种相对意义上的健康,极大地依赖于社会公众对河流的价值取向。保障河流自身基本生存需求是河流健康的基本前提和必要条件,只有河流的基本生存需求得到满足时,河流的生命才能得以延续,河流的自我更新和自我维持的能力才能被保护。河流健康不仅要求河流具有为人类社会提供生态服务的功能,且这种服务必须持续地、有质量地、合理地提供,即高效地供给。河流健康的最终目标便是实现河流服务功能综合价值的最大化,主要体现在满足人类生产与生活需要的经济价值、支撑河流生态系统生存与发展的生态环境价值,以及提供防止灾害发生及娱乐景观功能的社会价值。

河流健康的本质就是实现河流自然功能与社会功能的均衡发挥,实现人类利益与其他生物利益的相互协调,只有在两个相互制约、此消彼长的矛盾体之间做出协调和统一,才能实现河流生态系统的良性循环与为人类社会服务功能的持续高效供给,最终实现人水和谐。

(一)河流健康的相关概念

1. 河流健康与河流生态系统健康

河流生态系统健康的概念源于生态系统健康,是生态系统健康概念在河流生态系统中的应用。生态系统健康可以理解为生态系统内部的秩序和组织的整体状况健康,表现为:关键的生态组分被保留;系统正常的物质循环、能量流动、信息传递没有受到损伤;系统对自然干扰的长期效应具有抵抗力和恢复力,系统能维持自身组织结构的稳定性,并提供合乎自然和人类需求的生态服务。

河流生态系统健康以河流生态系统为定义主体,以河流中的生物群落为研究对象,认为河流健康基本等同于生态系统健康,强调生态系统的完整性与生物多样性的保护。

河流健康以河流系统为定义主体,以河流为研究对象,强调河流综合的、全面的健康,且这种健康是一种相对的健康,是在人类价值和其他生物价值之间、人类需求和河流自身需求之间、河流自然功能和社会服务功能之间取得的一种妥协和权衡。例如,从河流生态系统的完整性来看,为了保持河流纵向的连通性,不宜修建水库大坝,为了保持河流横向的连通性,不宜修建防洪大堤,对河岸带进行人为改造,破坏河道与河岸带及陆地生态系统之间的水力联系及物质、能量、信息的交流。

从生态学意义上来说,一条经常泛滥的河流,是生态学意义上的健康河流,因为河岸带及洪泛平原生物栖息地的保存与生物多样性的保护极大地依赖于洪水脉冲的生态效应。然而,从依河而居的人类生存和发展需求看,洪水泛滥对河流两岸人民的生命和财产而言是一个严重的灾害事件,不利用水库进行蓄丰补枯,常年稳定保障河流沿岸人民的生活生产用水,也是一种严重的灾害事件,这样的河流对人类社会来说是不健康的河流。

综上所述,两种概念之间的分歧主要集中在是否包含人类服务价值。河流健康包含河流生态系统健康,但又不局限于此,是河流系统全面的综合的健康,也可以将河流生态系统健康理解为狭义的河流健康,将河流系统健康理解为广义的河流健康。

2. 河流健康与河流健康生命

河流健康生命又称为河流生命健康,或者生命之河。河流健康生命概念的提出赋予了河流生命的意义。从生命的角度看,万物众生,一切平等。河流有维持自身生存与演变的权利。河流生命指河流水系按一定路径进行的水循环过程。河流生命存在的基本标志表现在容纳水流的河床、基本完整的水系和连续而适量的河川径流等三方面,其中连续的且适量的河川径流是河流生命维持的关键。河流健康生命强调河流的生机与活力,强调河流为人类生存和发展提供可持续的生态服务的能力。河流健康生命的内涵基本与河流健康一致,区别在于研究的角度不同,河流健康生命概念更加强调河流的生命意义。

3. 健康河流与生态河道、景观河道

生态河道又称自然河道、拟自然河道、多自然型河流。生态河道与健康河流均强调生态系统的完整性,与健康河流的区别主要在于,生态河道更加强调河流的纯自然性、原始特性,而健康河流要兼顾人类需求,有时候会在人类需求与生态完整性之间进行取舍。此外,为保持河流纵向和横向的连通性,严格意义上的生态河道要求不应该建坝(破坏河道的纵向连通性),不应该修堤防(破坏河道的横向连通性),而健康河流并不一定要求河流的曲流性,笔直的河流也有可能是健康的河流。

景观河道与健康河流的区别,主要在于对社会的服务功能定位的不同。景观河道更加强调河流的景观价值、美学与艺术功能。此外,景观河道与生态河道也有区别。景观河道和生态河道虽然都强调植被护岸功能,但景观河道多采用高质量草皮护岸,品种单一,且需要额外的人工维护。而生态河道强调河岸带生物的多样性,以各种种类不同的地带性植被的杂草丛生为标志,不需要人工额外修护。

(二) 河流健康的具体内涵

河流与健康相结合是可持续发展和社会价值进步的必然结果。正因为河流为人类社会提供的巨大且不可替代的生态服务功能及价值,河流健康问题不仅仅是自身的问题,更是人类社会面临的问题,这也是近年来河流健康概念被广泛关注的原因之一。

不同的时期,不同的地区,河流健康的概念及内涵反映出在该时期背景下人类赋予河流的价值。尽管河流健康的概念及内涵依社会公众价值体系的改变会出现变化,但从某种意义上看,河流健康的内涵也存在一定的共性,可以归纳为四个方面:①河流的形态与结构保持相对的稳定性;②满足自然功能过程的基本水需求;③满足社会功能过程的合理水需求;④具有良好的自我维持能力和抗干扰能力。

1. 河流的形态与结构保持相对的稳定性

河流从河源开始,流经不同的地质、地貌、地形、气候和陆地生态区,在多种因素作用下形成了河流从纵向面、横向面、垂向面到时间尺度上的多样化的形态结构,构成了河流季节性变化的丰富多彩的生物栖息地。世界上找不到两条完全一致的河流。

从河流健康的生命意义看,河流的生命主要表现为长期的自然流动性。要保持河流长期的自然流动性需要满足两个条件,即河床的演变趋势有利于保持河流的流动性,河道中有足够的水量保持其流动性。从河床的演变角度看,健康的河流在中小时间尺度内应该是河床稳定的,即横向面上河流曲度变化较小,纵向面上冲淤平衡,垂向面上河槽稳定不萎缩。同时,保持相对稳定和通畅的水沙通道也是顺利完成河流水循环、养分循环、碳循环等物质循环过程和能量传递过程的基本条件。在特定的时期、特定的地区控制河床变化的主要因素为水力和泥沙作用过程。其中,泥沙的填积作用和切蚀作用对于河流形态的变化有十分重要的影响。

在自然河流中,泥沙的填积作用和切蚀作用通常在一定的时间内达到动态平衡。而当外界人为驱动力干扰作用过强导致河道中泥沙输入量多于输出量或河道中水量不足影响泥沙输移时,都会影响河流的形态及河床的演变,破坏河流内部、河流与周围环境之间长期形成的平衡关系,进而影响到河流内部的结构及生物的生存,影响到河流的各项功能的正常发挥;河流中足够的动态变化的水量在时间上的连续水力过程构成了控制河流形态与结构演变的基本动力因素,也是河流健康与否的主要控制因素。

此外,从人类福利角度,希望河流能在已建堤防范围内小幅度变动,保证防洪安全。因此,河流的形态与结构保持相对的稳定性是河流健康的基本内涵。

2. 满足自然功能过程的基本水需求

河流的自然功能是河流的自然属性,与人类存在与否没有关联。正是由于河流在以水循环为主导的各种物质循环、能量流通、信息传递的功能过程中所发挥的水量传递、泥沙及营养物质输移、能量流通、河流形态结构塑造、水质净化、生物栖息地形成等多样化的自然功能,才使得河流具有活力与生命力。人类也正是在开发利用和改造河流的过程中,不断地将河流的自然功能转化为社会功能,包括提供各种特色的产品和不可替代的生态服务等。

由于河流健康反映的是人类对河流各项功能发挥的认可程度,因此,理想的健康河流应该是同时拥有完整的自然功能和社会功能的。然而,在人类活动干扰逐渐增强的背景下及期望保证河流自然功能的完整性前提下,社会功能的高效发挥几乎是不可能的。在这种背景下的河流健康内涵只能是一个妥协后的目标。

河流的自然功能是必不可少的,如河流的水沙输移功能,水量的输送不仅维持了河流在纵向上的水流连续性,保证了从河流上游到下游沿岸居民用水的水量来源,一定的水沙输移功能可以有效控制河床不萎缩,保证河道拥有一定的槽蓄能力,保障河口地区泥沙等养分来源,控制海水入侵,特别是对于河流中下游的防洪安全具有重要的作用。再比如河流的水质净化功能,要使河流中不同河段的水质符合水功能区划的要求,就需要保证能够稀释、降解污染物的水量,特别是清水资源。对于这些重要的不可或缺的自然功能及过程,需要保证其功能过程正常发挥的基本水需求,即河道内生态需水及过程。

因此,满足河流自然功能过程的基本水需求是保障河流为人类社会的生态服务功能持续发挥的关键。

3. 满足社会功能过程的合理水需求

河流健康研究的最终目的是使河流更好地服务于人类社会。从河流健康概念产生的背景看,河流健康完全是顺应人类社会发展需要提出的概念。没有人类干扰下的原始状态河流,从形成到发展都要经历一个形成、发育、衰退、消亡的生命演变过程,不存在健康还是不健康的问题。

而对于人类社会中的河流来说,人类需要控制河流,以为人类提供源源不断的服务。而一味地索取,破坏了河流的重要自然功能,会限制河流社会服务功能的持续发挥。认识到这点后,人们才提出河流健康的概念,目的是通过评价河流的状态来更好地协调河流的自然功能与社会功能,追求河流综合价值的最大化。在现行人类价值体系下,一味地坚持恢复河流的原生态的观点不仅不符合人类发展实际,也是不可能实现的,同时,只强调社会服务功能,忽略其自然功能的河流也不是健康的河流,最终也会因为河流自然功能的消失、河流的退化导致河流社会服务功能消失。因此,健康的河流应该能够满足人类经济社会发展的"合理需求"。这一"合理需求"是与一定经济社会发展及技术、管理水平紧密联系的。不同的阶段,人们对河流的需求不同,或者随着技术、管理水平的提高,同样的需求需要河流提供的水量也会不同。

因此,在不同的社会经济发展阶段、不同的技术与管理水平、不同的社会公众价值体系下,河流健康的目标即实现河流综合服务功能价值的最大化。

4. 具有良好的自我维持能力和抗干扰能力

具有良好的自我维持能力和抗干扰能力指河流系统对长期或突发的自然或人为扰动能保持一定的弹性和稳定性,并表现出一定的恢复力。恢复力即保持稳定条件下调节变化的能力,通常有两种恢复力或者恢复机制:一种是社会恢复力,也可以称为社会制定对策及措施的应对能力;另一种是生态恢复力,即生态系统自身内部的应对能力。

从生态恢复力来看,生物多样性对于外界干扰具有一定的缓冲能力。因此,必须对那些在干扰后参与重建的生态系统的基本组分进行保护,即必须保留一个最小的有机体组合,以确保初级生产者、消费者、分解者之间的关系;从社会恢复力看,对河流系统的管理应采取动态的适应性管理模式,对干扰产生的响应及时反应,调整管理措施或方案等。

(三)河流健康的重要特征

河流健康的内涵可以概括为多样性、生产力、恢复力,河流健康的特征可以归纳为:时空动态性、阈值性、目标性、主控性。

1. 时空动态性

一方面,由于河流及各河段所处的地理位置不同,河流组成的物理、化学、生物因素及其组合均表现出不同的空间差异特征,且不同的空间位置,河流受到人类活动干扰的类型及强度也会表现出不同程度的差异,人类对于河流的需求也会不同。比如人类对城市区的河流重视防洪,而对山区河流可能更加强调河流的自然功能发挥,北方地区的河流多有供水及灌溉需求,而南方地区的河流还会有通航需求等。因此,由于河流组成、结构、功能的空间差异,以及人类对河流社会服务功能定位的空间差异,以至河流健康的概念、内涵及标准存在空间差异性。

另一方面,由于降水的时间变化特性,河流在时间上具有周期性的、季节性的、随机性的动态演变特性,河流中的生物也随着河流的生态水文季节变化而进行生命周期的演替行为。人类的干扰随时间的不同也会表现出不同的类型和强度,如人类从河流中抽水灌溉的行为仅仅在灌溉需水季节才会发生,人类在干旱季节对河流的干扰强度比湿润季节大得多。同样,河流发挥相应功能过程的水需求也会随着不同季节发生变化。此外,随着经济的发展、技术水平的提高,水资源的承载能力也将有所提高,从而对于改善河流健康状态会起到积极的作用。另外,社会公众对河流价值取向的时间变化,也会影响河流健康的标准及人类对河流提供的服务的认可程度。

以上所有这些都说明,河流是不断发展演变的,人类对河流的需求是不断变化的,社会对河流的价值评判也是不断变化的,且不同河流、不同河段及河流演变的不同时期面临的功能需求不同,受到的干扰类型与强度不同,人类对其功能发挥的认可程度也不同,即河流健康存在时空动态性特征。

2. 阈值性

河流健康,主要指根据一定的参照标准对河流所处状态的一种评价。首先,针对不同的时期或特定的河流(河段),河流健康的标准不同。其次,根据特定时期、特定河流(河段)的河流健康标准,河流健康的评定结果可以区分为几个不同的状态,比如健康、较健康、一般健康、病态等。每一种河流健康状态,都是河流的诸多组成要素相互作用、相互制约并最终以一定的形态结构及功能过程表现出来的,其中,每条河流的组成要素均有针对某一种健康状态的一定阈值范围。如来水、来沙与河床边界条件的相互作用形成的河床演变的一定阈值范围,河流生态系统针对外界环境干扰的耐受阈值范围,河流对于社会经济的承载能力存在一定的阈值范围等。

只有在一定阈值范围内的干扰才是有益的干扰,对应的河流健康的状态也会相对稳定地维持在某一级别(不同的参照标准级别也不同),若外界的干扰至一定的强度并且持续一定的时间,超出该范围时,河流健康的状态就会"跳级",会由一种状态变为另一种状态。

3. 目标性

河流健康本身不是一个严格意义上的科学概念,而是一个带有一定主观色彩的、模糊的概念,随着社会公众对河流价值取向的不同,河流健康的概念也会不同。因此,河流健康研究需要在特定的时空尺度、特定的研究对象下,明确河流健康的参照标准,不同的参照标准会带来不同的河流健康评价结果,并引导河流管理的不同方向。例如,认为"追求对河流生态系统的全面保护"是河流健康的参照标准,可能会将与评价河流同一类型的没有受到干扰的原始河流作为河流健康的基准,由此对河流的修复会朝着近自然化修复,强调河流生态系统的完整性;而认为"健康工作的河流"是河流健康的参照标准,按照这一标准对原始河流进行评价时,该河流未必处于健康的状态。

因此,河流健康存在一定的目标性,进行河流健康研究时,需要根据河流健康的价值判断确定河流健康的标准,进而进行河流健康的评价指标体系及方法的选择。

4. 主控性

河流健康受到不可控的自然驱动力和可控的人为驱动力的共同作用,且随着人类活动的长期存在及人类社会经济发展对河流需求的不断增长,人为驱动力成为河流健康的主控性因素。同时,人为驱动力也是一种可控性因素,通过对人为驱动力的调整,可实现对河流进行健康调控。

二、河流健康评价的基本原理

河流健康评价,是一门新兴学科,不仅涉及自然地理、水文与水资源学、河流动力学、生态学和环境学等自然学科,还涉及管理学、运筹学、法律学和心理学等社会学科。河流健康评价的目的在于对特定地区、某一时期的河流系统的状态进行诊断,揭示河流存在的问题,评估人类对河流提供的服务功能的满意程度,并结合评价结果的反馈信息提出适应性的河流管理对策及修复措施。与传统的针对河流开发和工程建设的河流环境影响评价方法不同,河流健康评价力图采用影响河流健康的一系列全面的评价指标,建立一套兼顾河流开发利用与保护的评价指标体系,采用一定的方法进行评价。

在建立河流健康的评价指标体系前,需要对涉及河流健康评价的一些关键问题进行探讨,主要包含评价尺度、评价主体、评价客体、评价内容、评价方法及评价流程等,统称为河流健康评价的基本原理。

(一) 评价尺度

尺度是评价客体或过程的空间维和时间维。从系统的角度看,空间尺度主要指系统的空间大小,时间尺度主要指系统动态变化的间隔时间。河流健康评价以河流系统为评价客体,可在不同的尺度上进行,不同的尺度决定了不同的评价指标的选择与获取,决定了不同的评价结果。因此,尺度的选择是河流健康评价研究的重要内容。

河流健康评价的空间尺度,主要包括全球、流域、区域、河流系统、河段等。依据几何尺度口径,可以归纳为面尺度、线尺度以及点尺度。一般来说,面尺度主要针对全球、流域区域及河流系统的河流健康评价问题;线尺度主要针对河流及河段的河流健康评价问题;点尺度主要针对河流的重要控制断面,如行政区划断面、重要的水文监测断面、水功能区域化断面,以及河流的进口及出口等关键断面。当生态系统小尺度上的非平衡特征推移至大尺度后,则可能表现为稳定特征,随着不同尺度的转换,空间异质性的减少或增强,河流健康评价的指标会有所不同,河流健康的评价结果也会有所区别。不同的空间尺度有不同的优势和特点,具体应用时应由评价主体根据评价客体的特征和研究的需要,选择一种空间尺度或者嵌套多种空间尺度。

河流健康评价的时间尺度,可以分为短、中、长等不同的时间尺度,且评价客体的空间尺度越大，进行河流健康评价的时间尺度也会越长。基于上述对河流健康的时空动态特征分析，随着河流系统的演变，不同的时期针对同一河流的健康评价指标会有所不同，即使河流健康评价指标不变，各指标的权重也会改变。具体应用时，河流健康评价的时间尺度不仅要根据评价客体的特征和研究的需要进行选择，还要考虑与空间尺度的相互匹配和指标的可获取问题。

（二）评价主体

河流健康评价研究中，由于评价主体的不同，选择的评价对象会有所区别，评价的尺度、评价指标的选择及评价方法、评价标准等都有可能不同。因此，河流健康评价需要明确评价主体的类别。河流健康评价的评价主体主要有以下类别：

第一，国家和政府。国家和政府主要指国家的水行政主管部门、生态与环境保护部门等，评价对象主要是国家的大江大河和国际河流，评价指标的选择一般不超过10个，评价的目的主要是摸清国家的河流健康状况，为国家、行业制定经济发展和环境保护的战略提供决策服务，同时向世界和国际组织发布国家河流健康状况。

第二，流域管理机构。由于人们在流域水资源开发利用的中上游与中下游之间、支流与干流之间存在严重的竞争用水矛盾，近年来，从流域尺度，由流域管理机构开展流域水量的统一调配，生态环境的协调保护逐渐达成共识。流域管理机构是河流健康评价的主要负责机构，评价对象广泛，主要包含流域内的整个河流系统、重要的支流、重点区域（水库、湖泊、湿地）和重点的断面等，评价指标体系一般由包含不同尺度的多个指标构成，评价的目的是通过诊断流域内河流的健康状况，为本流域水资源的开发利用与保护管理提供政策导向。

第三，生态与环境保护部门。评价对象多为自然保护区、国际湿地名录中列出的我国湿地、珍稀保护生物和重要经济物种的栖息地等，目的在于向国家和国际组织及社会发布与水有关的水生态环境及人文环境的健康状况。

第四，大学和科研机构。从研究的角度出发，该类机构多关注不同尺度的流域或河流健康，不仅包含河流整体的健康，还包含特定河段或关键断面的河流健康状况，指标的选择除包含上述机构的典型性指标外，还可以选择创新性的若干指标，多进行河流健康评价的前瞻性研究。

第五，河流开发部门。该类主体主要关心河流开发项目的开发河段的生态环境状况，评价涉河的开发和建设项目对河流生态与环境的影响，且多委托流域管理机构、生态与环境保护部门、大学和科研机构等评价主体进行评价。

（三）评价客体

在界定河流健康的概念时，提出了河流健康概念界定的三要素。其中，定义主体和研究对象的确定共同构成了河流健康评价的评价客体。在进行河流健康评价时，首先需要明确河流健康的定义主体，即究竟是河流生态系统，还是河流系统。在定义主体明确后，需要依据研究确定的特定时空尺度，选择评价对象。评价对象可以是流域或区域尺度的河流系统，可以是河流水系的整条河流，也可以是河流水系中的若干支流，还可以是同一条河流的不同河段、不同断面等。具体应用时，评价客体主要由评价主体根据研究区域的特征及研究问题的需要来确定相应的评价客体。

（四）评价内容

河流健康评价是河流研究的重要方向，同时是河流管理的重要技术手段与工具。从河流管理角度出发，要求河流健康评价，应该实现的目标包括：①河流健康评价结果能完整准确地反映出特定时期评价客体的健康状况；②可以提供横向比较的基准，可以用于同一类型河流的健康评价；③可以进行针对同一客体的干预前与干预后的河流健康评价，以评估河流管理措施的效果；④可以进行长期的监测，以反映评价客体健康状况的时间变化趋势；⑤通过河流健康评价结果，可以识别影响河流健康的关键因子，且可以进行因子间的相对重要性排序，以解释河流受损的原因，并明确河流修复与治理的方向。

由此，河流健康的评价内容主要集中在以下方面：

第一，提出河流健康的标志。通过河流健康概念、内涵及特征的分析，凝练出河流健康的"显像"标志。

第二，识别影响河流健康的关键影响因子。依据河流健康的各个标志，选择并筛选对应于河流健康各个标志的关键影响因子。

第三，构建河流健康评价的指标体系框架。依据指标体系建立的原则，建立针对不同类别的由各指标构成的递阶层次指标体系结构，研究不同类型指标的获取与量化方法，构建河流健康评价的指标体系框架。

第四，评价方法与评价模型的建立。选择一定的评价方法，建立评价模型,分析评价结果,找出河流健康受损的病症及病因。

以上河流健康评价研究的内容构成了河流健康评价体系框架图。

(五)评价方法

河流健康评价方法,是从河流管理角度出发,针对特定河流状况建立的,能较全面反映该类河流健康状态的一种评估手段。河流健康评价方法可以概括为生物监测法和综合评价法,其中,后者是近年来发展的一种系统评价河流状况的新方法、新趋势。

1. 生物监测法

一个世纪以前,研究者便发现水生态系统的任何变化都会影响水生生物生理功能的种类丰度、种群密度、群落结构与功能等。水生生物的生物学、生态学与生理学特征成为指示水体质量好坏的重要指标。因此,研究者尝试用生物监测法评价河流生态系统的健康状况,其中以鱼类、硅藻与大型无脊椎动物等为指示生物的指示生物法应用最为普遍。该方法通过监测指示生物及类群的数量、生物量、生产力、结构功能等的动态变化来判断河流生态系统的健康状况。

生物监测法是一种评价河流健康状况比较有效的方法,但存在明显的缺陷:①生物监测法需要有大量的生物数据及生物因子与生境因子之间关系的研究为基础,在缺少生物数据或研究基础薄弱的地区,该方法的使用会受到限制;②生物监测法指示生物筛选的标准不够明确,存在很多冗余的生物种类,不但增加了工作量,也使推广受到限制;③生物监测法选择不同的指示物种及监测参数会产生不同的评价结果;④生物监测法难以确定生物及类群的取样尺度和平度;⑤由于对所有干扰都敏感的单一河流健康评价指标是不可能存在的,所以生物监测法无法反映河流生态系统的综合状况。

2. 综合评价法

从国内外河流健康评价方法的发展历程看,相对于生物监测法,综合物理、生物、化学,以及社会经济指标,且能反映不同尺度信息的综合评价法可在一定程度上弥补生物监测法的不足,成为河流健康评价的最佳手段和发展趋势。河流健康评价在很大程度上遵循木桶原理,即某一类指标若达不到要求,则会影响河流整体健康状况。

因此,采用多指标进行综合评价不仅能反映出各类影响因子的健康状态,还能较好地反映河流系统的整体健康状态,且易于将人类对河流提供的生态服务的满意程度纳入河流健康评价,符合目前河流管理趋向。综合评价法也存在缺陷,由于河流系统本身的复杂性,该方法需要构建多指标综合评价的指标体系,且包含多层次的大量的指标,不仅增加了工作量,不利于该方法的推广,而且需要处理指标体系中的冗余指标。

(六) 评价流程

河流健康评价流程指出了河流健康评价的思路和工作程序,主要包括评价对象与尺度的确定、资料的收集与处理、系统分析与指标体系构建、评价标准与评价模型建立、综合评价与结果分析、管理目标与对策措施制定、结果输出与编制报告等环节。

其中,评价对象与尺度的确定是河流健康评价的基本前提和首要条件。

资料的收集与处理是河流健康评价的重要前期工作,主要包括自然背景、社会经济、生态环境、污染源及污染物排放、环境管理与水功能区划、历史规划等资料。

系统分析与指标体系构建是河流健康评价的核心,结合背景资料,在对河流系统的要素组成、形态结构、功能过程及人类活动干扰与河流系统面临的健康威胁分析的基础上,识别影响河流健康的关键影响因子,通过指标约简、获取与处理等步骤构建指标体系。

评价标准与评价模型建立是河流健康评价的重要技术手段,其中评价标准直接关系评价结果的合理性。

综合评价与结果分析主要包含对评价对象现状及未来的评价,还可以进行河流修复工程实施或河流管理政策颁布的后评价。

管理目标与对策措施制定是确保河流健康目标实现的重要保障。

结果输出与编制报告是河流健康评价最终成果的展示,主要包含相关图表的生成及报告书的完成等。

三、河流健康评价的主要原则

(一) 促进可持续发展的目标原则

河流健康评价旨在对河流系统状态进行综合评估,识别系统状态及其存在的问题,并将评估过程应用于河流管理,指导并改进河流管理决策,从而达到河流系统结构完整性,实现功能的发挥,并促进河流可持续发展。因此,从目标层面上,应将促进河流可持续发展作为河流健康评价的重要原则,河流健康评价能够针对河流健康的动态性和可控性特点,通过调整河流管理行为改善河流健康状况。河流可持续发展主要是指河流的可持续性和可持续利用,既强调保护和恢复河流系统的重要性,又承认人类社会适度开发利用河流资源的合理性,但要求人们对于河流的开发利用保持在一个合理的程度上,保障河流的可持续利用,力图寻求开发与保护的共同准则,强调通过评估自然与人类活动双重作用下河流健康状态的变化趋势,进而通过管理工作,促进河流生态系统向良性方向发展,将河流生态保护的理念进一步拓宽。

(二)多尺度综合评价的尺度原则

尝试从流域、水系、河流等不同空间尺度上选择合适的评价因子,关注流域水文、生态的时空联系,并探讨如何将多尺度信息进行综合,越来越成为河流生态学研究的重要方向。综合的生态评价必须基于多时空尺度的评价,多尺度评价可以为保护流域生态系统以及保护策略制定等提供重要信息,有助于流域管理决策及其有效推行和应用,因此河流健康评价应强调等级和尺度概念,综合运用不同时空尺度的特征信息,把握流域的等级系统及不同等级系统之间的关系,为河流管理者提供综合的现状背景资料,并指导我国河流的保护和恢复。

多尺度评价包含空间尺度(微观、中观、宏观)的结合以及时间尺度(短、中、长)的合理选择:在宏观上,开展大尺度长期流域、水系的系统监测和评估,可以关注生态水文格局的变化、物理干扰的加剧以及面源污染等引起的大范围河流系统退化;在中观上,研究河流的纵向连续性、横向连通性以及垂向特征,并结合水文资料和水质数据识别河流的生态特征,识别人类活动对河流及其周边生境的阶段性影响;在微观上,识别河断面、微生境等小尺度上短期、具体的操作措施的时空区域意义,确定其行为产生的局部效应。

(三)面向适应性管理的实施原则

适应性管理一直被认为是管理复杂流域的有效方式,它通过规划、监测、反馈和调控等来应对管理过程中的风险和不确定性,提高管理行为的针对性和有效性,其中监测系统的构建及其为管理过程提供及时反馈是适应性管理得以有效开展的必要前提。作为河流管理目标设定的基础以及河流生态评价的方法和手段,河流健康评价无疑是促进河流管理适应性的关键内容,这就使得河流健康评价设计、实施过程中需要关注其与河流管理的有效集成和合理协调,将面向适应性管理作为其实施原则,这一原则针对河流健康评价的方法本身及其与河流管理的集成分别提出要求。

河流健康评价方法要求评价指标、评价标准等具有一定的动态性和灵活性,可以结合对生态系统、管理需求及认识水平的变化等做出具体调整和适应。在实施过程中,应从介入时间方面进行合理的设计和控制,强调在河流管理的规划阶段及时引入河流健康评价体系,并将其纳入管理目标设定、管理方案确定以及后评估等关键过程,加强目标监测和后评估。

(四)多利益方共同参与的参与原则

多利益方参与是流域管理以及河流可持续管理的基本要求,也是保障社会公平性的基本形式。多利益方参与至少具有两大优点:①能够提高管理决策的透明度和合法性;②能够利用各利益方的知识提高决策水平。河流健康更强调目标的多元化以及对社会人群需求的满足,不同利益方在不同时期对河流健康需求等的变化不仅会影响河流健康评价结果,也将影响相关的河流管理行为和过程,主要可以从参与群体、参与过程、参与形式、参与深度等方面保障多利益方共同参与河流健康评价。

第一,参与群体:对各主要利益方的意见和建议予以充分考虑,包括政府管理者(环保部门、水利部门、水务部门、林业部门、国土资源部门、流域管理部门等)、专家(环境学、生态学、地理学、经济学、水利学、社会学等专家)、一般公众(土地所有者、土地使用者、河流沿岸居民)等。

第二,参与过程:多利益方参与河流健康评价全过程,包括评价框架设计、现状调查及评估、适应性管理对策制定等各个步骤。

第三,参与形式:公众参加立法、决策、规划、立项等各类听证会和咨询会。

第四,参与深度:不仅进行单向和双向交流,而且主要利益方要进入决策和管理机构,参与管理策略的制定。

第二章

基于生态水利工程的河道治理

第一节 生态系统的组成与生态平衡分析

一、生态系统的组成与结构

(一) 生态系统的组成要素

生态系统的成分,不论是陆地还是水域,或大或小,都可概括为非生物和生物两大部分。

1. 非生物成分

非生物组分,既是生态系统中生物赖以生存的物质和能量的源泉,也是生物活动的场所。根据它对生物组分的作用,又可分为以下内容:

(1) 基质:土壤、岩石、水体等,是构成植物生长和动物活动的空间场所。

(2) 生物代谢原料:太阳光、氧、二氧化碳、水、无机盐类,以及非生命的有机物质(碳氢化合物、蛋白质、氨基酸和腐殖质等)。

(3) 生物代谢的媒介:水、空气、土壤等。

上述各种非生物组分通过其物理状况(如辐射强度、温度、湿度、风速等)和化学状况(如土壤酸碱度、阳离子和阴离子成分与数量等)对生物的生命活动产生综合影响。

2. 生物成分

尽管生态系统中的生物种类繁多,但是根据它们取得营养物质和能量的方式以及在能量流动和物质循环中所起的作用,可以分为以下类群:

(1) 生产者。生产者是指能进行光合作用的自养型生物(包括所有的高等绿色植物、藻类)和化能合成细菌等。其中,绿色植物具有叶绿素,利用太阳光能,通过光合作用把吸收来的水、二氧化碳和无机盐类制造成初级产品,即碳水化合物,并把太阳能转化成化学能贮存在碳水化合物中。化能合成细菌则利用某些物质在化学变化过程中产生的能量,把无机物合成有机物。因此生产者在生态系统中的作用是进行初级生产,生产者又称初级生产者。生产者是生态系统中最基本和最关键的生物组分,太阳光能只有通过生产者,才能源源不断地输入生态系统,成为消费者和分解者唯一的能量来源。

(2) 消费者。消费者是不能用无机物质制造有机物质的生物。它们直接或间接地依赖于生产者所制造的有机物质,这些是异养生物。

根据食性的不同可分为:草食动物,即以植物为营养的动物,又称植食动物,是初级消费者,如昆虫、啮齿类、马、牛、羊等;肉食动物,即以草食动物或其他动物为食的动物。又可分为:一级肉食动物,又称二级消费者,即以草食动物为食的捕食性动物;二级肉食动物,又称三级消费者,即以一级肉食动物为食的动物。

将生物按营养阶层或营养级进行划分,生产者属于第一营养阶层,草食动物居第二营养阶层,以草食动物为食的动物是第三营养阶层,以此类推,还有第四营养阶层、第五营养阶层等。还有许多消费者是杂食动物,如狐狸既食浆果,又捕食鼠类,还食动物尸体等。消费者在生态系统中起着重要的作用,不仅对初级生产者起着加工、再生产的作用,而且对其他生物的生存、繁衍起着积极作用。

(3) 分解者。许多土壤动物主要以细菌为食,它们控制着土壤微生物种群的大小。如果没有它们的吞食,微生物种群高速繁殖后,维持高密度水平,往往处于增长速率很低的状态,这时微生物种群的分解作用就会大大降低。土壤动物的不断取食可促使微生物种群保持指数增长,确保微生物种群具有强大的活动功能。

消费者和分解者的生产都依赖于初级生产者,在生态系统中的作用是进行次级生产,所以,消费者和分解者又称次级生产者。

非生物成分、生产者、消费者和分解者四个营养单元,在物质循环和能量流动中各自以独特的功能相互依存、相互影响和相互作用,并通过复杂的营养关系紧密结合,构成一个完整的生态系统。

(二) 生态系统的空间结构

结构是生态系统内各要素相互联系、作用的方式,是系统的基础。结构保持了系统稳定性。依靠稳定性,即使在外界干扰作用下,也能继续保持系统的有序性和恒定性。

群落中各种生物各自占有一定的生存空间,构成了生态系统的空间结构。地球上的各类生态系统都具有明显的空间结构。特别是陆地生态系统,由于地形复杂,水热条件分异明显,即使在一个较小的空间范围内,生态条件也存在很大的差别。因而,各类生态系统在空间上形成明显的垂直分化和水平分化,具有三维空间结构。

1. 垂直结构

生态系统的垂直结构是指生物在空间的垂直分布上所发生的变化,即生物的成层性分布现象。生物群落在不同高度,光照、温度、湿度等生态条件各不相同,不同生态特性的植物各自占据一定的空间,并以它们的同化器官(枝、叶)排列在空气中的不同高度,形成不同的层次。同样,在水生环境中,由于光、温度、二氧化碳和氧气的垂直分异,不同生态特性的植物也在不同深度的水层占据着各自的位置,出现植物按深度垂直配置的成层现象。动物具有空间活动能力,但是它们的生活直接或间接依赖于植物,其寻食和做巢在不同程度上受植物群落垂直成层性的制约。虽然有些活动性很强的动物可以出现在几个层次上,但大多数动物只限于在1~2个层次上活动,出现垂直的成层性结构,从而构成生态系统地上部分的成层现象。

生态系统的地下部分和地上部分一样,也具有垂直结构。植物根系在土壤中不同深度的配置,与之相配合的动物和微生物分布在根系周围,从而构成生态系统地下部分的成层现象。

总之,在某一高度(深度)范围内特定的小环境,总是相应地生活着一定的植物种类和动物种类,形成一个层次,从而形成生态系统的垂直结构。各层次虽有一定的独立性,但又服从生态系统的整体性。生态系统有如一个网络结构,相互之间纵横交错,既联系又制约,达到相互协调的状态,以维持生态系统的总体功能。

生态系统的垂直结构分化具有重要的生态学意义,它保证了生物更充分地利用空间和环境资源。因此,自然生态系统的这种成层性已被人类模仿并用于人工生态系统的建设,并取得了显著的生态效益和经济效益。例如在海南热带植物园的咖啡地和可可地里,上层以爪哇木棉为遮阴层,保证了下层的咖啡和可可良好的生长环境,同时在咖啡行间,又种益智仁、砂仁等,形成三层结构的生态系统,能充分利用空间和环境资源,大大增加了单位面积的收获量。在农业生产中,禾本科牧草和豆科牧草的混播常比种植单一牧草的产量高。因为混播中,两类牧草的地上部分彼此配合,能充分利用空间和阳光,地下部分也能相互配合,合理地利用土壤水分和养分。因此生态系统垂直结构的研究,在生产上具有广泛的前景。

2. 水平结构

生态系统水平结构是指生物种群在空间的水平分化,它具有一定的二维水平结构,即各个生物种群的个体分布状况和多度,水平结构可分为以下三种水平格局:

(1) 均匀分布。均匀分布是指生物种群在二维空间上各自占有一定的面积,其个体之间保持一定的均匀距离。当有机体能够占有的空间比其所需要的大,则其在分布上所受到的阻碍较小,种群中的个体常呈均匀分布。然而在自然情况下,均匀分布最为罕见。但由于受虫害、种内竞争或某一环境因素的均匀分布等因素的影响,也会引起生物种群的均匀分布。人工群落的群种一般也是均匀分布。

(2) 团块分布。团块分布是指生物种群内个体分布不均匀,形成许多密集的团块。在自然情况下,由于生境因素的不均匀分布,种群繁殖的特性和种子传播方式等因素的影响,大多数生物种群呈团块状分布。在同一群落中出现这种分布,往往形成群落镶嵌现象。人工点播方式也会造成种群的团块状分布。

(3) 随机分布。随机分布是指生物种群在空间分布上彼此独立,个体间有一定的距离,但分布不规则。或者说,个体的分布是偶然性的,完全和概率相符合。在自然界,随机分布比较少见。只有在生境因素对很多个体的作用差不多时,或者某一主导因素呈随机分布时,才会引起生物种群的随机分布。在条件比较均一的环境中,也常出现种群的随机分布。

在自然界,生物分布格局是很复杂的。因为同一生物种群在不同环境中或与不同种群配置时,会表现出不同分布格局;而同一生物种群在同一群落中,也可形成多种分布格局。例如,某一植物种群刚入侵群落时,依靠种子自然撒播而呈随机分布,随后由于无性繁殖而呈团块状分布。最后又因竞争或其他原因出现随机分布或均匀分布。

二、生态系统的平衡分析

生态系统是一种动态系统,能量在不断地流动,物质在不停地循环,信息在连续地传递,它们每时每刻都在不停顿地运动和变化。

与自然界的任何动态系统一样,生态系统也按照一定的规律向前发展。从初期的、简单的和很不稳定的阶段,过渡到复杂的和稳定的阶段。当一个生态系统发展到成熟、稳定的阶段时,它的生产、消费和分解之间,即物质和能量的输入和输出之间,接近于平衡状态,这种状态叫作生态平衡。

(一)生态平衡状态的重要标志

衡量一个生态系统是否处于平衡状态,必须考虑三点:①系统结构的平衡;②系统功能的平衡;③物质和能量的输入和输出数量的平衡。任何一个生态系统只要具备这三方面的平衡,就是处于生态平衡状态。

第一,生态系统的能量流动和物质循环较长时间内保持平衡状态,即输入和输出之间达到相对平衡。地球上的任何生态系统都是程度不同的开放系统,能量和物质在生态系统之间不断地进行着开放性流动。一方面,一部分能量和矿物元素,通过绿色植物的光合作用而同化固定,或者通过降雨、尘埃下落、河水流入和地下水渗透输入到系统中。另一方面,一部分能量和物质又通过物理蒸发、生理蒸腾、生物呼吸、动物迁移、土壤渗漏和排水携带等方式从系统中输出。当能量和物质的输入大于输出时,生物量增加,系统继续向成熟和稳定的阶段发展。而当能量和物质的输入小于输出时,生物量减少,系统就会衰退。只有当能量和物质的输入和输出趋于相等时,生态系统的结构和功能才能长期处于稳定状态。

第二,生态系统中的生产者、消费者和分解者之间构成完整的营养级结构。生产者、消费者和分解者都是组成一个生态系统的生命成分,它们与无生命成分共同构成一个完整的生态系统。其中,生产者为异养消费者和分解者提供赖以生存的食物来源,消费者是系统中能量转换和物质循环的连锁环节,分解者完成物质归还或再循环的任务。它们互相依存,互相影响,互相作用,构成完整的营养级结构,并且有典型的食物链关系和金字塔营养级规律。

第三,生态系统中的生物种类和数量保持相对稳定。在生态平衡条件下,组成生态系统的生物种类达到最高和最适量,能进行正常的生长发育和繁衍后代,并保持一定数量的种群,以排斥其他种生物的侵入。此时,系统中有机体的数目最大,生物量最大,生产力也最大。生态系统的组成和结构愈复杂,其稳定性就愈大,称为多样性导致稳定性定律。

(二) 生态系统的自我调节能力

生态系统是一种控制系统或反馈系统,它具有一种反馈机能,能自动调节和维持自己稳定的结构和功能,以保持系统的稳定和平衡。生态系统的这种能力,叫作自我调节能力。生态系统的自我调节能力是通过系统的下列因素得以实现的:

第一,生物的种类组成。生态系统中生物的种类组成越丰富,所构成的食物链和营养级结构也越复杂,系统的自我调节能力就越强。例如,组成热带雨林生态系统的生物成分,不仅种群数量多,而且个体数量也多,它们之间形成很复杂的关系。如果一个或多个种群的数量发生变化或消失,其作用可由其他种群代替或补偿,不会危及整个生态系统。而在北极生态系统中,如果地衣的生长受到损伤,整个系统就会崩溃,因为那里的动物都直接或间接地依靠地衣。

第二,能量流动和物质循环途径的复杂性。一般来说,生态系统的生物种类越多,能量流动和物质循环的途径也越复杂,系统的自我调节能力也越强。因为当系统的一部分能流和物流途径的功能发生障碍时,可以被不同部分的调节所补偿。同样,生态系统的现存生物量越大,能量和营养物质的贮备就越多,系统的自我调节能力也越强。

第三,非生物环境。生态系统中的非生物环境可以通过物理的或化学的作用,对系统进行一定程度的调节。例如,大气和水的流动对有毒物质的扩散和稀释作用,水分对温度和湿度的调节作用等,均有利于系统的稳定和平衡。

生态系统的自我调节能力说明,生态系统对外界的干扰和压力具有一定的弹性。但是,对于一个复杂的生态系统来说,对外界冲击所具有的自我调节能力也是有限度的。如果外界的干扰或压力在系统所能忍受的范围之内,生态系统可通过自我调节能力恢复其原来的平衡状态。如果外界的干扰或压力超过了系统所能忍受的极限,系统的自我调节能力就不再起作用,生态系统就会受到改变、伤害以致破坏。生态系统所能承受外界压力或干扰的极限,称为生态阈值。生态阈值的大小决定于生态系统的成熟性。生态系统越成熟,表示它的种类组成越丰富,营养结构越复杂,因而系统的稳定性越大,生态阈值就越高。相反,越简单的生态系统,其生态阈值越低。

因此,在开发和改造生态系统之前,必须深入研究生态平衡规律,掌握影响生态平衡的因素,并通过试验测定和应用系统分析手段,找出各种生态阈值的最佳值,预报系统对外界压力的负载能力。这样才能保证合理开发和利用生态系统,从而既能获得较高的生物量,又能使其结构和功能在相对平衡的状态下持续运行。

第二节 生态水利工程的设计技术

水生态环境是人类生存与发展所需的重要环境。生态环境水利工程技术有助于改善水生态环境,克服水利工程自身对水生态环境带来的不利影响,促进水利工程水生态环境功能的开发和利用。因此,在未来水利工程建设中,生态环境水利工程技术将发挥极其重要的作用。生态环境水利工程是水利发展的方向之一,主要内容包含河流生态环境的修复治理工程,水利工程的生态环境功能设计,河道(水库)水生态环境运行管理和(危机)应急处理技术等方面。总的来说,生态环境水利工程技术的应用前景是十分广阔的。

一、水利的生态功能

随着经济的迅速发展和人类生活、生产范围的不断扩大,人们对自然环境的开发与利用力度也越发加大,这种开发使得人们对自然生态环境,尤其是对河流的破坏越来越严重。"生态水利工程建设有别于传统水利工程理念,它是在充分保护和尊重自然生态环境的基础上,开发利用水资源,这样既能保护自然生态环境,又能满足人们对水资源开发利用的需要。"①

(一) 改善小气候

对生态影响较大的水利工程建设项目主要是大中型水利工程、城市区域防洪治涝工程、大型水土保持工程和小流域治理工程,这些工程对水域分布、规模、地表植被、地表土层和集水区汇流特性的影响较大,对生态环境影响也大,除了要克服水利工程对生态环境带来的负面影响外,还需要充分发挥其生态功能。

1. 空气负离子的增产功能

负离子(NAI)是由 O^{2-}、OH^-、O^- 等与若干 H_2O 结合形成的原子团,对人体有益并具有环保功能的主要负离子是指 $O^{2-}(H_2O)_k$ 和 $OH^-(H_2O)_k$ 这两种,负离子远不止这两种。负离子对人体非常有益,其主要作用包括缓解人的精神紧张和郁闷;具有镇静、催眠和降低血压作用,使脑电波频率加快,血沉变慢,使血的黏稠度降低,血浆蛋白、红细胞血色素增加,使肝、肾、脑等组织氧化过程增强,提高基础代谢,促进蛋白质代谢,加强免疫系统,对保健、促进生长发育有良好的功效。负离子还具有杀菌、净化空气的作用,负离子与细菌结合后,使细菌产生结构的变化或能量的转移,导致细菌死亡。

负离子无论对人类,还是对环境都是非常有益的。负离子是在特定的气候环境下产生的,水环境是产生空气负离子的重要条件。根据有关研究表明,空气负离子的浓度正比于空气湿度,与水环境密切相关。这与负离子的结构有关,负离子本身就是与水结合形成的原子团,因此,水是形成负离子的基础。水利工程增加空气中的湿度,加上水利工程周边的绿化带和水生植物保护,提供了负离子产生的良好环境和基本条件,水利工程在改善小气候方面具有重要作用。

目前,水利工程对增加空气负离子和改善小气候的量化分析体系还没有建立起来,但是有关研究已能说明问题,根据调查,对于空气负离子浓度及空气质量而言,有水环境远好于无水环境。各种植被和环境搭配的空气质量排序为:乔灌草+流水结构>小溪流>乔灌草>乔灌、乔草>草坪、稀灌草>稀

---

① 周风华,哈佳,田为军,等.城市生态水利工程规划设计与实践[M].郑州:黄河水利出版社,2015:12.

第二章 基于生态水利工程的河道治理

乔。由此可见,城市河道治理必须考虑河堤周边配套的绿化工程,主要利用河堤临水侧的水陆过渡段种植大量的水生植物和草,河堤背水侧的地带主要种植乔灌类植物,形成乔灌草+流水结构,营造负离子丰富的小气候。

2. 地表热辐射特性的改善功能

现代城市是经济社会发展的中心,随着社会的发展进步,城市化发展速度在不断加快,出现许多人口数量超过千万的超级大都市,也有许多城市连成一片,形成同城化大都市。大都市发展产生一个非常突出的问题就是城市的热岛效应。由于人口高度集中,大量的生产、生活活动造成大量的热排放,加上高楼大厦建设密度高,对于长波辐射的吸收作用非常大,对太阳能的反射作用小,导致城市气温明显高于周围郊区。导致城市热岛效应的因素主要有:①热排放,高密度的人口和相关的生产、生活活动产生大量的热排放;②热反射,用砖、混凝土、沥青等人工材料铺砌的城市地面,热容量大,对太阳热能的反射率小;③热扩散,密集的高楼大厦建筑物,阻碍热空气流通和热能扩散;④热辐射场,城市的硬质化地面和高楼建筑材料的热容量大,能够吸收大量的太阳热量,对长波辐射吸收作用非常强,使城市变为一个巨大的热辐射场。

城市绿化有助于减小热岛效应,增大城市绿化率是解决城市热岛效应的有效措施。调查显示,全天气温与一些因素具有较显著的强相关特性,置信度达到95%以上,各因素的线性相关顺序为建筑容积率>水面比率>人为排放率>绿化率。其中绿化率和水面比率与全天气温呈负相关,对降低气温、控制城市热岛效应有重要的作用。绿地和水面在控制气温方面的机理是相同的,分别利用植物的蒸腾作用和水面蒸发现象,将地面吸收的太阳辐射热能以潜热的形式释放到周围空气中,但不升高气温,能有效控制城市热岛效应。

城市蓄水景观水利工程能够有效增加水面比率,同时通过河堤两岸的绿化带提高绿化率,对控制周边小气候、控制城市热岛效应具有良好的作用。城市防洪治涝工程通常还要兼顾城市景观建设,一方面,通过闸坝拦河蓄水,扩大城市河道的水面积,形成人工湖的水面景观,开阔水面有利于城市冷热空气对流,加速城市热空气扩散;另一方面,在防洪堤岸建设中,为确保行洪断面,通常将堤线内移,增加河道两岸过渡段面积,并在堤外种植水生植物,对堤内侧开阔地带进行绿化,形成一河两岸的绿化带,大大增大河道周边城区的绿化率和水面比率,改善一河两岸的小气候和水环境,减缓城市热岛效应。

(二) 涵养水源

水以气态、液态和固态三种形式存在于空中、地面及地下,成为大气中的水、海洋水、陆地水以及动植物有机体内的生物水。它们相互之间紧密联系、相互转化,形成循环往复的动态变化过程,组成覆盖全球的水圈。水资源指的是地球表层可供人类利用的水,包括水量(质量)、水域和水能资源,一般指每年可更新的水量资源。水资源是处于动态变化的,在其循环变化过程中,只有某一阶段(状态)的水量可供人类利用,可利用水量在时空的分布决定水资源的利用率,涵养水源就是使水量在时空的分布更加合理,提高水资源的可利用率。

目前,可利用水主要是降水形成的陆地淡水资源,包括地表水和地下水。所以,在中国水资源评价中,区域水资源总量定义为当地降水形成的地表和地下的产水量。

降雨是形成地表和地下水的主要过程之一,降雨开始后,除少量直接降落在河面上形成径流外,一部分滞留在植物枝叶上,被植物截留,截留量最终以蒸发方式消耗。落到地面的雨水将向土中下渗,当降雨强度小于下渗强度时,雨水将全部渗入土中;当降雨强度大于下渗强度时,一部分雨水按下渗能力下渗,其余为超渗雨,形成地面积水和径流。地面积水是积蓄于地面上大大小小的坑洼,称为填洼。填洼水量最终以蒸发和下渗方式消耗。降雨在满足填洼后,开始产生地面径流。

下渗到土中的水分,首先被土壤吸收,使包气带土壤含水量不断增加,当达到田间持水量后,下渗趋于稳定。继续下渗的雨水,沿着土壤孔隙流动,一部分会从坡侧土壤孔隙流出,注入河槽形成径流,称为表层流或壤中流。形成表层流的净雨称为表层流净雨;另一部分会继续向深处下渗,到达地下水面后,以地下水的形式补给河流,称为地下径流。形成地下径流的净雨称为地下净雨,包括浅层地下水(潜水)和深层地下水(承压水)。

下渗到土中的水,经过地下渗流,能够形成持续的地下径流,地下径流在时空分布上比较合理,有利于开发和利用。涵养水源就是要维持和保护自然的地下径流,增强集水区的地下水的蓄水能力,地下水经过地层土壤的层层过滤,水质良好,而且富含矿物质。

地面的沟壑、湿地、水塘、湖泊和水库等也可以拦蓄地表水,对水流过程重新分配,使之更加合理,可以有效维持生态环境用水和水资源开发。地表水的涵养主要取决于地表坡面汇流和河道汇流特性以及湖泊、滞洪区的调蓄能力,延缓汇流时间,可以减小洪峰流量,增加水量在河流的滞留时间,使得河流流量变化趋于平缓和合理。滞洪区可以减少洪水灾害,使洪水资源化。

1. 改善下垫面下渗条件

涵养水源的效能与植被、土层结构和地理特征有关。在水利工程建设中,通过植被措施、改善土层结构和集水区河流改造等小流域治理措施,改善集水区下垫面下渗强度,提高涵养水源效能。

城市集水区的特点是有大量的人工建筑,人工建筑是不透水的集水面,所以一般将集水区分为透水区和不透水区。由于降雨损失是一个复杂的过程,受众多因素的影响,在分析计算中比较难以把握每一个要素,因此在工程计算中,把各种损失要素集中反映在一个系数中——径流系数。一次径流系数是指一次降雨量与所产生的径流深之比,在多次观测中可以获得平均或最大的径流系数,在分析计算中,为安全起见一般取偏大的数值。径流系数还与降雨强度有关,降雨强度越大,径流系数也越大。径流系数一般按经验选取,根据不同的地面进行选择或进行综合分析选择。

对于同一地区的下垫面,蒸发量基本相同,如果地形地貌相同,那么,径流系数的差别就在于下渗率的不同。因此,通过对各种下垫面的综合径流系数对比,可以近似分析下渗量的差值。

对下垫面涵养水源的功能分析,可以采用对比分析法,通过径流系数差值计算下渗率的差值,从而分析下垫面涵养水源的功能。

2. 改善河道、湖泊的水文特性

集水区各类水面面积是涵养地表水的主要因素,有效的地表水调蓄区是湖泊、水库、湿地、山塘、鱼塘、蓄水池、水窖、密集的河网水域等,一些地区的地下河、溶洞等也能调蓄洪水。大规模的土地开发和流域治理,都会造成水域面积的增减,影响区域的洪水调蓄能力和地表水的涵养效能。反映水域调蓄能力的指标主要是有效库容或水面面积,调蓄深度较大的水库和湖泊应用有效库容来表示,调蓄深度较小的开阔水面,可以用水面面积或水面比率来表示。

河道的水文特性是河道最重要的生境,对河道水生态环境有十分重要的影响。目前,在水利工程建设中,十分重视河道的生态和环境需水的研究,但人们主要关注河道最小需水要求,对基本的水文过程的要求关注不够,事实上,维持河道原有的水文周期性及其变化规律、地表水的涵养效能,也是水生态环境保护的基本要求。

水利工程建设可能改变流域河道汇流特性,例如通过水利工程合理地改造河道(网),有限度地使河道水库化,调整河道长度、断面形态、平面形态,改善河道汇流特性,调高河道调蓄能力,从而改善河道的水文特性,恢复河道水生态环境,增强地表水涵养效能。

为从量上评价和分析河道水文特性的改变情况,需要建立河道汇流特性的评价模型。自然河道设计洪水一般利用推理公式法和综合单位线法来计算,推理公式法和综合单位线法可以模拟自然河道的汇流情况,但是受到水利工程和其他人为影响的河道的汇流特性不同于自然河道,其汇流特性需要建立理论模型来描述。通过理论计算确定计算断面的单位线,与自然河道或参照系统的单位线对比,可以量化分析河道治理工程对河道水文特性的影响。为分析河道各断面的单位线,下面提出理论单位面的计算模型。

在设计洪水的计算理论中,单位线法是十分重要的方法。所谓单位线是指在特定的流域上,单位时段内均匀分布的单位净雨深在流域出口断面所形成的地面径流过程线。单位线的分析和运用基础是三个假设,具体如下:

(1) 底宽相等的假设。单位时段内净雨深不同,但它们形成的地面流量过程线总历时相等。

(2) 倍比假设。若净雨历时相同,但净雨深不同的两次净雨所形成的地面流量过程线形状相同,则两条过程线上相应时刻的流量之比等于两次净雨深之比。

(3) 叠加假设。如果净雨历时是 m 个时段,则各时段形成的地面流量过程互不干扰,出口断面的流量过程线等于 m 个时段净雨的流量过程之和。

在这三个假设之下,单位线可以用于各种降水过程的洪水流量过程线分析,因此建立单位线是关键。如果要分析河道全长洪水流量的分布及其时间过程,需要建立河道所有断面的对应单位线,即单位面。因此,所谓单位面,是指在特定的流域上,单位时段内均匀分布的单位净雨深,在流域河道所形成的地面径流过程面。

实际上不能将城市地面汇流简单地视为单纯的坡面汇流,城市地面汇流体系的大部分是城市管(沟)网组成的排水系统,因此需要通过实地调研统计,计算出单位集水面积中管(沟)平均汇流距离,再由水力学计算公式计算河道沿程各段地面汇流时间,确定汇流时间,然后与河道汇流基本方程进行耦合分析。由于城市管网分布密度大、走向复杂,管网汇流可以概化为坡面汇流。

(三) 固碳制氧

当前,应对全球气候变化是国际社会所要面对的重大问题,因此减少温室气体排放,实行低碳经济日益受到越来越多国家的关注和重视。发达国家在低碳经济发展实践过程中积累了丰富的经验,对我国有着重要的借鉴意义。我们必须重视其重要性,逐步促进经济发展向低碳方式转变。

一般来说,"低碳经济"是通过更少的自然资源消耗和更少的环境污染,获得更多的经济产出。目前"低碳经济"已成为具有广泛社会性的经济前沿理念。在发展经济和城市建设中,可以主动治理温室效应,固碳技术是解决温室效应的有效途径。小流域治理就可以利用固碳制氧技术,在改造小流域和发展当地经济的同时,将大气中的碳以安全的形式封存起来,以实现控制温室效应的目的。

以二氧化碳为唯一碳源的自养生物,包括植物,藻类,紫色和绿色细菌,为地球上其他生物提供赖以生存的能量,同时还在地球的氮和硫的循环中扮演重要角色。自养生物固定 CO_2 的路线是 CO 和一个五碳糖分子作用,产生两个羧酸分子,糖分子在循环过程中再生。植物、藻类(都是有氧的光合作用),以及某些自养的蛋白菌、厌氧菌都是按这条路线固碳的。小流域治理可以通过合理地种植果林木、旱作物、草场、农作物,并对水域进行综合治理实现治理水土流失的目的,通过固碳制氧,实现治理温室效应的目标。

在小流域治理方面,有关植被的保护、绿化、果木园林建设以及农耕地、湿地、坡地等方面的治理,都有利于固碳制氧,对各种林木、果树、土壤、水域的固碳制氧功能和价值要进行全面的评价。小流域治理中的植被措施等对固碳制氧功能的影响较大,例如森林的覆盖率,主要林木种类及其种群分布,人工林及林分情况,树龄、树高和胸径等数据。

二、生态水利工程的常规设计技术

(一) 生态水利工程的任务

"随着时代的发展,我国的国民经济得到了快速的发展,这种情况下,我国的基础设施也得到了良好的发展,水利作为国民经济的基础设施之一,同样也是取得了长足的发展。"[1]水利工程对生态环境有重大的影响,水利工程建设过程中会对生态环境产生一定的不利影响,造成水生态环境的破坏,例如影响河流的连续性、平面形态、断面形式和过渡段;改变自然水文条件,造成一定的淹没区;影响地表植被、地貌、地层稳定,造成水土流失等。

此外,其他建设工程对水生态环境也会产生不利的影响,例如城市建设对集水区的自然属性影响较大,地表硬质化使得雨水下渗能力降低,地面的沟壑、湿地、水塘、湖泊等消失,造成雨水拦蓄能力降低等;城镇建设发展对水量需求增大,水污染日益严重等。

水利工程还具有改善水生态环境的功能,例如水库工程具有蓄洪、滞洪、降低洪峰、降低洪水造成的损失、使洪水资源化的作用;小流域治理工程具有减小水灾害、促进水土保持、涵养水源、改善小气候的功能。城市河道治理具有改善小气候、美化环境等作用。

生态环境水利工程的任务是修复受损水生态环境,将水利工程对水生态环境的不利影响降到最低,改善水生态环境、小气候和美化环境。最大程度地发挥水利工程的水生态环境功能,实现兴利、防灾减灾和改善水生态环境的综合治理目标。

(二)生态水利工程的目标

1. 水功能区划

水功能区划是实现水资源可持续发展的基础,是实现水资源全面规划、综合开发、合理利用、有效保护和科学管理的依据,是提高水资源利用率的重要条件。水功能区划是在宏观上对流域水资源的利用状态进行总体控制,统筹协调有关用水矛盾,确定总体功能布局,在重点开发利用水域内详细划分多种用途的水域界线,以便为科学合理地开发利用和保护水资源提供依据。

水功能区划采用三级体系,一级区划为流域级,二级区划为省级,三级区划为市级。其中,一级水功能区划分为四类,即保护区、保留区、开发利用区、缓冲区;二级水功能区划重点在一级区划的保护区、开发利用区内进行细分,分为十类,即源头水保护区、自然保护区、调水水源区、饮用水水源区、工业用

---

[1] 张晔.基于现代生态水利设计原则的探讨[J].黑龙江水利科技,2018,46(9):88-89.

水区、农业用水区、渔业用水区、景观娱乐用水区、过渡区、排污控制区。

2. 河流生态恢复的目标、原则与任务

(1) 河流生态恢复的目标。河流生态恢复的目标是维护原有生态系统的完整性,包括维护生物及生境的多样性,维护原有生态系统的结构和功能。河流生态恢复的目标层次主要有以下五层:

第一,完全恢复。生态系统的结构和功能完全恢复到干扰前的状态。这意味着首先要完全恢复原有河流地貌,需要拆除河流上大部分大坝和人工设施,要恢复河道原有的蜿蜒形态。

第二,修复。生态系统的结构和功能部分恢复到干扰前的状态。不用完全恢复原有河道地貌形态,可以采用辅助修复工程,部分恢复生态系统的结构和功能,维护生态系统重要功能的可持续性。

第三,增强。采用增强措施补偿人类活动对生态的影响,使生态环境质量有一定的改善。增强措施主要是改变具体水域、河道和河漫滩特征,改善栖息条件。但增强措施是主观的产物,缺乏生态学基础,其有效性还需要探讨。

第四,创造。开发原来不存在的新的河流生态系统,形成新的河流地貌和河流生态群落。创设新的栖息地来代替消失或退化的栖息地。

第五,自然化。对于水利开发形成的新的河流生态系统,通过河流地貌和生物多样性的恢复,使之成为一个具有河流地貌多样性和生物种群多样性的动态稳定的、具有自我调节能力的河流生态系统。

(2) 河流生态恢复的原则。①河流生态修复与社会经济协调发展原则;②社会经济效益与生态效益相结合的原则;③生态系统自我设计、自我恢复的原则;④生态工程与资源环境管理相结合的原则。

(3) 河流生态恢复的任务。河流生态系统恢复的任务有三项:恢复或改善水文、水质条件;恢复或改善河流地貌特征;恢复河流生物物种。

第一,水文、水质条件的改善。水文条件的改善主要包括水文情势的改善、河流水力条件的改善,要适度开发水资源,合理配置水资源,确保河流生态需水要求。提倡水库运用的生态调度准则,即在满足社会经济需求的基础上,尽量按照自然河流丰枯变化的水文模式来调度,以恢复下游的生境和水文规律。通过控制污水排放、提倡源头清洁生产、加大污染处理力度、推广生物治污技术,实现循环经济以改善河流水质。

第二，河流地貌的恢复。河流地貌恢复的主要内容：河流纵向连续性的恢复、河流横向连通性的恢复；河流纵向蜿蜒性的恢复、河流横向水陆过渡带的恢复；与河流关联的滩地、湿地、湖泊、滞洪区的恢复。

第三，生物物种的恢复。主要恢复与保护河流濒危、珍稀、特有物种。恢复原有物种的种类和数量。

(三) 人工湿地技术

1. 人工湿地净化原理

人工湿地是人工建造和调控的湿地系统，一般由人工基质和人工种植的水生植物组成，通过人为调控形成基质-植物-微生物生态系统。人工湿地系统对污水中污染物、有机废物具有吸收、转化和分解的作用，从而净化水质。

人工湿地的基质为水生植物提供载体和营养物质，也为微生物的生长提供稳定的附着表面；湿地植物可以直接吸收营养物质、富集污染物，其根区还为微生物的生长、繁衍和分解污染物提供氧气，植物根系也起到湿地水力传输的作用。微生物主要分解污染物，同时也为湿地植物生长提供养分。

人工湿地形成的基质-植物-微生物生态系统是一个开放、发展和可以自我设计的生态系统，构成多级食物链，形成了内部良好的物质循环和能量传递机制。人工湿地具有投资低、运行维护简便、可以改善水质和美化环境的优点，具有良好的经济效益和生态效益，其应用前景广泛。

2. 人工湿地的类型

人工湿地按照水流形态划分为三种类型：表面流人工湿地、潜流人工湿地和复合流人工湿地。

(1) 表面流人工湿地。表面流人工湿地是表面流形态，在人工湿地的表面形成一层地表水，水流从人工湿地的起端断面向终端断面推进，并完成整个净化过程。这类人工湿地没有淤堵问题，水力负荷能力较大。

(2) 潜流人工湿地。水流在人工湿地以潜流方式推进，人工湿地河床的填充介质主要是砾石，废水沿介质下部潜流，水平渗滤推进，从出口端埋设的多孔集水管流出。这种人工湿地对废水处理效果好，卫生条件好，但投资略高，水力负荷能力较低。

(3) 复合流人工湿地。复合流人工湿地由多个单元组成，形成垂直-水平复合流动组合。这种人工湿地充分发挥水平和垂直两个方向的净化作用,具有较好的水质净化效果。

3. 人工湿地的设计

(1) 场地选择。人工湿地场地选择应因地制宜,主要考虑地形地势,与河流、湖泊的关系和洪水的破坏影响,尽量选择有一定坡度的洼地或经济价值不高的荒地。人工湿地场地选择主要考虑因素包括:①场地范围、面积是否满足要求;②地面坡度小于2%,土层厚度大于0.3m;③土壤渗透系数不大于0.12m/d;④水文气象条件以及受洪水影响情况;⑤投资费用。

(2) 预处理设施。为避免泥沙和不利于人工湿地处理的物质造成的淤积和堵塞,必须设置预处理设施。常用的预处理设施有:格栅、沉沙池、化粪池、氧化池、除油池、水解池等。

(3) 进水方式。

第一,推进式。水流单向推进,污水从进口顺着推进方向流动,穿越人工湿地,直接从出口流出。这种方式简单,水头损失小。

第二,阶梯进水式。污水单向推进,但污水进水口在前半段沿程均匀分布,减小人工湿地前半段的集中负荷,避免前半段的淤塞。

第三,回流式。在推进式基础上,增加回流通道,使处理后的部分污水回流到进口,重新进入湿地,这样可增加湿地水体的溶解氧,延长水力停留时间,促进水体的净化。

第四,综合式。将阶梯推进式与回流式结合起来,既采用分步进水减少湿地前段压力,又使净化后的污水回流,提高湿地水体净化效果。

(4) 湿地床。湿地床一般由表土层、中间砾石层、底部衬托层和防渗层组成。表土层为就地采用的表层土,但要避免使用受到人为污染的当地表层土,表层土铺满整个湿地床面,厚度为0.15~0.25m。中间砾石层是湿地床的主体,也称为填料层,填料以砂、砾石和碎石为主,厚度一般为0.3~0.7m。近年来,有许多新型填料,如石英砂、煤灰渣、高炉渣、沸石和陶粒等,具有多孔的陶粒可以为微生物提供较大的比表面积,增加微生物的活性,提高污染物的净化能力。沸石具有特殊结构,可快速吸附氨离子。氨离子吸附饱和后,沸石通过缓释和微生物的作用,恢复自身的吸附容量。

人工湿地的选择应满足的要求包括:①有良好的吸附能力。有利于生物膜的生长和对污水中有机物的吸附。②有良好的交换性能。以利于对含磷和重金属的污水的处理。③有良好的结构,不易发生堵塞。④经济适用,就地取材。

底部衬托层为砂垫层,为填料的衬底同时又是防渗层的保护层,一般厚度为 0.10~0.15 m。设置防渗层是为了防止污水对地下水源的污染,常采用黏土、膨润土夯实,上面铺设土工膜作为防渗材料,其上再铺设一定厚度保护层,一般为水泥土。

(5) 布水与集水系统。

人工湿地布水(污水进水)系统需要保证配水均匀,一般采用多孔管或三角堰等配水装置,安装高度一般高于湿地床面 0.5 m 左右,要防止表面淤泥和杂草的积累而影响配水。配水装备尺寸和布局,按照污水排放量来确定。

集水(出水)系统的任务是保证出水均匀流动,同时要控制湿地床内的水位,保证湿地床正常运行所需的水量。表面流人工湿地利用排水管或明渠出水,出水设施布置在湿地末端,按排放量确定有关尺寸。潜流或复合流人工湿地分为暗管和明渠两种,暗管为布置在湿地床底部的穿孔管,末端用水管导向地表;明渠布置在湿地床末端,按排放量确定有关尺寸。

三、生态水利工程的应急技术

此处主要讨论淡水生态系统危机以及自然界和人类对淡水生态系统的胁迫问题,生态学把自然界和人类活动对生态系统的干扰称为胁迫。自然界对淡水生态系统的干扰主要是由气候变化、地震、火山爆发、山体滑坡、地陷、台风(飓风、旋风)、大洪水、河流改道等引起,其对淡水生态的影响大多都能恢复,或者向另一种状态发展,建立新的动态平衡系统。而人类对淡水生态系统的影响始于现代人类社会大规模经济活动,其对淡水生态系统的影响是严峻的,是淡水系统自身难以恢复的。

(一) 水环境危机的类型

水环境危机是指自然水域由于各种原因造成水质下降的危机,导致自然水域水质变差的原因有水污染、咸潮和干旱缺水等,其中水污染是主要因素。

1. 水污染

常态性的水污染源主要是工业废水、农业废水和市政生活污水,这是影响水环境的主要方面。此外还有突发性的水污染事件,虽然事件经历时间较短,但对水环境和水生态产生极大的危害,对水生态可能产生长期的危害。水环境危机主要指突发性的水污染事件。

2. 咸潮

咸潮主要发生在感潮河道和河口。海洋受月球引力的作用,发生周期性的潮位涨落变化,一般其变化周期为 12.5 h。当河道来水流量减小或海潮位升高时,海水会沿河道上溯,大量盐分(氯根)进入河道,使河道水体含盐量大幅升高。海水入侵到取水口时,会影响滨海城市供水系统,造成城市缺水,影响滨海城市社会和经济发展的正常秩序。

另外,由于海水的注入,给感潮河段带来大量的溶解氧,大量的海水使污染物被混合和稀释,增加河道的同化能力,加速有机污染物的分解,改善河道的水质。

3. 干旱缺水

干旱缺水会造成江河湖泊水域水质下降,干旱缺水是导致咸潮入侵的一个主要原因。干旱缺水会使水域污染物的浓度上升,同时还使水体自净能力降低,进一步加剧水质恶化。另外,干旱缺水危及水生物的生存,造成大量水草、藻类和鱼类死亡,使水体富营养化,水质严重恶化,破坏水生态。

(二)咸潮及其处理技术

咸潮对经济发达的沿海城市供水影响较大,对河流生态也有一定的影响,是现代沿海城市水利所要面对的重要问题。珠海咸潮的应对措施主要是采用"引淡压咸"的方法,其关键是如何把握引淡的流量问题,既要达到压咸的目的,又要避免淡水资源的浪费,人们经过多次的实践摸索,才逐渐把握珠海咸潮控制过程中引淡的控制规律。

事实上,控制咸潮的关键因素是感潮河道的流速,影响感潮河道流速的主要因素是潮水位及其涨落规律和上游来水流量及过程。应对咸潮问题需要了解咸潮运动规律和河道水流流速的变化规律。

1. 咸潮及其危害

咸潮是一种天然水文现象,它是由太阳和月球对地表海水的吸引力引起的,当海水涨潮,海水倒灌,咸、淡水混合造成上游河道水体变咸,即形成咸潮。特别是当出现河流淡水流量不足的情况,咸潮影响范围更大。

因此,大的咸潮主要是由大潮、大旱引起的,一般发生在上一年冬至到次年立春、清明期间,上游江水水量少,雨量少,使江河水位下降,由此导致沿海地区海水通过河道或其他渠道倒流,氯化物逆流扩散到上游。咸潮的影响主要表现在河道水体氯化物的含量上,按照国家有关标准,如果水的含氯度超过 250 mg/L 就不宜饮用。这种水质还会危害到当地的植物生存。

海水的氯化物浓度一般高于 5 000 mg/L,当咸潮发生时,河水中氯化物浓度从每升几毫克上升到超过 250 mg。水中的盐度过高,就会对人体造成危害,老年人和患高血压、心脏病、糖尿病等人不宜饮用。水中的盐度高还会对企业生产造成威胁,生产设备容易氧化,锅炉容易积垢。在咸潮灾害中,生产中用水量较大的化学原料及化学制品制造、金属制品制造、纺织服装等产业受到的冲击较大,其中一些企业不得不停产。

咸潮还会造成地下水和土壤内的盐度升高,给农业生产造成严重影响,危害到当地的植物生存。

2. 咸潮的防治

(1) 预报。加强对咸潮形成机理的研究,掌握咸潮变化规律,建立咸潮预报模型,进行咸潮预测预报。同时运用先进的超声波流速剖面仪等设备和技术,对咸潮实施同步的严密监测,并建立预警机制,在咸潮到来之前做好防范,才能对咸潮入侵应对自如。

(2) 采取调水压咸。由于咸潮活动主要受潮汐活动和上游来水控制,潮汐活动可调节的余地有限,而对上游径流的调节则是大有可为的。调水压咸是目前比较有效的应急办法。应急调水压咸调度应以大型水库为主,特别是优先考虑距离三角洲地区较近、流程短的水库或水利枢纽,调水压咸的同时还要注意发挥流域水资源的综合效益。

(3) 加强河道采砂管理。三角洲河段滥采河砂造成河床严重下切,引发咸潮上溯,有关部门应加强对全流域采砂的管理,用有效手段严厉打击非法采砂行为,做到有序、有控制地合理采砂。

(4) 节约用水。随着近年来经济的发展,各地区的年用水量也在持续递增。一般来说,农业是耗水大户,占总消耗量的七成以上,同时,市镇生活和工业用水存在浪费严重问题。过度用水导致河流水位下降,加重咸潮的危害。所以,应推广农业节水灌溉技术,大力提倡节约用水,提高水的利用效率,以减轻咸潮的危害。

(5) 伺机"偷淡"。可以利用落潮时河道流速增加、咸潮后退的时机,通过分析,选择合理的时段加紧抽水蓄淡,即伺机"偷淡"。根据潮水运动的规律,在大潮来临前和咸水退潮时抓住时机加大抽水量。

3. 咸潮的处理技术

河口拦门砂和河床底砂均有束流作用,泥沙减小河口深度,促使河流增速,阻止咸潮上溯或减小咸潮上溯的强度,特别是阻止咸水沿河床底部上溯。

根据咸潮逆流迁移扩散的特性,控制咸潮的关键是加大河道流速,干旱时河道流量减少、流速降低,加上海潮的影响,河道流速很低,甚至出现倒流,导致咸潮大幅度入侵。

为增大河道流速,可以采用多种方式束流增速,具体如下:

(1) 在河网地区,如有可能利用水闸群进行合理的调度、配水时,可将次要的汊河、支流的水流集中到主河道和有航运要求的河道,增加主河道流量和流速,阻止咸潮上溯。例如采用闸坝作为汊河、支流的锁坝。

(2) 利用河口束流工程,减小过水断面,使河流归槽,增大河道流速,阻止咸潮上溯。河口束流工程可以采用护堤丁坝、水下潜坝等方式,但要控制护堤丁坝、水下潜坝的规模,以免影响河道通航和行洪,必要时可采用活动坝型,例如采用活动橡胶丁坝。

第三节 生态河道与河道的生态治理研究

一、生态河道及其特征

生态河道的构建起源于生态修复,是时下的热门话题,生态河道是指在保证河道安全的前提下,以满足资源、环境的可持续发展和多功能开发为目标,通过建设生态河床和生态护岸等工程技术手段,重塑一个相对自然稳定和健康开放的河流生态系统,以实现河流生态系统的可持续发展,最终构建一个人水和谐的理想环境。

生态河道是具有完整生态系统和较强社会服务功能的河流,包括自然生态河道和人工建设或修复的生态河道。自然生态河道指不受人类活动影响,其发展和演化的过程完全是自然的,其生态系统的平衡和结构完全不受人为影响的河道。人工建设或修复的生态河道,是指通过人工建设或修复,河道的结构类似自然河道,同时能为人类提供诸如供水、排水、航运、娱乐与旅游等诸多社会服务功能的河道。

由此可见,在生态河流建设中,特别强调河流的自然特性、社会特性及其生态系统完整性的恢复。生态河道是河流健康的表现,是水利建设发展到相对高级阶段的产物,是现代人渴望回归自然和与自然和谐相处的要求,是河道传统治理技术向现代综合治理技术转变的必然趋势。

生态河道具有以下特征:

第一,形态结构稳定。生态河道往往具有供水、除涝、防洪等功能,为了保证这些功能的正常发挥,河道的形态结构必须相对稳定。在平面形态上,应避免发生摆动;在横断面形态上,应保证河滩地和堤岸的稳定;在纵断面形态上,应不发生严重的冲刷或淤积,或保证冲淤平衡。

第二,生态系统完整。河道生态系统完整包括河道形态完整和生物结构完整两个方面。源头、湿地、湖泊及干支流等构成了完整的河流形态,动物、植物及各种浮游微生物构成了河流完整的生物结构。在生态河道中,这些生态要素齐全,生物相互依存、相互制约、相互作用,发挥生态系统的整体功能,使河流具备良好的自我调控能力和自我修复功能,促进生态系统的可持续发展。

第三,河道功能多样化。传统的人工河道功能单一,可持续发展能力差。生态河道在具备自然功能和社会功能的同时,还具备生态功能。

第四,体现生物本地化和多样性。生态河道河岸选择栽种林草,应尽可能用本地的、土生土长的、成活率高的、便于管理的林草,甚至可以选择当地的杂树杂草。生物多样性包括基因多样性、物种多样性和生态系统多样性。生态河道生物多样性丰富,能够使河流生物有稳定的基因遗传和食物网络,维持系统的可持续发展。水利工程本身是对自然原生态的一种破坏,但是从整体上权衡利弊得失时,对于人类而言一般利大于弊。生态也不是一成不变的,而是动态平衡的。因此,建设生态河道时必须重点关注恢复或重建陆域和水体的生物多样性形态,尽可能地减少那些不必要的硬质工程。

第五,体现形态结构自然化与多样化。生态河道以蜿蜒性为平面形态基本特征,强调以曲为美,应尽量保持原河道的蜿蜒性。不宜把河道整治成河床平坦、水流极浅的单调河道,致使鱼类生息的浅滩、深潭及植物生长的河滩全部消失,这样的河道既不适于生物栖息,也无优美的景观。生态河道应具有天然河流的形态结构,水陆交错,蜿蜒曲折,形成主流、支流、河湾、沼泽、急流和浅滩等丰富多样的生境,为众多的河流动物、植物和微生物创造赖以生长、生活、繁衍的宝贵栖息地。

第六,体现人与自然和谐共处。一般认为,生态河道就是亲水型的,体现以人为本的理念。这种认识并不全面,以人为本不能涵盖人与自然的关系,它主要侧重于人类社会关系中的人文关怀,现代社会中河道治理不再是改造自然、征服自然,因此不是强调以人为本,而是提倡人与自然和谐共处。强调人与自然和谐共处,可以避免水利工程建设中的盲目性,也可以避免水利工程园林化的倾向。

二、河道生态治理的内涵

河道生态治理,又称为生态治河或生态型河流建设等,它是融治河工程学、环境科学、生物学、生态学、园林学、美学等学科于一体的系统水利工程,是综合采取工程措施、植物措施、景观营造等多项技术措施而进行的多样性河道建设。经过治理后的河流,不仅具有防洪排涝等基本功能,还有良好的确保生物生长的自然环境,同时能创造出美丽的河流景观,在经历一定时间的自然修复之后,可逐渐恢复河流的自然生态特性。

第三章

生态河道设计的具体内容

第一节 生态河道的治理规划设计

一、生态河道治理的主要原则

生态河道治理是在遵循自然规律的基础上,"根据保护对象和范围,对下游河道范围进行防洪、排涝、灌溉、供水、景观等功能建设,以打造生态河道,从而满足人类日益增长的水利基本需求,营造适宜的生物群落"[①],为人类社会的发展提供生态服务功能。生态河道治理的原则一般包括自然法则和社会经济技术原则。

(一)自然法则

自然法则是生态河道治理的基本原则,只有遵循自然规律,河流生态系统才能得到真正的恢复。

第一,地域性原则。不同区域具有不同的生态背景,如气候条件、地貌和水文条件等,这种地域差异性和特殊性要求在恢复与重建退化的生态系统的时候,要因地制宜,具体问题具体分析,在定位试验或实地调查的基础上,确定优化模式。

第二,生态学原则。生态学原则包括生态演替原则、保护食物链和食物

---

① 张洋,王超.河道治理及生态护岸工程措施研究[J].工程技术研究,2022,7(18):56-58.

网原则、生态位原则、阶段性原则、限制因子原则、功能协调原则等。这些原则要求我们根据生态系统的演替规律,分步骤、分阶段进行,循序渐进,不能急于求成。生态治理要从生态系统的层次开始,从系统的角度,根据生物之间、生物与环境之间的关系,利用生态学相关原则,构建生态系统,使物质循环和能量流动处于最大利用和最优状态,使恢复后的生态系统能稳定、持续地维持和发展。

第三,顺应自然原则。充分利用和发挥生态系统的自净能力和自我调节能力,适当采用自然演替的自我恢复,不仅可以节约大量的投资,而且可以顺应自然和环境的发展,使生态系统能够恢复到最自然的状态。

第四,本地化原则。许多外来物种与本土物种竞争,影响其生存,进而影响相关物种的生存和生态系统结构功能的稳定,对生态系统造成极大的损害。生态恢复应该慎用非本土物种,防止外来物种的入侵,以恢复河流生态系统原有的功能。

(二) 社会经济技术原则

社会经济技术条件和发展需求影响河流生态系统的目标实现,也制约着生态恢复的可能性及恢复的水平和程度。

第一,可持续发展原则。实现流域的可持续发展,是河流生态治理的主要目的。河流生态治理是流域范围的生态建设活动,涉及面广、影响深远,必须通过深入调查、分析和研究,制订详细而长远的恢复计划,并进行相应的影响分析和评价。

第二,风险最小和效益最大原则。由于生态系统的复杂性以及某些环境要素的突变性,人们难以准确估计和把握生态治理的结果和最终的演替方向,对退化生态系统的恢复具有一定的风险。同时,生态治理往往具有高投入的特点,在考虑当前经济承受能力的同时,还要考虑生态治理的经济效益和收益周期。保持最小风险并获得最大效益是生态系统恢复的重要目标之一,是实现生态效益、经济效益和社会效益完美统一的必然要求。

第三,生态技术和工程技术结合原则。河流生态治理是高投入、长期性的工程,结合生态技术不仅能大大降低建设成本,还有助于生态功能的恢复,并降低维护成本。生态恢复强调"师法自然",并不追求高技术,实用技术组合常常更加有效。

第四,社会可接受性原则。河流是社会、经济发展的重要资源,恢复河流的生态功能对流域具有积极的意义,但也可能影响部分居民的实际利益。河流生态治理计划应该争取当地居民的积极参与,得到公众的认可。

第五,美学原则。河流常常是流域景观的重要组成部分,美学原则要求退化生态系统的恢复重建应给人以美好的享受。

二、生态河道治理规划设计的基本要求

在进行生态河道治理规划设计时,各地应根据当地河道的实际情况和建设目标要求,创造性地选用适于本地河情的技术方案与措施。生态河道治理规划设计的要求如下:

第一,确保防洪安全,兼顾其他功能。在生态河道治理规划设计中,防洪安全应放在首位,同时须兼顾河道的其他功能,也就是要尽可能地照顾其他部门的利益。例如,不能确保了防洪安全,却影响了通航要求;或不能整治了河道,却造成了工农业生产和生活用水的困难等。

第二,增强河流活力,确保河流健康。生态功能正常是河流健康的基本要求。河流健康的关键在于水的流动。因此,规划设计时,需要明确维持河流活力的基本流量(或称生态用水流量),并采取措施确保河道流量不小于这个流量。

第三,改造传统护岸,建造生态河岸。传统的护岸工程多采用砌石、混凝土等硬质材料施工,这样的河岸,生物无法生长栖息。生态型河道建设,应尽量选用天然材料构造多孔质河岸,或对现有硬质护岸工程进行改造,如在砌石、混凝土护岸上面覆土,使之变成隐形护岸,再在其上面种草实现绿色河岸。

第四,营造亲水环境,构建河流景观。生态河流应有舒适、安全的水边环境和具有美感的河流景观,适宜人们亲水、休闲和旅游。但在营造河流水边环境及景观时,应注意与周围环境相融合、相协调。设计时,最好事先绘制效果图,并在充分征求有关部门和当地居民意见的基础上修改定案。

第五,重视生物多样性,保护生物栖息地。在生态型河流建设中,对于河流生物的栖息地,要尽可能地加以保护,或只能最小限度地改变。若河流形态过于规则单一,则可能造成生物种类减少。确保生物多样性,需要构造多样性的河道形态。例如:连续而不规则的河岸;丰富多样的断面形态;有滩有槽的河床;泥沙有地方冲刷,有的地方淤积等。这样的河流环境,有利于不同种类生物的生存与繁衍。

三、生态河道治理规划设计的总体布局

河道生态治理要达到人水和谐的目标,要对现状自然河流网络充分利用并进行梳理,采取疏、导、引的手法,使水系网络贯通为有机的整体;水系、绿化、道路、用地相互依存,构成整个区域生态廊道的骨架。与城市总体规划、土地利用规划等规划相衔接。具体要做好"保、截、引、疏、拆、景、态、用、管"等方面的工程布局。

第一,保——防洪保安。防止洪水侵袭两岸保护区,保证防洪安全及人们沿河的活动安全。河道应有足够的行洪断面,满足两岸保护区行洪排涝的需要,河道护岸及堤防结构必须安全。在满足河道防洪、排涝、蓄水等功能的前提下,建立生态性护岸系统满足人们亲水的需求。采取疏浚、拓宽、筑堤、护岸等工程手段,提高河道的泄洪、排水能力,稳定河势,避免水流对堤岸及涉河建筑物的冲刷,使河道两岸保护区达到国家及行业规定的防洪排涝标准。

第二,截——截污水、截漂流物。摸清河道两岸污染物来源,进行河道集水范围内的污染源整治,撤销无排水许可的排污口,满足最严格水资源管理的"水功能区限制纳污红线"要求。对工农业及生产生活污染源进行整治,兴建、改建污水管道及兴建污水泵站和污水处理厂,提高污水处理率,通过对沿河地块的污水截污纳管,逐步改善河道水质;兴建垃圾填埋场及农村垃圾收集点,建立垃圾收集、清运、处理处置系统。

第三,引——引水配水。对水体流动性不强,季节性降水补充不足的平原河网和城市内河的治理,需从天然水源比较充沛的河道,引入一定量的清洁水源,解决流速较小、水量不充沛的问题,补充生态用水,并对河道污染物起到一定的稀释作用。

第四,疏——疏浚。对河岸进行衬砌和底泥清淤,改变水体黑臭现象。

第五,拆——拆违。拆,即集中拆除沿河两侧违章建筑,还河道原有面貌,并为河道综合治理提供必要的土地。

第六,景——景观建设。加强对滨水建筑、水工构筑物等景观元素的设计,恢复河道生态功能,改善滨水区环境,优化滨水景观环境。河道应具有亲水性、临水性和可及性,沿岸开辟一定的绿化面积,美化河道景观,尽可能保持河道原有的自然风光和自然形态,设置亲水景点,在河道的平面、断面设计及建筑材料的运用中注重美学效果,并与周边的山峰、村落、集镇、城市相

协调。

第七，态——保护生态。建设生态河道,保护河道中生物多样性,为鱼类、鸟类、昆虫、小型哺乳动物及各种植物提供良好的生活及生长空间,改善水域生态环境。

第八,用——开发利用。开发利用沿河的旅游资源和历史文化遗存,注重对历史文化的传承,充分挖掘河道的历史文化内涵。开发利用河道两岸的土地,河道整治后,河道两岸保护区原来受洪水威胁的土地得到大幅度增值,临近河道区块成为用地的黄金地带。在河道治理规划设计中要充分开发和利用这些新增和增值的土地,通过招商引资的办法,使公益性的河道治理工程产生经济效益,走开发性治理的新路子。

第九,管——长效管理。理顺管理体制,落实管理机构、人员、经费,划定河道管理和保护范围,明确管理职责,建立规章制度,强化监督管理。开展河道养护维修、巡查执法、保洁疏浚,巩固治理效果,发挥治理效益。

四、生态河道治理规划设计的重点内容

生态河道治理规划设计的内容主要包括河道的平面设计、断面设计、护岸设计、生态景观设计、施工组织设计、环境保护设计、工程管理设计、经济评价等方面,其设计应执行相关的技术标准和规范。其中和水利关系密切的为平面布置、堤(岸)线布置、堤距设计、堤防形式、断面设计、护岸设计等。

第一,平面布置。在平面布置上,尽量将沿岸两侧滩地纳入规划河道范围,并尽可能地保留河畔林。主河槽轮廓以现行河道的中水河槽为依据,河道形态应有滩有槽、宽窄相间、自然曲折。必要时,可用卵石或泥沙在河槽中央堆造江心滩,或在河槽两侧构造边滩,使河道形成类似自然河道的分汊或弯曲形态。

第二,堤(岸)线布置。堤(岸)线的布置与拆迁量、工程量、工程实施难易、工程造价等密切相关,同时是景观和生态设计的要素,流畅和弯曲变化的防洪堤纵向布置有助于与周边景观相协调,堤线的蜿蜒曲折也是河流生态系统多样性的基础。堤(岸)线应顺河势,尽可能地保留河道的天然形态。山区河流保持两岸陡峭的形态,顺直型及蜿蜒型河道维持其河槽边滩交错分布,游荡型河道在采取工程措施稳定主槽的基础上,尽可能地保留其宽浅的河床。

第三,堤距设计。在确定堤防间距时,遵循宜宽则宽的原则,尽量给洪水

以出路，处理好行洪、土地开发利用与生态保护的关系。在确保河道行洪安全的前提下，兼顾生态保护、土地开发利用等要求，尽可能保持一定的浅滩宽度和植被空间，为生物的生长发育提供栖息地，发挥河流自净功能。在不设堤防的河段，结合林地、湖泊、低洼地、滩涂、沙洲，形成湿地、河湾；在建堤的河段，可在堤后设置城市休闲广场、公共绿地等。

第四，堤防形式。堤防形式很多，常见的有直立式、斜坡式、复合式，应根据河道的具体情况进行选择。选择时，除了满足工程渗透稳定和抗滑、抗倾覆稳定外，还应结合生态保护或恢复技术要求，尽量采用当地材料和缓坡，为植被生长创造条件，保持河流的侧向连通性。

第五，断面设计。断面设计包括河床纵断面与横断面设计。自然河流的纵、横断面浅滩与深潭相间，高低起伏，呈现多样性和非规则化的形态。天然河道断面滩地和深槽相间及形态尺寸多样是河流生物群落多样性的基础，因此应尽可能地维持断面原有的自然形态和断面形式。河床纵剖面应尽可能接近自然形态，有起伏交替的浅滩和深槽，不做跌水工程，不设堰坝挡水建筑物。横断面设计，在满足河道行洪泄洪要求前提下，尽量做到河床的非平坦化，采用非规则断面，确定断面设计的基本参数，包括主槽河底高程，滩地高程，不同设计水位对应的河宽、水深和过水断面面积等。根据其不同综合功能、设计流量、工程地形、地质情况，确定不同类型的断面形式，如选用准天然断面、不对称断面、复式断面或多层台阶式结构，尽量不用矩形断面，特别是宽浅式矩形断面。不用硬质材料护底，岸坡最好用多孔性材料衬砌，为鱼类、两栖动物、水禽和水生植物创造丰富多样的生态环境。

第六，护岸设计。在河流治理工程中，对生态系统冲击最大的因素是水陆交错带的岸坡防护结构。水陆交错带是动物觅食、栖息、产卵及避难的场所，是植物繁茂发育地，也是陆生、水生动植物的生活迁移区。岸坡防护工程材料设计在满足工程安全的前提下，应尽量使用具有良好反滤和垫层结构的堆石、多孔混凝土构件和自然材质制成的柔性结构，尽可能避免使用硬质不透水材料，如混凝土、浆砌块石等，为植物生长，鱼类、两栖类动物和昆虫的栖息与繁殖创造条件。

护岸设计应有利于岸滩稳定、易于维护加固和生态保护。易冲刷地基上的护岸，应采取护底措施，护底范围应根据波浪、水流、冲刷强度和床质条件确定。护底宜采用块石、软体排和石笼等结构。河道护砌以生态护砌为主，可采用预制混凝土网格、土工格栅、草皮结构，低矮灌木结合卵石游步道，使河道具有防洪、休闲和亲水功能。

采用水生植物护坡,具有净化水质、为水生动物提供栖息地、固堤保土、美化环境的功能,是目前河道生态护坡的主要形式。

第二节 生态河道河槽形态与结构设计

生态河道河槽形态与结构设计应根据自然河道的形态特点,遵循河道形态多样性与流域生物群落多样性相统一的原则,在参考同流域内自然河道形态的基础上,结合河道现状条件进行规划设计,做到弯、直适宜,断面形态多样,深潭、浅滩相间。

一、生态河道横断面形态及其设计

(一) 生态河道横断面形态

生态河道横断面形态的主要特点是断面比较宽浅,一般由主河槽、行洪滩地和边缘过渡带三部分组成。主河槽一般常年有水流动;行洪滩地(也称洪泛区)是指在河道一侧或两侧行洪时被洪水淹没的区域;边缘过渡带指行洪滩地与河道外的过渡区域或边缘区域。

在满足河道行洪能力要求的前提下,要遵循自然河道横断面的结构特点,确定断面形式。以下说明复式断面、梯形断面及矩形断面的适用条件:

第一,复式断面。复式断面适用于河滩地开阔的山溪性河道,山溪性河道洪水暴涨暴落,汛期和非汛期流量差别较大,对河道断面需求也差别较大。因此,河道断面尽量采用复式断面,主槽与滩地相结合,设置不同高程的亲水平台,充分满足人们亲水的需求,增加人与自然沟通的空间。

第二,梯形断面。梯形断面相对复式断面较少,是农村河道常用的断面形式。为防止冲刷,基础可采用混凝土或浆砌石大放脚,一般采用土坡,或常水位以下采用砌石等护坡,常水位以上以草皮护坡,有利于两栖动物的生存繁衍。

第三,矩形断面。城镇等人口密集地为节省土地或受地形所限,河段常采用矩形断面。常水位以下采用砌石、块石等护坡,常水位以上以草皮护坡,以增加水生动物的生存空间,有利于堤防保护和生态环境改善。

(二) 生态河道横断面设计

对于人工调控流量的生态河道,主河槽断面尺寸(包括主河槽底宽、主河槽深和平滩宽度)宜由非汛期多年平均最大流量或生态需水流量确定,对于无人工控制的自然河道,主河槽断面宜根据非行洪期多年平均最大流量或平滩流量(相当于造床流量)来确定,行洪滩地断面应根据规定的防洪标准所对应的设计流量来确定。生态河道横断面设计与传统河道横断面设计的主要区别在于横断面形态设计和主河槽设计方法有所不同。

1. 横断面形态设计

生态河道横断面设计要遵循四项原则:①充分考虑生态河道的形态特点,即河床较为宽浅,有季节性行洪要求时应采用复式断面;②要尽量保护原有植物群落,维持河道原有自然景观;③避免采用统一的标准断面,体现断面形态的多样性;④绘横断面图时尽可能不用规尺,尽量少绘直线,增加设计思路及施工方法的标注说明,体现出横断面的自然特性。

2. 主河槽横断面设计

生态河道主河槽横断面设计往往引入河相的概念。河道在水流与河床的长期作用下,形成了某种与所在河段条件相适应的河道形态,表述这些形态的有关因素(如水深、河宽、比降、曲率半径等)与水力、泥沙条件(如流量、含沙量、泥沙粒径等)之间存在的某种稳定的函数关系,称为河相关系,包括平面、断面和纵剖面河相关系。习惯上,多把断面的河相关系称为河相关系。

严格来说,生态河道横断面是自然的不规则断面。为了计算方便,在设计时可概化为梯形复式断面,并按明渠均匀流计算。但在具体实施时,应考虑实际情况,依据生态河道断面形态的基本特征和自然河道地貌特征,河岸边坡选用适宜的坡度和宽度,以便既能通过设计流量,又能构成横断面空间形态多样性。

二、生态河道平面形态与结构设计

(一) 生态河道平面形态及其优点

生态河道平面形态特性主要表现为蜿蜒曲折。在自然界的长期演变过程中,河道的河势也处于演变之中,使得弯曲与自然裁直两种作用交替发生。弯曲是河道的趋向形态,蜿蜒性是自然河道的重要特征。蜿蜒型河流在生态方面具有如下优点:

第一,提供更丰富的生境。河道的蜿蜒性使得河道形成主流、支流、河湾、沼泽、深潭和浅滩等丰富多样的生境,形成丰富的河滨植被和河流植物群落,为鱼类的产卵创造条件,成为鸟类、两栖动物和昆虫的栖息地和避难所。河流的这些形态结构,有利于稳定消能、净化水质以及生物多样性的保护,也有利于降低洪水的灾害性和突发性。

第二,有利于补充地下水。蜿蜒性加大了河道长度,减慢了河流的流速,因而有利于地表水与地下水的交换,即有利于地下水的补给。

第三,有利于改善水质。蜿蜒型河道中水的流动路径更长,有利于净化水质。

第四,更有美感。蜿蜒型河道比顺直的河道更有美感,特别是在风景区的河道整治时,更应该"以曲为美",减少人工痕迹,充分融入自然。

保持河道的蜿蜒性是保护河道形态多样性的重点之一。在河道治理工程中应尊重天然河道形态,尽量维护河道原有的蜿蜒性。

(二) 河流的蜿蜒结构设计

河流蜿蜒不存在固定的模式,但为了设计方便,可以进行适当概化。生态河道设计中蜿蜒性的构造有如下方法:

1. 复制法

复制法认为影响河流蜿蜒模式的诸多因素(如流域状况、流量、泥沙、河床材料等)基本没有发生变化,完全采用干扰前的蜿蜒模式。这要求对河道历史状况进行认真调查,争取获得一些定量数据。除此之外,也可参考其他同类河流未受干扰河段的蜿蜒模式。在生态河道的蜿蜒型设计中,可以把附近未受干扰河段的蜿蜒模式作为参照模式。

2. 经验公式法

蜿蜒型河道概化为类似正弦曲线的平滑曲线。作为近似,可以用一系列方向相反的圆弧和直线段来拟合这一曲线。经验公式并不适用于所有的河道,比较可靠的方法是,先对本地区的同类河道蜿蜒性进行调查,结合经验公式计算结果确定河道蜿蜒参数。构造河道蜿蜒性时,也要尊重河道现有地貌特征,顺应原有的蜿蜒性,确保河道的连续性,这样更有利于河道的稳定,并降低工程造价。在河道治理设计时,可利用蜿蜒性增加河道长度,从而减缓河流坡降,提高河流的稳定性。

三、生态河道纵断面形态与结构设计

(一) 生态河道纵断面形态的特征

生态河道纵断面的基本特征是具有浅滩和深潭交替的结构,创建浅滩-深潭序列是生态河道设计的重要内容。

浅滩、深潭交替的结构具有重要的生态功能。由于浅滩和深潭可产生急流、缓流等多种水流条件,有利于形成丰富的生物群落,河流中浅滩和深潭是不同生命周期所必需的生存环境,是形成多样性河流生态环境不可缺少的重要因素。

在浅滩地带,由于水流流速快,促进河水充氧;细粒被冲走,河床常形成浮石状态,石缝间形成多样性孔隙空间,有利于水生昆虫和藻类等生物栖息。浅滩有时露出水面,可为鱼类和多种无脊椎动物群落提供产卵、栖息地。孔隙空间通过过滤、曝气和生物膜作用,对水质起到净化作用。

深潭地带,具有水深遮蔽性好及流速慢的特点,是鱼类良好的栖息场所。在洪水期,深潭成为水生动物重要的避难场所;在枯水期,深潭则成为维系生命的重要水域。另外,深潭具有重要的休闲娱乐价值,人们可进行垂钓、划船等活动。

(二) 浅滩-深潭结构设计

根据自然河流的地貌特征,以及计算得出的浅滩-深潭间距参考值,在适当位置布置浅滩和深潭。在蜿蜒型河道上,一般在河流弯道近凹岸处布置深潭,在相邻弯道间过渡段上布置浅滩。

由浅滩至深潭的过渡段纵坡一般较陡,为防止冲刷,须布置一些块石。在变道凹岸处,也易于冲刷,常常需要布置块石护坡。

需要说明的是,自然河道的浅滩-深潭结构是在洪水作用下自然形成的,但自然形成需要一个较长的时间过程。人工修复河道或开挖河道,创建浅滩-深潭结构只是为了加速这种水生动物良好生境的形成。

第三节 生态河道内栖息地的设计

一、生态河道栖息地的特征

河道内栖息地是指具有鱼和其他水生生物个体生长发育所需物理特征的栖息地。栖息地物理特征包括水流条件、掩蔽物和底质等。栖息地的质量将直接影响水生生物的丰度、组成以及健康。

第一,水流条件。河水的流动将河流生态系统与其他生态系统明显区别开来。不同河段水流参数具有很大的差异。水流的空间和时间特征,如流量、流速、水深、水温和水文周期等,都会影响河流生物的微观和宏观分布模式。很多生物对流速非常敏感,流速太低可能会限制幼鱼的繁殖,流速过高可使河床材料推移,从而扰乱某一个河段的无脊椎动物群落。浅滩和深潭可使流速条件具有多样性,从而最易于支承动物群落的多样性。

第二,掩蔽物。河道内掩蔽物,通常为漂石或大原木残骸等,能为无脊椎动物提供栖息地、躲避洪水的避难所、躲避捕食者的隐蔽所,是黏性鱼卵的附着地。因为水深和流速与某些类型的掩蔽物有非常密切的关系,理想的掩蔽物能增加水深和流速的多样性。河道内掩蔽物是大多数激流栖息地的一个重要组成部分,掩蔽物越多,鱼类栖息地条件越好。

第三,底质。河道底质包括各类物质,诸如黏土、沙、砂砾、鹅卵石、漂石、有机物碎屑、生物残骸等。很多鱼类在没有砂砾和较大粒径底质材料的情况下不会成功繁殖。因此,砂砾和较大粒径底质材料是重要的栖息地组成成分。在由树木残骸、沙、基岩和鹅卵石组成的底质条件下，大型无脊椎动物群落的物种组成和丰度具有较高的指标。在有森林覆盖的流域和具有大面积岸边植被的河流，大型树木残骸也是重要的底质。碎石底质往往具有最高的生物密度和最多的物种构成。而沙和淤泥最不利于水生生物的生长发育，仅能支承少数的物种和个体。

二、生态河道栖息地的设计构建

在山丘区生态河道设计中，可根据当地的自然材料情况，因地制宜，选择构建深潭-浅滩、小型丁坝、遮蔽物、砾石群等结构，以改善水流条件，提高栖息地的质量。

（一）生态丁坝的构建

生态丁坝的特征是把植物作为有生命的建筑材料用到丁坝建筑中来，与无生命的建筑材料相结合。在植物生长发育过程中维持丁坝稳固，更可靠地实现传统丁坝的功能。同时，生态丁坝还致力于形成河道的深潭-浅滩结构，创造多样化的水边生物栖息环境。

生态丁坝容易建造，石笼、块石、原木等均可用作修筑生态丁坝的材料。根据修建材料的不同，丁坝的形式也不同，一般有桩式丁坝和石丁坝两种形式，以下阐述生态挑流丁坝。

生态挑流丁坝一般应用于纵坡降缓于2%、河道断面相对比较宽而且水流缓慢的河段，通常沿河道两岸交叉布置，或成对布置在顺直河段的两岸，用于防止治理河段的泥沙淤积，重建边滩，或诱导主流呈弯曲形式，使河流逐渐发育成深潭和浅滩交错的蜿蜒形态。但是，因自然形成的浅滩是重要的鱼类觅食区和产卵区，须加以保护，不应在此类区域修建生态挑流丁坝。

生态挑流丁坝可单独采用圆木或块石，也可以采用石笼或在圆木框内填充块石的结构形式。此类结构对于防止河岸侵蚀、维持河岸稳定也具有一定的作用。但是，若丁坝位置和布局设计不合理，则有可能导致对面河岸的淘刷侵蚀，造成河岸坍塌，此时需要在对岸采取适宜的岸坡防护措施。一般来说，自然河道内相邻2个深潭(浅滩)的距离在5～7倍河道平滩宽度范围，因此上下游两个挑流丁坝的间距至少应达到7倍河道平滩宽度。丁坝向河道中心的伸展范围要适宜，对于小型河流或溪流，挑流丁坝顶端至河对岸的距离即缩窄后的河道宽度,可为原宽度的70%~80%。

挑流丁坝轴线与河岸夹角应通过论证或参考类似工程经验确定,其上游面与河岸夹角一般在30°左右,要确保水流以适宜流速流向主槽;其下游面与河岸夹角约60°,以确保洪水期间漫过丁坝的水流流向主槽,从而避免冲刷该侧河岸。为防止出现此类问题,可在挑流丁坝的上下游端与河岸交接部位堆放一些块石,并设置反滤层,以起到防止侵蚀的作用。挑流丁坝顶面一般要高出正常水位15~45 cm,但必须低于平滩水位或河岸顶面,以确保汛期洪水能顺利通过,且洪水中的树枝等杂物不至于被阻挡而沉积,否则很容易造成洪水位异常抬高,并导致严重的河岸淘刷侵蚀。

若使用圆木或与块石组合修建挑流丁坝,需要采取适宜措施固定圆木,例如采用锚筋把伸向河底的圆木端头固定在河床上,或采用绳索或不锈钢丝把伸向岸坡的圆木端头固定在附近的树上,也可采用锚筋固定在岸坡上。如果单根圆木直径小,不足以形成适宜高度的挑流丁坝,可采用双层圆木,但圆木间要铆接。若单独使用块石修建挑流丁坝,需要采取开挖措施,把块石铺填在密实度或强度相对比较高的土层上,防止底部淘刷或冲蚀。如果是岩基,则需要首先铺填一层约30 cm的砾石垫层,然后铺填直径较大的块石。挑流丁坝上游端或外层的块石直径要满足抗冲稳定性要求,一般可按照原河床中最大砾石直径的1.5倍确定。上游端大块石至少应有2排,选用有棱角的块石并交错码放,以保证足够的稳定性。如果当地缺少大直径块石,可采用石笼或圆木框结构修建丁坝。

(二) 生态潜坝的构建

潜坝是设置在枯水面以下,横穿河床修造的低矮挡水建筑物。根据建筑材料,可分混凝土潜坝、抛石潜坝和木栅潜坝等。传统潜坝的功能主要在于调整水面比降、限制河底冲刷、增加水流宽度等。构筑生态潜坝的一个重要目的是在下游冲刷出深潭,形成与自然的深潭-浅滩十分相似的生物栖息环境。

很多自然材料可以用来修建生态潜坝,例如块石、石笼、原木等,潜坝一般建在缺乏深潭-浅滩结构的河段,并且要求河道比降较小,最好是建在顺直的河段上。另外,潜坝高度不宜过高,以免阻碍鱼类通过。

生态丁坝在防止侵蚀、改善生物栖息地环境等方面明显高于无丁坝河道,但是不能很有效地形成高、低流速区域,而在这个方面,生态潜坝通过创造河溪深潭-浅滩结构,有效地丰富了栖息地的生物多样性。

(三) 生态堰坝的构建

生态堰坝是利用圆木或块石建造的跨越河道的横式建筑物,堰坝的功能是调节水流,阻拦砾石,在上游形成深水区,在堰坝下游形成深潭,塑造多样性的地貌与水域环境。

堰坝作为一类主要的栖息地加强结构,其作用主要表现在:①有利于上游的静水区和下游的深潭周边区域有机质的沉淀,为无脊椎动物提供营养;②因靠近河岸区域的水位有不同程度的提高,从而增加了河岸遮蔽,堰坝下游所形成的深潭或跌水潭有助于鱼类等生物的滞留,在洪水期和枯水期为其提供避难所;③因河道中心区强烈的下曳力和上涌力,可产生激流和缓流的过渡区,并有助于形成摄食通道;④深潭平流层是适宜的产卵、栖息地。

小型堰坝不同于水利工程的堰坝,其高度一般不超过 30 cm,不影响鱼类洄游。根据不同的地形地质条件,堰坝可以有不同结构形式,在平面上呈 I 形、J 形、V 形、U 形或 W 形等。

堰坝顶面使用较大尺寸块石,满足抗冲稳定性要求,下游面较大块石间距约 20 cm,以便形成低流速的鱼道。堰坝上游面坡度 1:4,下游面坡度 1:20~1:10,以保证鱼类能够顺利通过。堰坝的最低部分应位于河槽的中心,块石要延伸到河槽顶部,以保护岸坡。

在砂质河床的河流中,不适宜采用砾石材料,可以应用大型圆木作为堰坝材料。圆木堰坝的高度以不超过 0.3 m 为宜,以便鱼类通过。可以应用木桩或钢桩等材料来固定圆木,并用大块石压重,桩埋入沙层的深度应大于 1.5 m。如果应用圆木堰坝控制河床侵蚀,应在圆木的上游面安装土工织物作为反滤材料,以控制水流侵蚀和圆木底部的河床淘刷,土工织物在河床材料中的埋设深度应不小于 1 m。

(四) 遮蔽物的构建

在自然状态下,河岸上洞穴、植物树冠、河道内的漂浮植物以及浮叶植物等都是非常重要的遮蔽物,鱼类利用这些遮蔽物作为避难所和遮阴场所。设置人工的遮蔽建筑物可以为生物提供更好的栖息环境。这些建筑物包括水上平台、随意搁置在水中的枯枝、倾倒的树木和人工植物浮岛等。这些措施外观自然、原始,对水流的干扰小,很容易为河溪生物创造理想的栖息场所。

下面论述圆木和叠木支承两种形式的遮蔽物。

1. 具有护坡和掩蔽作用的圆木

圆木具有多种栖息地加强功能,不仅可用于构建护坡、掩蔽、挑流等结构物,而且可向水中补充有机物碎屑。具有护坡功能的结构常采用较粗的圆木或树墩挡土和抵御水流冲击。一般与植物纤维垫组合应用,同时起到防止冲刷侵蚀的作用;也可以应用多根圆木,形成木框挡土墙或叠木支承,起到加强护坡和保护栖息地的作用。

放置于河道主槽内的圆木或树根除具有护坡、补充碳源的功能外,还具有掩蔽物的作用。在一些情况下,可以采用带树根的圆木(树墩)控导水流,保护岸坡,抵御水流冲刷,并为鱼类和其他水生生物提供栖息地,为水生昆虫提供食物来源。

一般而言,树墩根部的直径为 25~60 cm,树干长度为 3~4 m。树墩主要应用于受水流顶冲比较严重的弯道凹岸坡脚防护,可以连成一排使用,也可以单独使用,用于局部防护。

一般要求树根盘正对上游水流流向,树根盘的 1/3~1/2 埋入枯水位以下。如果冲坑较深,可在树墩首端垫一根枕木,如果河岸不高(平滩高度的 1~1.5 倍),须在树墩尾端用漂石压重。如果河岸较高,并且植被茂密、根系发育,也可不使用枕木和漂石压重。

树墩的施工方法有以下两种:

(1) 插入法。使用施工机械把树干端部削尖后插入坡脚土体,为方便施工,树根盘一端可适当向上倾斜。这种方法对原土体和植被的干扰小,费用较低。

(2) 开挖法。首先根据树墩尺寸和设计思路,对岸坡进行开挖,然后根据需要,进行枕木施工,枕木要与河岸平行放置,并埋入开挖沟内,沟底要位于河床之下;然后把树墩与枕木垂直安放,并用钢筋固定,要保证树根直径的 1/3 以上位于枯水位之下;树墩安装完成后,将开挖的岸坡回填至原地表高程。为保证回填土能够抵御水流侵蚀并尽快恢复植被,可应用土工布或植物纤维垫包裹土体,逐层进行施工,在相邻的包裹土层之间扦插枝条。

2. 叠木支承

叠木支承是由圆木按照纵横交错的格局铰接而形成的层状框架结构,框架内填土和块石,并扦插活的植物枝条。这一结构类型可布置在河岸冲刷侵蚀严重的区域,起到岸坡防护作用。尽管这种结构不能直接增强河道内栖息地功能,但通过岸坡侵蚀防护作用及后期发育形成的植被,也会有助于提高河岸带栖息地质量。经过一定时间,圆木结构可能会腐烂,但那时这种结构内活的植物枝条发育形成的根系将继续发挥岸坡防护作用。

一般来说,圆木的直径为15~45 cm,具体尺寸和材质要求主要取决于叠木支承结构的高度及河道的水流特性,要满足抗滑、抗倾覆及抗沉降变形等方面的稳定性要求。

在平面布置上,要依据河道地形条件,进行合理设计。顺河向的圆木要水平布置在河道坡面,在弯道处要顺势平滑过渡。垂直于河道岸坡平面的圆木要深入岸坡内一定深度,一般在1/2圆木长度范围以上,使之具有一定的抗拉拔力。

(五) 砾石/砾石群的构建

在河道内安放单块砾石和砾石群有助于创建具有多样性特征的水深、底质和流速条件,从而增加平滩河道的栖息地多样性,包括水生昆虫、鱼类、两栖动物、哺乳动物和鸟类等,同时对生物的多度、组成、水生生物群的分布也具有重大影响。砾石之间的空隙是良好的遮蔽场所,其后面的局部区域是良好的生物避难和休息场所;砾石还有助于形成相对比较大的水深、气泡、湍流和流速梯度,有助于增加河道栖息地的多样性。这种流速梯度条件对于鲑鱼等幼苗和成鱼都是十分有益的,能够使它们在不消耗很大能量的情况下,在激流中保持在某一个位置。除鱼类之外,砾石所形成的微栖息地也能为其他水生生物提供庇护所或繁殖栖息地。例如,砾石的下游面流速比较低,河流中的石蛾、蜉蝣、石蝇等动物均喜欢吸附在此。

砾石群一般应用于较小的局部河道区域,比较适合于顺直、稳定、坡降在0.5%~4%的河道,在河床材料为砾石的宽浅式河道中应用效果最佳。不宜在细沙河床上应用,因为会在砾石附近产生河床淘刷,可能导致砾石失稳后沉入冲坑。在设计中可参考类似河段的资料来确定砾石的直径、间距、砾石与河岸的距离、砾石密度、砾石排列模式和方向,以及预测可能产生的效果。在平滩断面上,砾石所阻断的过流区域不应超过1/3或20%~30%。砾石群的间距和包含的砾石块数,取决于河道规模。砾石要尽量靠近主河槽,如深泓线两侧各1/3的范围,以便加强枯水期栖息地功能。

第四节　河道生态护岸与缓冲带设计

一、河道生态护岸的设计

（一）生态护岸的功能

第一，防洪功能。抵御江河洪水的冲刷是河岸的首要任务，因此设计时应把防洪安全放在第一位，所采取的各类生态护岸技术措施，都须满足护岸工程的结构设计要求。

第二，生态功能。生态护岸的岸坡植被，可为鱼类等水生动物和两栖动物提供觅食、栖息和避难的场所，对保持生物多样性具有重要意义。此外，由于生态护岸主要采用天然材料，避免了混凝土中掺杂的大量添加剂（如早强剂、抗冻剂、膨胀剂等）在水中发生反应，对水质、水环境带来的不利影响。

第三，景观功能。生态护岸改变了过去传统护岸"整齐划一、笔直单调"的视觉效果，满足了现代人回归自然的心理要求，为人们亲水、休闲提供了良好的场所，从而有助于提升滨河城市的文化品位与市民的生活质量。

第四，净化功能。岸坡上种植的水生植物，能从水中吸收无机盐类营养物，其庞大的根系也是大量微生物吸附的好介质，有利于水质净化；生态护岸营造的水边环境，如人造边滩、凸嘴、堆放的石头等所形成的河水的紊流，可把空气中的氧带入水中，增加水体的含氧量，有利于好氧微生物、鱼类等水生生物的生长，促进水体净化，使河水变得清澈，水质得以改善。

（二）河道生态护岸的设计要求

第一，符合工程设计技术要求。生态护岸设计首先须满足结构稳定性与工程安全性要求，在此前提下，兼顾生态环境效益与社会效益。因此工程设计应符合相关工程技术规范要求。设计方案应尽量减少人为对河岸的改造，以保持天然河岸蜿蜒柔顺的岸线特点，以及拥有可渗透性的自然河岸基底，以确保河岸土体与河流水体之间的水分交换和自动调节功能。

第二，满足生态环境修复需要。河流及其周边环境本是一个相对和谐的生态系统。在河流生态系统中，食物链关系相当复杂，水和泥沙是滩岸和河道内各种生物生存的基础。生态护岸把河水、河岸、河滩植被连为一体，构成一个完整的河流生态系统。生态护岸的岸坡植被，为鱼类等水生动物和两栖动物提供觅食、栖息和避难的场所。设计时，应通过水文分析确定水位变幅，选择当地生长的、耐淹、成活率高和易于管理的植物物种。

为了保持和恢复河流及其周边环境的生物多样性，生态护岸应尽量采用天然材料，避免使用含有大量添加剂等对水质、水环境有不利影响的材料，尽量减少不必要的硬质工程。此外，在岸坡上设置多孔质构造，为水生生物创造安全适宜的栖息空间。

第三，体现人水和谐理念，构建滨水自然景观。生态河道应是亲水型河道，因此必须考虑市民的亲水要求。可设计修建形式多样、高低错落、水陆交融的平台、石阶、栈桥、长廊、亭榭等亲水设施，使城市河流成为人们亲近自然、享受自然的好去处。城市生态河道建设中的滨水景观设计，要遵循城市历史文脉，并与提升城市品位和回归自然相结合。河流滩岸的景观效果，应按照自然与美学相结合的原则，进行河道形态与断面的设计，但应避免防洪工程建设的园林化倾向。

第四，因地制宜，就地取材，节省投资。城市生态河道建设，通常是以防洪为主的综合治理工程，其效益不仅体现在防洪安全上，还要体现在环境效益与社会效益上。规划建设时，要妥善协调好各有关方面的矛盾，处理好投资与利益的关系。注意因地制宜、就地取材，尽可能地利用原有和当地材料，节省土地资源，保护不可再生资源，降低工程造价，减少管理维护费用。

（三）河道生态护岸的技术措施

1. 植被护坡

植被护坡主要依靠坡面植物的地上茎叶及地下根系进行护坡，其作用可概括为茎叶的水文效应和根系的力学效应两个方面。茎叶的水文效应包括降雨截留、削弱溅蚀和抑制地表径流。根系的力学效应对于草本类植物根系和木本类植物根系有所不同，草本植物根系只起加筋作用，木本植物根系主要起锚固作用。锚固作用是指植物的垂直根系穿过边坡浅层的松散风化层，锚固到深处较稳定的土层上，从而起到锚杆的作用。另外，木本植物浅层的细小根系也能起到加筋作用,粗壮的主根则对土体起到支承作用。

2. 生态型硬质护坡

传统的硬质护坡,如混凝土护坡和浆砌石护坡等,阻断了河流生态系统的横向联系,破坏了水生生物和湿生生物的理想生境,降低了河流的自净能力。然后对于大江大河以及一些土质特别疏松的河堤完全采用植被护坡,有时可能难以满足护坡的要求,因此,常采用生态型硬质护坡。所谓生态型硬质护坡,是指既有传统硬质护坡强度大、护坡性能好的优点,又能维持河流生态系统的新型硬质护坡。

常见的有多孔质结构护岸。多孔质结构护岸是指用自然石、框石或混凝土预制件等材料构造的孔状结构护岸,其施工简单快捷,不仅能抗冲刷,还为动植物生长提供有利条件,此外还可净化水质。这种形式的护岸,可同时兼顾生态型护岸和景观型护岸的要求,因此被广泛应用。

多孔质结构护岸的优点为:①多为预制件结构,施工简单快捷;②多孔结构符合生态设计原理,利于植物生长、小生物繁殖;③有一定的结构强度,耐冲刷;④护坡起着保护作用,防止泥土的流失;⑤对于水质污染有一定的天然净化作用。

3. 生态型柔性人工材料护坡

(1) 土工材料复合种植技术。

第一,土工网复合植被。土工网是一种新型土工合成材料。土工网复合植被技术,也称草皮加筋技术,是近年来随着土工材料向高强度、长寿命方向研究发展的产物。土工网复合植被的构造方法是,先在土质坡面上覆盖一层三维高强度土工塑料网,并用U形钉固定,然后种植草籽或草皮,植物生长茂盛后,土工网可使草更均匀而紧密地生长在一起,形成牢固的网、草、土整体铺盖,对坡面起到浅层加筋的作用。

土工网因材料为黑色聚乙烯,具有吸热保温作用,能有效地减少岸坡土壤的水分蒸发和增加入渗量,因而可促进种子发芽,有利于植物生长。坡面上生成的茂密植被覆盖层,在表土层形成盘根错节的根系,不仅可有效抑制雨水对坡面的侵蚀,还可抵抗河水的冲刷。

第二,土工网垫固土种植基。土工网垫固土种植基,主要由聚乙烯、聚丙烯等高分子材料制成的网垫和种植土、草籽等组成。固土网垫由多层非拉伸网和双向拉伸平面网组成,在多层网的交接点经热熔后黏结,形成稳定的空间网垫。该网垫质地疏松、柔韧,有合适的高度和空间,可充填并存储土壤和沙粒。植物的根系可以穿过网孔均衡生长,长成后的草皮可使网垫、草皮、泥土表层牢固地结合在一起。固土网垫可由人工铺设,植物种植一般采用草籽加水力喷草技术完成。这种护坡结构目前运用较多。

第三,土工格栅固土种植基。土工格栅固土种植基,是利用土工格栅进行土体加固,并在边坡上植草固土。土工格栅是以聚丙烯、高密度聚乙烯为原料,经挤压、拉伸而成的,有单向、双向土工格栅之分。设置土工格栅,增加了土体摩阻力,同时土体中的孔隙水压力也迅速消散,增强了土体整体稳定性能和承载力。由于格栅的锚固作用,抗滑力矩增加,草皮生根后,草、土、格栅形成一体,更加提高了边坡的稳定性。

第四,土工单元固土种植基。利用聚丙烯、高密度聚乙烯等片状材料,经热熔黏结成蜂窝状的网片整体,在蜂窝状单元中填土植草,实现固土护坡的作用。

(2)植物纤维垫护坡。植物纤维垫一般采用椰壳纤维、黄麻、木棉、芦苇、稻草等天然植物纤维制成(也可应用土工格栅进行加筋),可结合植被一起应用于岸坡防护工程。在一般情况下,这类防护结构下层为混有草种的腐殖土,植物纤维垫可用活木桩固定,并覆盖一薄层表土;可在表土层内撒播种子,并穿过纤维垫扦插活枝条。

植物纤维腐烂后能促进腐殖质的形成,可增加土壤肥力。草籽发芽生长后通过纤维垫的孔眼穿出,形成抗冲结构体。插条也会在适宜的气候、水力条件下繁殖生长,最终形成的植被覆盖层,可营造出多样性的栖息地环境,并增强自然美观效果。这项技术结合了植物纤维垫防冲固土和植物根系固土的特点,因而比普通草皮护坡具有更高的抗冲蚀能力。它不仅可以有效减小土壤侵蚀,增强岸坡稳定性,而且可起到减缓流速、促进泥沙淤积的作用。

这种护坡技术主要适用于水流相对平缓、水位变化不太频繁、岸坡坡度缓于1:2的中小型河流,设计中应注意如下三方面的问题:

第一,制订植被计划时应考虑到植物纤维降解和植被生长之间的关系,应保证植物降解时间大于形成植被覆盖层所需的时间。

第二,植物纤维垫厚度一般为2~8 mm,撕裂强度大于10 kN/m,经过紫外线照射后,强度下降不超过5%。

第三,草种应选择多种本土草种;扦插的活枝条长度为0.5~0.6 m,直径为 10～25 mm；活木桩长度为 0.5～0.6 m，直径为 50～60 mm。

在工程施工中，先将坡面整平，并均匀铺设 20 cm 厚的混有草种的腐殖土，轻微碾压，然后自下而上铺设植物纤维垫，使其与坡面土体保持完全接触。利用木桩固定植物纤维垫，并根据现场情况放置块石（直径 10～15 cm）压重。然后在表面覆盖一薄层土，并立即喷播草种、肥料、稳定剂和水的混合物，密切观察水位变化情况，防止冲刷侵蚀，最后扦插活植物枝条。植物纤维垫末端可使用土工合成材料和块石平缓过渡到下面的岸坡防护结构，顶端应留有余量。

4. 土壤生物工程护坡

土壤生物工程是一种边坡生物防护工程技术，采用有生命力的植物根、茎（秆）或完整的植物体作为结构的主要元素，按一定的方式、方向和序列将它们扦插、种植或掩埋在边坡的不同位置，在植物生长过程中实现加固和稳定边坡、控制水土流失和生态修复。土壤生物工程不同于普通的植草种树之类的边坡生物防护工程技术，它具有生物量大、养护要求低、生境恢复快、施工简单、费用低廉、近似自然等特征，非常适用于河道险工段的生态护坡工程。

(1) 活枝扦插。活枝扦插是一种运用可成活的并能生长根系的植物枝干扦插的技术。可生根的植物活枝被直接扦插或按压进入坡岸土壤，活枝生根后形成地下根系网络，将坡岸土壤连固在一起，同时吸收多余土壤水分，使边坡更加稳定坚固。活枝扦插可以在岸坡上灵活地安插，以控制坡岸局部的侵蚀。也可以成行地扦插在坡面上，控制浅层土壤的移动。活枝扦插还能用来固定其他的土壤生物工程（如活枝柴笼），以控制岸坡水土流失、降低水流流速、截留沉积物、防止侵蚀、改善岸坡生境。活枝扦插的成本稍低。

(2) 活枝柴笼。活枝柴笼是将可生根植物（比如杞柳、山茱萸、桤木）的茎、枝用绳捆成长条形捆扎束（柴笼），并用木楔或活枝固定在斜坡的浅滩中，浅滩一般沿着水平或等高线方向伸展。活枝柴笼是控制坡岸水土流失和改善坡岸生境的重要手段，适用于坡度较缓的边坡，最适用于高水位以上的岸坡带，通常也运用于常水位与高水位之间的激浪带，另外，活枝柴笼可在岸坡的拐角处安放，以便于排水。

(3) 活枝层栽。把活的有根灌木枝条按交叉或重叠的方式水平种植在土层间，枝层间的土层可以使用土工织物包起，以防在枝条成长初期垮塌、淋蚀、冲蚀。可以扦插的无根活枝条也可以采用此方式层栽。枝条顶部向外，根部水平或与坡面垂直埋入坡岸。活枝层栽可有效延缓坡岸径流流速,截留悬浮物质,较活枝扦插能更有效地改善坡岸植被环境。该技术可应用于灌木较丰富的地区,适用于坡岸较陡、表面径流较大、容易崩塌的河道。

(4) 灌丛垫。将存活的灌木枝条覆盖整个灌木表面,并加以固定,灌木枝条重新生根发芽,形成新的坡岸植被系统,同时起到稳定坡体和保护坡面的作用。适用于坡度较大,水流流速较快的岸坡,通常布置在常水位以上的岸坡部分(激浪带和岸坡带)。

二、河道缓冲带的设计

(一) 缓冲带的功能

植被缓冲带是位于河道与陆地之间的植被带。专家认为,如果要恢复和保持一条小河流的自然价值,仅改变河道而不保护河岸和缓冲带只能是徒劳的。因此,应该重视缓冲带的设计。缓冲带的功能包括:①过滤径流,防止泥沙和其他污染物进入水体;②吸收养分,减轻农业源污染对水体的影响;③降低径流速度,防止冲刷,从而保护河岸;④通过缓冲带的拦截,使更多的雨水进入地下水,从而削减了洪水;⑤为鸟类等野生动物提供了理想的栖息场所,林冠层遮阴,可以调节水温,在炎热的夏季为水生生物提供庇护地;⑥具有非常显著的边缘效应,可利于保护当地物种;⑦缓冲带上经济林草的经济效益显著,一般高于农田的经济效益;⑧美化河流景观,改善人居环境,增强河流的休闲娱乐功能。

(二) 缓冲带的宽度设计

缓冲带的宽度设计应随各种不同功能要求、邻近的土地利用类型、植被、地形、水文以及鱼类和野生动物种类而改变,其中保护水质是宽度设计最重要的功能要求。

缓冲带减少营养物流失的作用是显而易见的。虽然对减少农田营养物流失、保护河流的生态环境和保护鸟类所需要的缓冲带宽度的详细情况还需要进一步研究,但缓冲带应有几行树(而不是一行树)的宽度这一点是明确的。3~5棵树宽的缓冲带(8~10 m)将为保护鸟类的多样性提供合适的生态环境。因此,综合考虑减少营养物质的流失和保护鸟类的栖息地,作为一个恢复目标,建议河流两岸的缓冲带宽度至少为 8~10 m。在耕地比较少的地区,可能不得不采用更窄的缓冲带。但即使采用 5 m 宽缓冲带,对防止农业面源污染和保护河道稳定也有积极的作用。

(三) 缓冲带的植被设计

缓冲带植被组成应该是乔木、灌木和草地的综合体,它们应适合气候、土壤和其他条件。缓冲带的物种组成设计,可以参考当地天然的缓冲带植被组成。一个含有丰富物种的群落相对具有更大的弹性和生态系统稳定性,同时可以满足系统不同的功能要求,提供不同动物的栖息地,包括取食、冬季覆盖和繁殖要求。

在设计缓冲带植被组成时,还应注意一般生态河道与有景观要求的生态河道的区别,一般生态河道缓冲带宜栽植经济林草,如水杉、意杨、杞柳、果树等;具有景观要求的生态河道则应注重景观效果,可选择栽植香樟、女贞、广玉兰、紫薇、红叶石楠、美人蕉、白车轴草等植物。

第四章

生态堤防工程的设计与建设

堤防是沿江河、湖泊、海洋的岸边或蓄滞洪区、水库库区的周边修建的防止洪水漫溢或风暴潮袭击的挡水建筑物。这是人类在与洪水做斗争的实践中最早使用且至今仍被广泛采用的一种重要的防洪工程。

第一节　堤前波浪要素的确定与计算

一、堤前波浪要素的确定

（一）波浪的分类

波浪是水面的起伏运动，控制波浪本身起伏运动的主力一般是重力，故称重力波；若是表面张力作用的微波，则称表面张力波或毛细波；还有弹力波等。按照波浪的成因分类，则有风引起的风浪，船舶航行激起的船行波，海底火山爆发引起的海啸波，日、月引力所发生的潮汐波等。按波浪形态区分，则有因船舶航行在水面上发生的单个孤立波；连续扰动水面所产生的系列波；波形周期性地重复，波高与波周期或波长分别保持常值的规则波；波形、波高与波周期极不规律变化的不规则波；波形遇障碍物或地形变化而崩溃破碎的破碎波等。按波形运动方向和形式区分，则有波浪向前行进的推进波；就地上下摆动的振动波；遇障碍物所产生的立波、入射波与反射波。按风力连续作用与否，有风浪与风传播至风力作用区域以外，或当风停止或转向后，波浪继续向前传播的余波，也称涌浪等。还有按水深与波长的比例而区分为深水波与浅水波等。

对海堤、海岸工程影响最大的波浪为风浪。河口地区涨潮时,潮波以波速 $c=\sqrt{g(h+H)}$ 前进(g 为重力加速度,h 为水深,H 为波高),当河道平面形态或水深剧变时所产生的涌潮冲击力极大,例如钱塘江的涌潮能冲动 1m^3 混凝土块 1km 远。在河道中突然关闸门也将引发涌潮。此外破碎波的破坏力也大于不破碎的波浪。这些概念将有助于海堤的防浪设计,但都应结合潮位涨落考虑其最危险的水力组合。一般潮位水面变化过程为正弦曲线。

(二) 基本波浪理论

1. 线性波理论

线性波理论亦称微幅波理论、正弦波理论或 Airy 波浪理论,是最常用的和最基本的振动波理论。这一理论,虽以振幅无限小的波动为研究对象,但能解决波陡较小时深水区及过波区的大多数工程实际问题。经验表明,即使水深较浅,波高较大,应用线性波理论亦往往能获得具有一定精度的解答。对于不规则波而言,线性波理论亦是一种基础理论。

线性波理论的基本假设是流体系均质的、不可压缩的和无黏性的;自由面压力为常值;水底为水平的、固定的和不透水的;波幅和波陡均极小;流体在重力作用下作无涡或无漩运动。

2. 有限振幅波理论

线性波理论虽系振动波的基本理论,亦能解决许多实际问题,但不能说明某些现象。例如质量输送和波浪中心线高于静水位以上等。此外,当波陡较大时,线性波理论解的精度常显不足,此时需考虑到波幅具有一定的尺度,并作为无限小量产生的影响。此种理论,称为有限振幅波理论或非线性波理论。

有限振幅波理论有多种。例如摆线波理论,亦常被引用。但摆线波系有涡的,不符合波浪的形成条件。此外,摆线波理论仍不能解释质量输送现象,故一般多采用有限振幅波理论。该理论既系无涡的,符合波浪的形成条件,又存在质量输送,与实验结果相吻合。

有限振幅波理论所描述的波动,水质点基本上做振动运动,但水质点的轨迹并非封闭曲线,而是沿波浪传播方向逐渐前进的、近乎封闭而略有开口的曲线。

视所取非线性项的多寡不同,有限振幅波理论有二阶、三阶、高阶之别。此理论一般适用于深水区及过波区波陡较大的场合。当相对水深 $d/L>$ $(1/10 \sim 1/8)$ 时(d 为水深,L 为波长),有限振幅波理论比较适用。

3. 椭圆余弦波及孤立波理论

有限振幅波理论适用于相对水深 $d/L>(1/10 \sim 1/8)$ 的场合。当相对水深进一步减小时,应用一种椭圆余弦波理论更为合适。椭圆余弦波的适用条件为 $d/L<1/8$,Ursell 参数 $(L^2 H)/d^8 > 26$(H 为波高,L 为波长,d 为水深)。椭圆余弦波适用于浅水和陡度较小的波浪,高阶波浪理论则适用于深水陡波。

椭圆余弦波是一种不变形的周期性振动波,其波形用椭圆余弦函数表示。孤立波为椭圆余弦波的一种极限形式,是一种移动波,其波形整个位于静水位以上,波长无限,海啸所产生的波浪近似于孤立波。振动波传播至浅水后,其性质常可用孤立波来近似地描述。

(三) 规则波与不规则波及其水力要素

从波浪外形分类,常区分为规则波与不规则波。规则波的波面为一光滑曲线,当水深一定时,波形周期性重复,波浪要素(波高、波长、波周期或波速)不变。不规则波的波形极不规则,波面紊乱,波浪要素不断发生变化,也称随机波。

波浪要素,对于规则波来说,波高 H 是波峰与波谷之间的垂直距离;波长 L 是相邻两波峰或两波谷之间的水平距离;波周期 T 是波峰沿波浪传播方向移动一个波长距离时所经历的时间,或相邻两波峰经过同一固定观测点所经历的时间;波速 $c = \dfrac{L}{T}$,是波面形态在表观上的移动速度,是波浪的波峰线沿着与它垂直的波向线前进的传播速度。

对于不规则波来说,波高是相邻两上跨(或下跨)零点之间波峰与波谷间的垂直距离;波长是在固定时刻 t,沿波浪传播方向测取的波面曲线,量测各相邻波峰(或波谷)或相邻上跨(或下跨)零点间水平距离的平均值定为平均波长;波周期是定点记录曲线上各相邻两波峰(或波谷)或相邻两上跨(或下跨)零点之间的时间间隔,其平均值定义为平均波周期。

波浪要素之间的关系,对于规则波来说,可根据不同的波浪理论推得关系式,例如根据最常用的沿 x 方向传播的正弦波理论,可求得前进波形水面任意点,在时间 t 和水平距离 x 处高出静水位的高度 z 为:

$$z = \frac{H}{2}\sin\frac{2\pi}{L}(x-ct) = \frac{H}{2}\sin 2\pi\left(\frac{x}{L}-\frac{t}{T}\right) \tag{4-1}$$

波长、周期、波速、水深之间的双曲函数关系为:

$$L = \frac{gT^2}{2\pi}\text{th}\frac{2\pi h}{L} \tag{4-2}$$

$$c = \frac{L}{T} = \frac{gT}{2\pi}\text{th}\frac{2\pi h}{L} \tag{4-3}$$

式中:L——波长;

T——波周期;

c——波速;

h——水深;

g——重力加速度。

因为 $h/L > 1/2$ 时,双曲正切函数 $\text{th}\frac{2\pi h}{L} \approx 1$,则上面两个公式(4-2)和(4-3)可以简化为:

$$L_0 = \frac{gT^2}{2\pi} \tag{4-4}$$

$$c_0 = \frac{gT}{2\pi} \tag{4-5}$$

式中的 L_0 及 c_0 表示深水的波长及速度。由此定义深水波为水深大于一半波长的水域内的波浪,即 $h/L > 1/2$ 时为深水波;并把 $h/L < 1/25$ 定义为浅水波,此时 $\text{th}\frac{2\pi h}{L} \approx \frac{2\pi h}{L}$,$c \approx \sqrt{gh}$;在此深浅水域之间称为过渡区。对不规则波的波周期,一般用其平均波周期 $\overline{T}$,式(4-1)到式(4-5)中的 T 可改换为 $\overline{T}$。

天然波浪,多是不规则随机波,例如风浪,其水力要素就需从固定点测得的波形随时间的变化进行统计分析以求得其波谱,而且取变化的频率 f 作为波谱函数的独立变量。参数 f 比时间更为重要。频率是波周期的倒数,即 $f = 1/T$,通过某种数学手段进行依赖于频率表达的谱分析,可得到代表性的波浪要素。

波浪水面高程变化出现的频率服从正规的高斯分布。而更常用的波高出现频率服从瑞利分布,相对波高的概率密度函数表达式为：

$$p\left(\frac{H}{\overline{H}}\right)=\frac{\pi}{2}\frac{H}{\overline{H}}\exp\left[-\frac{\pi}{4}\left(\frac{H}{\overline{H}}\right)^2\right] \quad (4-6)$$

式中：H——波高；

$\overline{H}$——平均波高,即波系中所有波高的平均值。

由式(4-6)可得到常用代表性波高之间的关系为：

$$\left.\begin{array}{l}\dfrac{\overline{H}}{H_{1/3}}=0.626 \\[6pt] \dfrac{H_{1/10}}{H_{1/3}}=1.271 \\[6pt] \dfrac{\overline{H}}{H_{1/10}}=0.4878\end{array}\right\} \quad (4-7)$$

式中的 $H_{1/3}$、$H_{1/10}$ 表示在一定时段中,天然波系内 1/3、1/10 最大波的平均波高。

最大波高与统计的波的数目 N 有关,可近似表示为：

$$\frac{H_{\max}}{H_{1/3}}=0.706\sqrt{\ln N} \quad (4-8)$$

关于不规则波的波谱分析和概率统计中的波高、波周期、频率、水面高程变化等的常用符号定义如下：

H_s——有效波高,即在一定时段中,天然波系内 1/3 最大波的平均波高,其值等于 $H_{1/3}$；

$H_{1/3}$、$H_{1/10}$——1/3、1/10 最大波的平均波高,其中 $H_{1/3}$ 更为常用；

H_p——超值概率为 p 的波高,例如 $H_{1\%}$ 即表示超过或大于这一波高值的出现概率为 1%。

T_s——有效波周期,即在一定时段中,天然波系内 1/3 个最大波的平均周期,其值等于 $T_{1/3}$；

$\overline{T}$——平均波周期,即天然不规则波系记录时间除以上跨(或下跨)零点数目的平均值；

$\bar{H}$ ——平均波高,即波系中所有波高的平均值;

H_{rms} ——均方根波高,即所有波高平方和的平均值再开方。

各超值概率波高 H_p 与平均波高 $\bar{H}$ 的比值,依赖于水深 h 的换算关系。

二、堤前波浪计算的方法

(一) 风壅水面高度计算

在有限风区的情况下,可按下式计算:

$$e = \frac{KV^2F}{2gd}\cos\beta \tag{4-9}$$

式中: e ——计算点的风壅水面高度,m;

　　　K ——综合摩阻系数,可取 $K=3.6\times 10^{-6}$;

　　　V ——设计风速,可按计算波浪的风速确定,m/s;

　　　F ——由计算点逆风向量到对岸的距离,m;

　　　d ——水域的平均水深,m;

　　　β ——风向与垂直于堤轴线的法线的夹角,°。

(二) 波浪扬压力计算

当波浪沿着用连续的不透水盖面护砌的堤坡滚动时,在波谷处于静水位以下的位置时,由于作用在护面板上、下面的水压力存在一差值,因此在护面板的背面将产生一个浪的扬压力。若护面板的接缝为明缝,则在风波沿堤坡坡面作爬升运动的同时,护面板底面的反滤层和坝体土料也因为水饱和而形成一动水,因此护面板的背面在静水面以上将产生一动水面,动水面的高度决定于风波的爬升高度,可按下式计算:

$$\Delta h = h_B - \frac{2.6}{m}h \tag{4-10}$$

式中: Δh ——静水面以上动水面的高度;

　　　h_B ——波浪沿堤坡的爬升高度;

　　　m ——波浪爬升段的堤坡坡率。

波浪的扬压力图决定于护面板接缝的透水性,可以分成下列 3 种基本情况：①护面板接缝为明缝的情况；②护面板接缝为暗缝的情况；③在风波作用区以上的边坡护面板为明缝，作用区以下的边坡护面板为暗缝。

在第一种情况下，扬压力图由 2 个三角形所组成，一个三角形位于静水位以上，另一个三角形位于静水位以下。在位于上部的扬压力三角形中，最大压力值为：

$$P_{1-1}=0.277\gamma_\omega \Delta h \tag{4-11}$$

式中：γ_ω——水的容重，kN/m³；

P_{1-1}——波浪的压力强度，kPa；

位于下部的扬压力三角形中，相应于点 2 处的最大扬压力值为

$$P_{1-2}=0.4P_{1-1} \tag{4-12}$$

扬压力图形中压力三角形的几个角点的位置，以静水面为标准，决定于波高 h 和动水面的高度 Δh，其中波浪的陡峭度 ε_n 值按下式计算：

$$\varepsilon_n=0.1\frac{L}{h} \tag{4-13}$$

在第二种情况下，扬压力图形成为一个三角形，它的上部角点位于静水位上。此时最大扬压力值 P_1 按下式计算：

$$P_1=0.085\gamma_\omega h\sqrt{\frac{m}{m^2+1}\left(1+\frac{L}{h}\right)} \tag{4-14}$$

此时 ε_n 值为：

$$\varepsilon_n=0.15\frac{L}{h} \tag{4-15}$$

在第三种情况下，总的扬压力图包括两个压力三角形，其中上面的一个压力三角形与第一种情况下压力图中上面的一个压力三角形完全一致；而下面的一个压力三角形与第二种情况下的压力图形完全一致。最大压力值也与这两个图形的相应值一致。

波浪的扬压力图可用来分析护面板的稳定性和强度。

（三）波浪爬高计算

在风的直接作用下，正向来波在单一斜坡上的波浪爬高可按如下方法确定。

第一，当 $m=1.5\sim5.0$ 时，可按下式计算：

$$R_p = \frac{K_\Delta K_V K_p}{\sqrt{1+m^2}}\sqrt{\overline{H}L} \tag{4-16}$$

式中：R_p——累积频率为 P 的波浪爬高，m；

K_Δ——斜坡的糙率及渗透系数，根据护面类型按斜坡的糙率及渗透系数确定；

K_V——经验系数，可根据风速 $V(\text{m/s})$，堤前水深 $d(\text{m})$，重力加速度 g (m/s^2) 组成的无维量 $V/\sqrt{gd}$ 确定，也可按经验系数表确定；

K_p——爬高累积频率换算系数，可按爬高累积频率换算系数表确定；对不允许越浪的堤防，爬高累积频率宜取 2%，对允许越浪的堤防，爬高累积频率宜取 13%；

m——斜坡频率，$m=\cot\alpha$，α 为斜坡坡角；

$\overline{H}$——堤前波浪的平均波高，m；

L——堤前波浪的波长，m。

第二，当 $m\leqslant 1.25$ 时，可按下式计算：

$$R_p = K_\Delta K_V K_p R_0 \overline{H} \tag{4-17}$$

式中：R_0——无风情况下，光滑不透水护面（$K_\Delta=1$）、$H=1$m 时的爬高值，m。

第三，当 $1.25<m<1.5$ 时，可由 $m=1.5$ 和 $m=1.25$ 的计算值按内插法计算。

由上述设计理论可以计算出波浪的爬高，在此基础上可以计算出堤顶高程，确定堤防的剖面。对于堤防而言，风壅水高度和波浪爬高都要累加起来。对于堤顶高程的最终确定还要结合防洪标准进行设计，选取安全超高进行累加计算才能得出。

第二节 堤坝防洪标准与堤岸防护工程

自古以来，我国劳动人民傍水而居，为防范江河洪水自由泛滥成灾和湖海风浪潮水侵袭之患，依水筑堤，把洪水潮浪约束限制在设定的流路和水域范围之内，以保障江河中、下游沿岸和湖海之滨的人民生命财产安全。随着现代社会的经济发展，江河湖海沿线地区日趋重要，新建或加固堤防愈加迫切。

堤防建设首先必须确定的就是工程的等级标准、选线类型及堤顶安全加高等问题。但是这些指标的提出还不应作为硬性的规范限制，必须紧密结合当地条件，贯彻因地制宜、就地取材的原则，推广应用新技术，并应考虑到地区经济发展速度和即将修建水库及治河围海工程等对堤防作用前景的影响，力求堤防的规划设计不仅经济安全，而且成效显著恰当，运行年限持久合理，能达到现代化多目标的堤防体系。

一、堤坝防洪标准与设计洪水

依照防洪标准所确定的设计洪水是堤防设计的首要资料。目前防洪标准的表达方法以采用洪水重现期或出现频率较为普遍。例如上海市新建的黄浦江防汛（洪）墙采用千年一遇的洪水标准设计，海堤要求按照百年一遇的潮位加 11 级台风设计等。这种表示方法虽然比较抽象，而且在发生一次特大洪水后数据就有变化，但是它对于防护对象的防洪安全程度和风险大小比较明确，能满足风险分析中需要知道的各不同量级洪水出现频率的要求，以及在计算分析方法上比较成熟，任意性较小，容易掌握，因此也被堤防工程设计所采用。

作为参考比较，还可把调查、实测某次大洪水的经验结果作为设计标准，例如长江以 1954 年洪水为设计标准，黄河以 1958 年花园口站发生的 22 000 m^3/s 洪峰流量为设计标准等。这种方法有通俗、具体、明确的优点，但与调查时间长短及发生大洪水情况有关，而且暴雨中心洪水大，会出现不一致的防洪标准。为了安全防洪，还可根据调查的大洪水适当调整防洪标准。

海堤工程设计潮位，应以年最高潮位作频率分析，同样采用防洪标准，设计风浪与潮位采用相同的频率。在缺乏潮位观测系列资料，又不能通过相关分析获得成果的地区，可采用历史最高潮位替代设计潮位。

因为堤防工程为单纯的挡水构筑物，运用条件单一，在发生超设计标准洪水时，除了临时防汛抢险外，还运用其他工程措施来配合，所以可只采用一个设计标准，不用校核标准。

堤防防洪标准与设计洪水的确定，其上、下限选用应考虑受灾后造成的损失，即通过不同防洪标准可减免的洪灾经济损失（防洪效益）与所需防洪费用的对比分析,并考虑政治、社会、环境等因素,进行综合权衡论证,按规定的标准范围分析确定。一般来说,由于影响因素复杂,同一级堤防的防洪标准有一定的选择幅度及其灵活性。

确定堤防的防洪标准与设计洪水时,还应考虑到有关防洪体系的作用,例如江河、湖泊的堤防,由于上游修筑水库或开辟分洪区、滞洪区、分洪道等,所以堤防工程的防洪标准提高了。长江荆江河段在三峡建成运用后就可达到百年一遇洪水不分洪的标准;黄河下游堤防在小浪底水库建成后就可达到千年一遇的防洪标准。因此,在防洪体系中的堤防,其防洪标准还应服从流域防洪规划的总体要求,通过分析堤防工程在防洪体系中应起的作用来确定。对于城市堤防也应服从于城市防洪总体规划。

按照防洪标准推求设计洪水,要充分利用已有的实测水文资料,并尽可能对历史洪水、暴雨进行调查。当缺乏可以直接引用的水文资料时,则可借用附近的水文资料。最常用而又较可靠的推算方法是由流量资料通过频率分析方法计算设计洪水及洪水位。当没有流量资料时,可采用暴雨资料推求设计洪水,即以频率分析方法计算设计暴雨,再通过暴雨、洪水对应关系推算设计洪水。当流量、暴雨资料均缺乏时,可利用临近地区资料进行地区综合分析,或者引用一些推理公式计算设计洪水。

调查历史洪水的洪水位痕迹,通过水力学方法推算其洪峰流量,考证其重现期,在设计洪水推算中有重要作用,可以补偿实测资料系列的不足,论证实测资料的可靠性。补入历史调查资料后,可按有特大洪水的不连续系列进行频率分析计算。当没有实测洪水资料时,可直接用3次以上历史调查洪水资料点绘经验频率曲线,估算设计洪水。也有直接用历史最高洪水位作为设计洪水标准的。

对于海堤与潮汐河口堤防的设计,高(低)潮位是其主要水文依据。与设计洪水类同,设计高(低)潮位的推算,采用多年(20年以上)最高、最低潮位实测资料,并调查历史上出现的特殊高(低)潮位资料的年频率统计方法。

二、堤岸防护工程

(一)堤岸防护工程安全加高与超高

堤防工程超出设计洪水位以上的堤顶高度称超高,它是波浪爬高、风壅水面增高与安全加高的总和。

因为堤线很长,自然条件复杂,计算风浪困难,可分河段、按堤防重要性及历史沿革规定设计洪水位以上的超高值,例如 1、2 级堤防的超高规定不小于 1.5 m;对于临河城市堤防还可加大超高。

堤防超高是以设计洪水位为起点,目前设计水位有的是根据洪水出现频率确定的,如闽江大堤取频率 1%(百年一遇)的设计洪水位;有的取历史最高洪水位,如北江大堤。因此超高值也很难说明堤防相对的重要性。例如北江大堤芦苞段,按频率为 1%及 2%设计的洪水位为 13.20 m 及 12.33 m,历史最高水位为 12.44 m,堤顶高程 14.7 m。若分别按上述 3 种设计洪水位算超高,依次为 1.50 m、2.37 m、2.26 m,说明相差不少。由此可知需要结合防洪标准考虑。

对于水域广阔的海堤、湖堤,设计高潮位或洪水位时,还应考虑计算风浪爬高值。当设计海堤允许越浪或有弧形反浪墙时,安全加高值可较不允许越浪设计加高值减半。对于潮位资料系列较短,缺乏历史高潮调查资料,且近年频繁出现新的历史最高潮位的地区,加高值可酌情提升一级。

(二) 堤岸防护工程的安全性要求

堤防工程的安全性或稳定性,对于土堤来说,主要是渗流和防冲。渗透稳定性主要是控制内外堤脚处地面及土坡面出渗时的局部稳定性,即在控制设计的危险水位条件下不发生局部管涌冲蚀破坏,可参考规定的出渗坡降值;土坡的抗滑整体稳定性,可按安全系数进行设计验算。临界出渗坡降可除以安全系数(1.5~2)作为允许值设计;有滤层防护时,还可提高 30%~50%。

堤防工程除应满足有关稳定性的要求外,还应满足水动力(流速、波浪等)冲击岸土或护面块体的稳定性要求。

(三) 堤岸防护工程的选线及堤距

堤防应根据防洪规划,并考虑防护区的范围,主要防护对象的要求,土地综合利用,洪水或潮流方向,河流或海岸线变迁,地形、地质、拟建构筑物的位置,施工条件,已有工程状况以及征地拆迁、文物保护、行政规划等因素,经过技术经济比较后确定。

选择堤线的一般原则如下:

第一,堤线应沿洪水流向力求平顺,各堤段应平缓连接,不宜采用折线或急弯,河槽蜿蜒曲折河段可取其外边缘的顺直堤线。

第二,堤防应修筑在土质较好的、比较稳定的滩岸上,并应尽可能利用现有堤防和有利地形。沿高地或傍山布置,尽可能避开软弱地基、深水地带、古河道、强透水层地基。对于修复的堤段,可使堤线后退越过集中冲决的口门。

第三,堤线布置宜保留适当宽度的滩地,河堤应与河势流向相适应,并与大洪水的主流线大致平行。

第四,一个河段两岸堤防的间距或一岸高地一岸堤防之间的距离,应大致相等,不宜突然放大或缩小。

第五,海堤、湖堤应尽可能避开强风和暴潮的正面袭击。

第六,堤线应尽量选择在拆迁房屋和工厂等建筑物少的地带,避开文物古迹,并考虑到建成后便于管理维护、防汛抢险和工程管理单位的综合经营。

第七,堤线布置应考虑到生态环境和经济社会发展等问题。

第八,防护堤内各防护对象的防洪标准差别较大时,可采用隔堤分别防护。

在选线阶段,一般可利用现有的比例1∶10 000和1∶50 000地形图初选堤线,然后再定线测量。定线测量是确定堤线、测算工程量、统计挖压拆迁以及施工场地布置的基本依据,需要1∶10 000～1∶1 000专用带状地形图,重要堤段常用的是比例1∶2 000地形图施测。带状地形图的施测范围宽度须满足初步设计场区的要求,一般为堤防中心线两侧300～500 m。

堤距的确定,应根据流域防洪规划分河段进行,上下游、左右岸统筹兼顾,使设计洪水从两堤之间安全通过。因此江河堤距的设计也应按照堤线选择的原则,根据河道纵横断面、水力要素、河流特性及冲淤变化,分别计算几个不同堤距的河道设计水面线、设计堤顶高程线、工程量及工程投资;根据不同堤距的堤防技术经济指标,综合权衡对设计有重大影响的自然因素和社会因素,分析确定堤距。同时还应考虑现有水文资料的局限性和滩区长期的滞洪淤积及经济社会发展的要求,留有适当的余地。当利用河道上原有堤防、山嘴、矶头、卡口时,其堤距应在不影响行洪安全的前提下分析确定。

(四)堤岸防护工程的类型布局

堤型划分各有不同。从堤段位置的重要性划分,有城市堤防与农村堤防;从断面形式上划分,有斜坡式、直立式、直斜平台混合式等;从作用上划分,有河、湖、海堤之别,海堤还有围垦堵港海堤与防波堤之分;从填筑结构材料上划分,则有土堤、砌石堤、土石堤混合型、混凝土防洪墙等。

除上述单一堤型外,在治河防洪历史上,我国有一套堤防体系,即为适应低水和洪水季节而采用缕堤、遥堤、格堤、月堤组成的堤防体系。这是历代治河防洪经验的总结,至今还有采用。但由于现代水利技术的发展,人们已可修筑大型水库防洪和强化堤防限制洪水泛滥,此项堤防布局逐渐较少提倡。不过它在治河防洪抢险方面却是能适应时空的工程措施,不失为我国历代防洪工程的经典总结,因此对仍在适用的此项堤防体系,还应加以完善,发挥其功效。

缕堤是临河处修筑的堤防,限制低水位河槽,固定主槽,增大主槽流速,有束水攻沙之效。但缕堤相距太近,容蓄水量有限,达不到防止洪水泛滥的目的,故在缕堤之外较远处(1~2 km或更远)修筑保障安全的大堤,称为遥堤。使缕堤、遥堤之间扩大容蓄洪水的能力。为防止洪水出缕堤后,沿遥堤之间蔓延冲刷堤根,再每隔一定距离修筑横向土埂,称为格堤。为加固堤防,在遥堤或缕堤的薄弱堤段或险工处加修一道圈堤,形如月牙,称为月堤。如果洪水过大,遥堤、缕堤仍无法容纳,可在遥堤之顶抢筑子堤防御漫溢,或在遥堤之上修筑砌石减水坝分洪溢出。这套防洪堤防体系迄今不仅在黄河上沿用,而且在海河水系等华北地区洪、枯水量悬殊的季节性河流也有采用,同时还能利用遥堤与缕堤之间滩地种小麦等一季农作物。不过,缕堤、遥堤之间的格堤有阻拦排洪之患,应加以比较进行考虑。

随着经济社会发展,城市堤防已被突出地重视起来,一方面要确保安全,提高防洪标准;另一方面还必须注意到环境,要求结合绿化建设园林式城市堤防。近年来城市堤防在生态和环境学者倡导的保护生态平衡和自然状态的理念影响下,还有把人工改造过的堤防再回归大自然的做法。

(五) 堤岸防护工程的结构类型

堤防结构类型一般多从筑堤材料区分为土堤、石堤、混凝土堤等。根据筑堤材料也就基本可以确定堤型为斜坡式、直立式及混合型复式断面。

土堤必然是斜坡式,为求其稳定,考虑到渗流出逸,设计或加固时则可在堤前坡设黏土斜墙或土工膜以及黏土心墙、防洪墙或帷幕灌浆,堤后坡脚设排水或减压井以及前后黏土铺盖等;考虑到河水冲刷及波浪冲击坡面时,护坡工程(抛石或混凝土板)也是土堤外坡的重要组成部分,这些土堤类型的结构组成基本上与土坝的断面形式相同。

石堤多直立式,堤身不透水,应注意堤底渗径短的问题;石料方便易得时,护岸工程也多采用砌石挡土墙,尤其适应于风浪冲击的海堤(海塘),此时堤后填土应注意墙后的排水减压;海堤防浪也可结合土堤采用直立式矮石墙与斜面护石的混合形式。

混凝土堤较石堤更可节省繁华市区沿岸的占地面积,此类城市堤防多是防洪墙形式;结构形式有桩基承台式、斜坡式以及护岸工程相结合的各种因地制宜复式断面形式。

选择堤防结构形式应根据堤段所在的地理位置、堤址地质、筑堤材料、水流及风浪特性、施工条件、管理要求、工程造价等因素,经过技术、经济比较综合权衡确定。同一堤线也可采用不同堤型,但应在堤型变换处做好渐变段及接头。对于堤线与闸、涵相接处,同样应处理好接头衔接的设计。

第三节　堤防设计的原则与方法分析

一、堤防设计的原则

"河道工程的规划设计原则,首要的是确保泄洪防涝,同时注重塑造整体的城市绿色景观,将河流建设成一道亮丽的风景线,维护生态环境,实现人与自然的协调与统一,以满足居民的休闲娱乐要求,促进人与社会共同发展。"[1]

(一) 综合治理原则

在进行堤防工程设计时,从堤防整体设计和长远经济利益出发,要遵守综合治理的原则。在有效优化河道堤防设计效果的基础上,也要充分考量堤防设计整体性经济效益和环保效益,提升堤防综合效益、自然价值以及堤防的整体美观度。

---

[1] 霍二勇.孝河堤岸防护工程设计与管理对策[J].山西水土保持科技,2015(3):26-27.

第四章 生态堤防工程的设计与建设

（二）安全性原则

堤防的安全性对于堤防设计而言具有重要作用，相关部门在进行堤防工程设计时，要严格遵守安全性原则，在设计各个环节和细节时都要满足安全要求，以满足堤防工程防洪度汛的实际应用效果。

（三）因地制宜原则

在堤防工程设计的过程中，要充分结合周围环境因素，组织专业人员进行工程现场勘查，充分认识到自然因素的重要性，将因地制宜的原则贯彻到设计过程的始终，科学合理设计堤防工程，提高设计价值。

二、堤防设计的方法

下面以黄河下游临黄堤为例，讲述堤防设计的方法。

（一）工程地质分析

1. 区域地质概况

（1）地貌。中生代的燕山运动奠定了黄河下游地貌的基本格局。现代地貌形态则于晚更新世中期形成，目前仍受继承性新构造运动的控制。黄河下游的地形地貌，可分为平原、丘陵和山区3类，按照形态成因又可分为多种地貌类型和亚型。

黄河下游的地貌类型可分为平原、丘陵、山地3大类，而与防洪工程有关的主要是黄河冲积平原，其中：东平湖为冲湖积平原，东平湖以上主要为冲积扇平原区，东平湖以下主要为冲积平原区，黄河河口及三角洲附近则为冲海积平原区。

黄河自河南省洛阳市孟津区出峡谷后，进入华北平原。除右岸郑州以上及东平湖至济南为低山丘陵外，其余全靠堤防挡水。河道由数百米宽突然展宽到3～5 km，至孟津老城以下河道扩宽到5～10 km，一般堤距宽10 km，最大20 km，河流比降上陡下缓，河道淤积、分汊、摆动，变化频繁，河中常有大片沙洲，河床具有游荡型特征；高村至陶城铺河段堤距1.4～8.5 km，大部分在5 km以上，尽管河势变化仍较大，但已有明显主槽，属由游荡型向弯曲型转变的过渡型河道;陶城铺至垦利宁海,属弯曲型河道;宁海以下属河口段河道。

黄河孟津以下的主要支流有伊洛河、蟒河、沁河、金堤河、天然文岩渠、大汶河、玉符河等。临近黄河右岸的河流在河南省有贾鲁河、涡河、惠济河,均向东流入淮河;在山东省境内有东鱼河、万福河、洙水河向东流入南四湖。临近黄河入海的河流左岸有马颊河、徒骇河,右岸有小清河,它们均与黄河近似平行地注入渤海。在鲁中南山地的西麓还有大型湖泊东平湖及京杭大运河等。

(2) 地层岩性。本区地层在区域上属华北地层区,第四系松散地层广泛分布,仅在黄河冲积平原的周边山地出露有寒武系、奥陶系及第三系等基岩地层。

在宽阔的黄河下游平原区,第四系地层几乎全部覆盖了基岩地层。由于本区在地质构造上处于长期相对沉降地带,第四系地层发育深厚,据物探测量,在梁山国那里、十里堡一带第四系厚度可达千米以上。黄河下游大堤两岸主要被全新统近代冲积层(Q_4)所覆盖,Q_1、Q_2、Q_3地层埋藏于Q_4之下或出露于河谷两岸阶地与山地谷坡上(豫西邙山岭、王屋山及鲁西南的梁山、泰山等地),现分述如下:

第一,早更新统(Q_1)。本区称为武陟组,由冲积、湖积、部分海积相沉积和玄武岩堆积而成。该组下段(Q_1^1)地层厚度为 10~60 m,在平原中部为棕黄、灰黄、灰绿色,并含有少量钙质结核的壤土、砂壤土与灰色混粒结构的粉细砂互层,到滨海平原为深黄、灰黄、灰绿色较致密含大量锈斑的砂壤土;近海边夹海相层,含腹足、瓣鳃类化石,底部普遍存在一砂砾层,夹玄武岩堆积。与下伏地层微角度不整合接触。该组中段(Q_1^2)地层厚度为 20~50 m,主要为黄灰、灰黄、棕黄色砂壤土夹壤土及灰黄色粉细砂、中粗砂互层,含少量钙质结核;在滨海区为棕黄、灰黄、灰绿色砂壤土层,中间夹有薄层淤泥质土。上段(Q_1^3)地层厚度为 15~80 m,在武陟附近主要为浅蓝灰色、灰黄色砂壤土与灰色、灰黄色粉细砂、砂砾石层互层;在海滨区为灰黑、黄灰色的砂壤土和粉土。

第二,中更新统(Q_2)。本区称为开封组,由冲积、海积、洪积和湖积层组成,地层厚度为 61~103 m,根据沉积环境、岩性特征差别可分为上、下两段。下段(Q_2^1)地层厚度为 30~60 m,在开封主要为棕黄、棕红、灰黄、灰绿色壤土、砂壤土及黄色、浅灰色泥质粉砂和粉砂层;在临清为棕黄、灰黄、黄灰色的薄层壤土、砂壤土与薄层的黏性土以及灰绿色的中砂层互层,含有大量湖相化石。上段(Q_2^2)地层厚度为 30~50 m,在开封主要为浅棕、棕褐色壤土、黏土与灰白、灰绿色粗、中、细砂互层,黏性土中含大量钙质结核。在垦利可见到灰色色调的黏性土增多、砂层减少的现象。

第三,晚更新统(Q_3)。本区称为惠民组,由冲积、湖积、海积地层组成,该组地层可分为两段。下段(Q_3^1)地层厚度为 16~45 m,西部为浅黄、褐黄色的砂壤土和灰黄色磨圆度较好的中细砂层,底部为黄褐色夹灰绿色并含少量钙质结核的壤土;东部为褐黄、灰黄、灰绿色砂土与黏性土互层。上段(Q_3^2)地层厚度为 17~30 m,在太康见到上层是由褐黄色壤土构成的古土壤层,其下是浅灰色淤泥质砂壤土,再下是质纯、分选好的粉砂;在东部惠民主要为棕黄、灰黄色壤土与灰黄色砂壤土互层,夹粉砂层。

第四,全新统(Q_4)。本区称为濮阳组,由冲积、风积、海积层组成,地层厚度为 18~25.7 m,岩性相变明显,可分为上、中、下三段。下段(Q_4^1)地层厚度为 7~14 m,岩性在荆隆宫是黄褐色的壤土和砂壤土,在濮阳、垦利主要为灰黑色淤泥质壤土、黄灰色壤土及中细砂层。中段(Q_4^2)地层厚度由荆隆宫的 5 m 到近海垦利区的 14 m,该段在荆隆宫未见到淤泥质土层,只是壤土、砂壤土中腐殖质增多;在濮阳地区见到的岩性主要为灰黄色粉砂、砂壤土及灰黄色壤土;在沾化、垦利为海相地层,主要由灰黄到浅黄色的含淤泥质的粉砂与砂壤土组成。上段(Q_4^3)地层厚度由濮阳组的 6.55 m 到近海垦利区的 0.6 m,主要由灰黄色砂壤土、壤土和灰黑色薄层淤泥质土组成,表层多土壤化。

(3)区域构造稳定与地震。

第一,区域地质构造背景。黄河下游地区在大地构造上处于华北断块区内的华北平原断块拗陷亚区。根据构造特征可分为 8 个隆起和拗陷构造,与黄河演化有关的主要有济源-开封拗陷、鲁西隆起、内黄隆起、临清拗陷、济阳拗陷等。一般隆起规模较小、拗陷规模较大,拗陷区第四系的沉积厚度大于隆起区。

断块差异升降运动是黄河下游地区区域新构造运动的主要形式,燕山至喜马拉雅山早期区域地壳表现为强烈的断块差异升降运动,晚第三纪以来(新构造期)表现为区域性升降和线性断裂继承性活动,新构造运动形式主要为断块差异升降运动、断裂错动、地震等。

第二,断裂构造特征。黄河下游区域断裂的性质多和基底构造相一致,大体形成以 NNE、NE、NWW、NW 走向为主的构造格局。这些断裂在黄河冲积平原皆为隐伏断裂。断裂活动方式既有缓慢的蠕动,又有伴随地震的错动,以 NNE、NW 向断裂的活动性最强。新构造期活动较强的断裂有郑汴断裂、新商断裂、聊考断裂带、沂沭断裂带,它们都错断下更新统,局部可影响到上更新统,第四纪以来均有活动迹象。这些断裂不仅是大地构造单元的边界,控制第四系的沉积及现代地貌的发育,而且是各级地震的控制地震发生构造,沿断裂形成明显的地震集中带,聊考断裂带、沂沭断裂带曾发生过多次地震。

第三,地震烈度与地震动参数。黄河下游整体上属于华北地震区,黄河下游地震动峰值加速度为 $0.05g\sim0.15g$,相应的地震烈度为 6~7 度,仅在范县、台前一带为 $0.20g$,相应的地震烈度为 8 度,动反应谱特征周期为 $0.35\sim0.40$ s。

第四,区域稳定性综合评价。黄河下游的区域稳定性综合评价,重点将影响堤防安全和稳定的主要构造单元作为分析与评价的基本单元,以各单元实测或收集的地质、地球物理场、地形变、地震等指标特征为基本依据,通过对比和综合分析,得出区域稳定性评判结果。

黄河下游堤防从兰考至位山段处于次不稳定区,长 200 余千米,其他包括兰考以上河段和位山以下至河口河段皆属基本稳定区。对上述次不稳定区内的堤段,应进行活动断裂的定位研究和地震安全性评价工作,还应进一步查明堤基土的工程地质特性,进而对堤防安全作出较准确的评价。

(4) 水文地质特征。黄河下游地下水主要为松散岩类孔隙水,部分地区还有基岩裂隙水。

第一,黄河冲积层孔隙水。松散岩类孔隙水广泛分布于黄河下游河道及其沿岸地带,按赋存条件可分为孔隙潜水、孔隙承压水、黏性土含水带。

孔隙潜水主要分布于河床、漫滩及古河道,含水层的西部为砂卵石层,夹粉、细、中砂层,厚度一般为 20~40 m,过洛阳黄河公路大桥后,逐渐过渡为以中、细砂为主,粉、细砂次之,局部夹含砾石的粗砂及砂砾的透镜体,含水层厚度一般为 50~70 m,在武陟、荥阳境内含水层的厚度自南向北增加,在左岸南平皋滩地,最厚可达 80 余米。在山东境内含水层的岩性主要为粉细砂,滨城区以下主要为粉砂和粉土,冲积层中常夹有海相沉积物。孔隙承压水分布于高河漫滩、黄河沿岸洼地及埋藏古河道等地,地层多为双层结构,上部黏性土形成含水层的相对隔水顶板,下部砂层孔隙水具有微承压性,地下水埋藏深度一般为 1~3 m。黏性土含水带分布于黄河两岸的低洼地带,位于砂层承压水之上,不但有潜水的特性,还有承压水的特性。

松散岩类的透水性与岩性、颗粒组成及其密度有关,河流中心部位粗颗粒多,渗透系数较大,为 30~60 m/d;边岸、滩地含细颗粒较多,渗透系数较小,多为 4~10 m/d。砂性土的颗粒组成从西到东逐渐变细,渗透系数也随之由大变小。山东省境内松散岩类含水层岩性主要是粉砂及粉土,粉砂的渗透系数一般为 0.5~2.0 m/d,粉土平均为 0.3 m/d。在渗水渗透变形严重的地段,渗透系数有增大现象。

黄河冲积层松散岩类孔隙水的补给源主要为河水及大气降水,由于黄河为地上悬河,河水常年补给两岸地下水,地下水随着河水位升降而升降,其动态曲线是一致的。由于黄河下游冲积平原内地形平坦,地下水的坡降很小,为 0.1‰~0.36‰,地下水径流迟缓,排泄主要为蒸发,在洼地处常形成积水、沼泽化、盐渍化现象。地下水的化学类型一般为重碳酸钙、镁型水,矿化度为 0.18~0.3 g/L。兰考以下地下水的水质变差,出现矿化度大于 1 g/L 的咸水。

第二,基岩裂隙水。基岩裂隙水主要分布在泰山山地,地下水赋存于碎屑岩及变质岩的裂隙中,其赋水性很不均匀,一般水质较好,水量较小。

2. 堤防工程地质条件

(1)堤基地层结构类型划分。地层结构类型划分是按照工程地质特性,将堤防影响深度内岩性变化复杂的松软土体,概化为不同的结构组合类型。不同的地层结构类型,存在不同的工程地质问题。划分结构类型便于进行工程地质评价及预测堤防的稳定性。

由于黄河下游河道摆动频繁,且历史上多次发生决口、改道,造成不同岩相的沉积物相互叠置,地层岩性变化复杂,不同地层结构类型的堤基存在的主要工程地质问题是有差别的。本次将黄河下游堤基的地层结构划分为以下 9 种类型:

第一,单层结构(砂性土)1a(1a 为地层结构类型代号,下同)。堤基为厚层或较厚层的砂性土,主要工程地质问题是渗水和渗透变形,遇强震时有可能发生土体液化。

第二,单层结构(黏性土)1b。堤基为黏性土或者堤基的上部为厚层的黏性土,此类地基,特别是当其中夹有湖相、海相及沼泽相淤泥质土层时,易产生不均匀沉降及滑动变形。

第三,双层结构(上层为小于 3 m 厚的黏性土,其下为砂性土)2a。

第四,双层结构(上层为大于 3 m 厚的黏性土,其下为砂性土)2b。

对于双层结构地基,当发生洪水时,若上部黏性土层厚度小于3 m,容易被承压水顶破而发生渗透变形;若上部黏性土层大于3 m,地基通常较稳定,但尚需注意背河堤脚附近是否有坑塘、水沟及取土坑分布。堤基的黏性土层大于3 m,若背河有坑塘、低洼地等,也仍有可能发生渗透变形。

第五,多层结构(以砂性土为主)3a。堤基为相间分布的黏性土和砂性土,以砂层分布较多,或者堤基的上部为薄的砂层。其主要工程地质问题是渗水及渗透变形。

第六,多层结构(以黏性土为主)3b。堤基为相间分布的黏性土和砂性土,以黏性土为主,砂性土很薄且埋藏较深。其主要工程地质问题是沉降及滑动变形。

第七,多层结构(含秸秆料、树枝、木桩、块石及土的老口门堤段)3c。鉴于老口门堤基填料物质复杂,其工程地质问题也较复杂,有渗水及渗透变形问题,也有不均匀沉降及滑动等问题。

第八,黄土类土4a。堤基为晚更新统黄土类砂壤土及黄土类壤土。这类堤基的主要工程地质问题是黄土类土的湿陷性问题。

第九,上覆黏性土的黄土类土4b。堤基上部为全新统的冲积黏性土,下部为黄土类土。这类堤基的黄土类土具弱湿陷性,在冲积的黏性土中,当含有砂壤土及轻、中壤土时,存在一定的渗水问题,在遇强震时也存在液化的可能性。

(2)临黄堤的堤基地层结构特征。

第一,左岸临黄堤。

左岸临黄堤上段。从孟州中曹坡到孟州下界,堤基浅层土全为第四系黄河冲积层,岩性变化较大,以砂壤土为主,壤土次之,有时夹薄层粉砂,下部多为粉、细砂层。地层结构多为双层结构2a、2b类型和黏性土单层结构1b类型。在武陟县境内,堤线靠清风岭南部边缘,堤基上部为晚更新统(Q_3)灰黄色的厚层黄土类砂壤土及壤土,含零星的钙质结核,下部为砂层。

过清风岭后,黄土类土的上部被第四系全新统(Q_4)的冲积壤土及砂壤土所覆盖,堤基地层结构类型属4a、4b类型。武陟境内的泥沙淤积到方陵大堤背河属黄河、沁河两河间洼地,地表水与地下水排泄不畅,形成背河积水沼泽化地带。沁河河床堆积物上部主要为粉细砂及砂壤土,向下变为中砂层。

武陟白马泉、御坝及共产主义渠等地的地层属双层结构2a。上部为较薄的壤土、黏土及砂壤土,下部为厚层的粉细砂及中砂层,特别是在白马泉至御坝堤段，背河低洼，黏性土层多因挖稻田排水沟而变薄，厚度小于3 m，地下水溢出地表，成为沼泽化地带，是大堤的薄弱段。1958年8月大洪水时，在背河稻田沟内，曾经发生比较严重的渗透变形。后经放淤，背河增加了2~3 m厚的盖重，而且黄河又向南摆动，远离左岸大堤，昔日的沼泽地带现已变为良田。

武陟的张菜园、原阳的柳园和张寨一带，黏性土较多，属黏性土单层结构1b型。在原阳上、下大王庙、越石、篦张等老口门及封丘辛庄闸等堤段，堤基分布砂层较多，渗水也较严重。已经勘探查明的荆隆宫老口门堤段，历史上曾决口数次，老口门宽达1 250 m。其内充填了大量的秸秆料、树枝等物，属于多层结构、有复杂填料的3c类型。封丘曹岗附近岩性变化很大，有砂壤土及壤土等黏性土单层结构地基，也有双层结构的地基。背河地势低洼，临、背河高差可达10 m，有大片积水及沼泽化现象。

左岸临黄堤中段。在长垣市大车集以下，上部为薄的壤土、黏土层，下部为厚层粉砂，地层属双层结构2a类型。该堤段在1933年曾决口30多处，背河地面砂土及砂壤土分布较多，但口门规模不大，无严重渗水现象。濮阳渠村闸基主要为黏性土层，分布有易沉降变形的软土层。以下堤段堤基有单层结构的黏性土类型，也有双层及多层结构类型，台前张庄闸基分布有淤泥质黏土，还有裂隙黏土。

左岸临黄堤下段。进入山东境内，黏性土分布较多，如阳谷陶城铺、东阿范坡、槐荫曹家圈对岸、齐河李家岸等地，地层均属单层结构的黏性土地层1b型，其次为双层及多层结构地层。已经勘探查明的老口门有齐河、阴河及济阳纸坊。阴河口门宽约250 m，纸坊口门较小，地层均属具有复杂填料的多层结构3c类型。

在滨州以下，进入冲海积平原区，地层多为双层结构，其中还夹有海相淤泥质软土，含贝壳碎片。在河口北大堤的堤基内多为新近淤积的砂土、夹海相淤泥质软土，其抗震性能较差。

第二，右岸临黄堤。

右岸临黄堤上段。该段堤防西接南邙山头，属冲积平原区，河南境内的郑州保合寨附近，堤基为双层结构类型，上部为壤土及砂壤土，下部为厚层粉细砂及中砂层；在中牟杨桥，主要为单层结构砂性土类型1a；在中牟万滩，主要为双层结构类型；在开封黑岗口，主要为单层结构砂性土类型1a；在开封柳园口，主要为双层结构类型；在兰考南北庄，主要为单层结构砂性土类型1a。

山东境内东明阎潭、高村、东明黄河公路大桥等地为多层结构类型，鄄城苏泗庄、康屯、郓城苏阁、赵庄等地为单层结构黏性土类型1b。康屯等地,因主要为弱透水的砂壤土,存在渗水及渗透变形等问题。

冲、湖积平原区的梁山国那里、东平林辛和十里堡一带的地层均为单层结构黏性土类型1b,层中普遍分布有灰黑色湖积相淤泥质的黏性土,因此不均匀沉降变形是该段的主要工程地质问题。该堤段已勘探的老口门较多,如郑州铁牛大王庙、花园口、申庄、石桥、中牟九堡、东明高村等,均属多层结构3c型,具复杂填料的老口门地基。其中花园口老口门,宽达1 460 m,目前探查的深度尚不够,只到块石的顶部。

右岸临黄堤下段。该堤段从济南宋庄开始,向北绕过济南市转向北东。泺口以上为山前冲积平原,第四系晚更新统(Q_3)的地层分布较高,一般埋深小于15 m,下部有时有洪积的砂砾石层(如槐荫牛角峪)。该段的岩性主要为壤土、砂壤土及黏土等,为多层地层结构。济南西宋庄至北店子为玉符河汇入黄河段,该段背河形成渗流集中区,使济南槐荫常旗屯、西张及以下的刘七沟一带背河渗水严重,甚至还出现局部渗透变形现象。

在槐荫牛角峪、北店子、杨庄、刘七沟等地主要为单层结构黏性土1b类型。在天桥老徐庄为多层结构类型。在天桥小鲁庄、泺口等地为双层结构类型。在历城盖家沟为单层结构黏性土1b类型。在历城王家梨行为多层结构类型。在章丘胡家岸为单层结构黏性土1b类型。在章丘土城子、邹平张桥、胡楼等地为多层结构类型。在高青马扎子为单层结构黏性土1b类型。在高青刘春家为双层结构类型。

河口三角洲地区的地层结构类型以多层结构为主,如博兴王旺庄及垦利、章丘屋子等地。双层结构次之,如东营区曹店、垦利十八户等地。地层中普遍夹有海相淤泥质地层,其抗震性能差,易产生不均匀沉降。

(3)临黄堤的堤基水文地质特征。黄河下游堤基浅层地下水埋藏浅,主要为松散岩类孔隙潜水及孔隙承压水。松散岩类的透水性与岩性、颗粒组成及其密度有关,砂砾石的颗粒组成变化大、不均匀,河流中心部位粗颗粒较多,渗透系数较大,为30~60 m/d;边岸、滩地含细颗粒较多,渗透系数较小,多为4~10 m/d。砂性土的颗粒组成从西到东逐渐变细,渗透系数也随之由大变小。

河床及沿岸冲积砂层中的孔隙潜水和微承压水,由于其含水砂层多相互贯通,孔隙潜水及承压水有着密切的水力联系。补给来源主要为河水及大气降水,其次为渠道渗水及灌溉水补给。在西部太行山区及东部泰山地区还有

第四章 生态堤防工程的设计与建设

山区地下径流补给。由于黄河为悬河,河水常年补给地下水。地下水位随着河水位的升降而升降,其动态曲线是一致的。

地下水的化学类型一般为重碳酸钙、镁型淡水,矿化度为 0.18～0.3 g/L,兰考以下地下水的水质逐渐变差,出现矿化度大于 1 g/L 的微咸水。临清以下则有大片矿化度为 3～5 g/L 的半咸水。在沾化、垦利及近海的河口地区的地下水,多为矿化度大于 5 g/L 的半咸水,其地下水的类型为硫化物或氯化物咸水。除东明、鄄城、高青、章丘等地地下水对普通水泥有强弱不等的结晶类硫酸岩型腐蚀外,黄河水及地下水一般对建筑材料无腐蚀。

(二) 堤防结构设计

1. 堤防级别与设防流量

黄河下游防洪保护区面积约为 12 万 km²,保护区内涉及冀、鲁、豫、皖、苏 5 省的 110 个县(市、区),人口 9 064 万人,耕地 1.119 3 亿亩[①]。区内有河南省的新乡、开封、濮阳,山东省的济南、聊城、滨州、东营和江苏省的徐州等 8 个地级以上重要城市;分布着京广、陇海、京九和津浦等重要铁路干线,中原油田、胜利油田、兖州煤田、济宁煤田和淮北煤田等重要能源基地,还有众多公路交通干线、灌排系统等。黄河一旦决口,洪灾损失巨大。根据规定,黄河下游临黄大堤防洪标准在 100 年一遇以上,相应的堤防级别为 1 级。

设防流量仍按国务院批准的防御花园口 22 000 m³/s 洪水,考虑到河道沿程滞洪和东平湖滞洪区分滞洪水作用,以及支流加水情况,沿程主要断面设防流量为:夹河滩 21 500 m³/s,高村 20 000 m³/s,孙口 17 500 m³/s,艾山以下 11 000 m³/s。

2. 设计防洪水位

(1) 水文站设计防洪水位。与长江、珠江等清水河流不同,黄河下游河道不断淤积抬高,不同时期的设计防洪水位(简称设防水位)也不断升高,也就是说,设计防洪水位是动态变化的。考虑到小浪底水库已经建成,在今后一定时期内下游河道不会明显淤积抬高,在小浪底水库下泄清水期间,下游河道冲刷下切,冲刷下切幅度沿程逐渐减弱,在设计防洪水位达到最低值后,随

---

① 1 亩 ≈ 666.7 m²。

着小浪底水库下泄水流含沙量的增大,下游河道逐渐淤积抬升,按小浪底水库设计成果,至2020年下游河道大约恢复到2000年水平,以后设计防洪水位还会随之抬升。1949年以来,黄河下游河道多年平均淤积抬高速度为5~10 cm/a,基本上是10年左右一修堤,一次加高1 m,设计防洪水位通常采用10年后的设防水位。由于小浪底水库的拦沙减淤作用,约在20余年内,设计防洪水位会经历下降、升高恢复的过程。在下游河道恢复到2000年水平前的设防水位均采用2000年水平年的设防水位。

(2) 堤防设计防洪水位。目前,黄河下游临黄大堤总长1 369.864 km,分布情况如下:

左岸746.927 km,分三大段、两小段。其中:第一大段(上段)起于孟州市中曹坡(0+000)至封丘鹅湾(200+880),长170.881 km;第二大段(中段)从长垣大车集(0+000)至台前张庄(194+485),长194.485 km;第三大段(下段)自阳谷陶城铺(3+000)至利津四段(355+264),长350.241 km。

右岸622.937 km,分为两大段,十一小段。其中:第一大段(上段)起于郑州邙山脚下(1+172)至梁山国那里(336+600),长338.642 km;第二大段(下段)起于济南槐荫宋家庄(1+980)至垦利二十一户(255+160),长257.140 km。

3. 设计堤顶高程

根据要求,设计堤顶高程为设计防洪水位加超高,超高为波浪爬高、风壅增水高度及安全加高三者之和。堤顶超高按下式计算:

$$Y = R + e + A \tag{4-18}$$

式中:Y——堤顶超高,m;

R——设计波浪爬高,m;

e——设计风壅增水高度,m;

A——安全加高,m。

依照计算结果并考虑处理超标准洪水情况,拟定各河段的堤防超高为:沁河口以上2.50 m,沁河口至高村3.00 m,高村至艾山2.50 m,艾山以下2.10 m。

4. 抗滑稳定分析

按照《堤防工程设计规范》(GB 50286—2013)和黄河下游防洪大堤堤线

长、质量差、地质条件复杂等特殊情况,抗滑稳定计算分为正常运用和非常运用两种情况。抗滑稳定的安全系数 K,按照要求,1 级堤防,正常运用条件 $K \geqslant 1.3$,非常运用条件 $K \geqslant 1.2$。考虑到设计洪水与地震遭遇,设计标准明显过高,设计洪水与地震遭遇的概率很小,规定的抗滑稳定安全系数,在多年平均水位遭遇地震的条件下取 $K \geqslant 1.2$。因此,在设计洪水与地震遭遇的校核情况下,安全系数采用 $K \geqslant 1.1$。

堤坡的稳定计算采用瑞典圆弧滑动法。根据各种运用条件分别选用总应力法和有效应力法进行分析计算。当堤基中存在较薄软弱土层时,采用改良圆弧法。

(1)临河坡在大河无水、稳定渗流正常运用条件下,所有断面的抗滑稳定最小安全系数 K 均满足规范要求的 $K \geqslant 1.3$;在水位骤降、地震非常运用条件下,所有断面的抗滑稳定最小安全系数 K 亦满足规范要求的 $K \geqslant 1.2$。

(2)背河坡在大河无水、稳定渗流正常运用条件下,设计洪水位稳定渗流是其控制条件,诸断面满足规范要求的 $K \geqslant 1.3$;在地震情况下,也可满足设计要求。

在无裂缝等渗漏通道、不受水流淘刷顶冲条件下,堤坡是能够满足抗滑稳定要求的。

5. 堤防基本断面设计

(1)堤顶宽度。确定堤顶宽度主要考虑堤身稳定要求、防汛抢险、物料储存、交通运输、工程管理等因素。确定堤顶宽度的原则是:在满足《堤防工程设计规范》(GB 50286—2013)的基础上,充分考虑防汛抢险交通、工程机械化抢险及工程正常运行管理的需要。

黄河下游堤防是就地取土修筑而成的,沙性土较多,黏聚力差,一旦出现滑坡、坍塌等险情,其发展速度十分迅速。再者,险情的发生往往带有随机性,从发现到开始抢护需要一定时间,而险情的发展却不等人,大堤本身必须要有一定的宽度。因此,在堤防宽度论证时,还考虑了防汛交通、抢险场地及工程管理等要求。

第一,工程抢险及防汛交通对堤顶宽度的要求。随着社会的进步,防汛抢险的手段有了很大的变化,由以前的以人工为主逐渐向以机械为主发展,在以后的防汛抢险中,机械化抢险将会越来越多地得到应用。但是,由于机械化抢险的车型大,必须要有与其相适应的道路,否则其优势将难以发挥。

目前,在绝大多数堤段,黄河大堤是唯一能够到达出险地点的交通道路,所以堤顶的宽度必须满足抢险机械和抢险料物运输的交通要求,并充分考虑会车、调头等因素。堤顶宽度必须充分考虑运送防汛料物的要求,尤其是抢险物料运输(如柳料),满载料物的车辆一般较宽,往往造成一车挡道,万车难行,影响整个堤顶的交通,因此堤顶必须有足够的宽度。

从黄河堤防工程抢险的角度来看,由于黄河堤防出险具有发展迅猛的特点,要求对黄河的抢险投入强度远大于其他江河堤防。实践证明,常规的抢险方式、抢险场地的大小对抢险强度的效率有着直接的影响。机械化抢险包括指挥、照明、抢险机械、运输车辆、抢险料物等,设备多、用料也多,场面狭窄直接限制机械优势的发挥。所以,足够宽的堤顶有利于抢险手段的施展、提高抢险的供料强度、保证和提高抢险的效率与成功率。

第二,堤防运行管理对堤顶宽度的要求。为保持工程完整,有利于抗洪,并满足防洪抢险需要,平时在堤顶要储备一定的土料(土牛),供管理之用。这些土牛平时是工程管理用土,而在汛期也是工程抢险的应急料物。在使用之后,必须及时恢复。

综上所述,黄河堤顶必须具有一定的宽度,以便抗御洪水,并满足防汛交通和抢险的需要,满足工程的正常运行和管理的需求。经综合考虑,设计堤防顶宽采用10~12 m。断续堤防及河口附近堤防的堤顶宽度采用10 m,包括左岸沁河口以上临黄堤、贯孟堤、太行堤上段,右岸东平湖附近河湖两用堤和山口隔堤,河口附近南展宽区及以下两岸堤防。其余堤防设计堤顶宽度采用12 m。

(2)堤防边坡。堤防边坡应满足《堤防工程设计规范》(GB 50286—2013)、渗流稳定、整体抗滑稳定的要求,同时要兼顾施工条件,并便于工程的正常运行和管理。《堤防工程设计规范》(GB 50286—2013)规定,1级堤防的边坡不宜陡于1∶3。

黄河下游临黄堤堤基情况十分复杂,而且现有的地质资料总体上较少,断面的稳定、渗流计算仅根据已有的地质资料和设计断面进行概化分析计算。

当临、背河堤坡为1∶3时,各断面临河坡均可以满足抗滑稳定设计要求,背河坡有个别断面不能满足稳定要求。但防渗加固后均可满足要求,并参照国内外大江大河堤防边坡情况,堤防临、背河坡均采用1∶3。

6. 筑堤土料

根据《堤防工程设计规范》(GB 50286—2013),对于均质土堤,筑堤土料

第四章 生态堤防工程的设计与建设

宜选用亚黏土,黏粒含量宜为 15%～30%,塑性指数宜为 10～20,且不得含植物根茎、砖瓦垃圾等杂物;填筑土料含水量与最优含水量的允许偏差为±3%。黄河下游堤防填筑土料一般从滩地选取,由于黄河下游河道内土质多为砂壤土和少量中壤土,亚黏土较少,黏粒含量较低,很难满足规范要求,因此对筑堤土料的黏粒含量及塑性指数适当降低,根据堤防附近料场情况灵活掌握,碾压后表面采用一层中壤土包边。按照临河截渗、背河导渗的原则,黄河下游堤防铺盖、斜墙等防渗体一般选用含黏量较大的黏土或重壤土,前戗一般选用中壤土,后戗及淤背体一般选用砂性土。近年来黄河下游堤防加固多为放淤固堤,铺盖、斜墙及前戗修筑较少,由于放淤体较大,对土质要求不太高,放淤土料一般为砂壤土,基本能满足要求。

第四节 堤岸工程的生态修复措施

一、河流的生态功能

河流水系本身及河流的自然资源和自然功能,创造了河流及其辐射区域的生态条件。河流流域的水资源、地形地貌、土壤植被、水文地理以及生物的多样性,均与河流的自然功能有密切的关系,形成了河流本身的生态系统,为人类和其他生物提供了食物及生存环境和发展环境。

(一)水循环和物质输送

由于水流的携带和溶解作用,河流具有物质搬运和输送功能,物质输送表现为四个方面:水、固体物质、生物物质和溶解物质的输送。水循环是形成地球气候和地球生态系统最重要的条件,物质输送的结果是改变河流及影响区域的地形地貌和自然景观,形成河流的水文地理和自然地理环境及向海洋进行物质输送。像河流侵蚀区地貌、河床、洲滩、洪泛区地貌、三角洲地貌、河口地貌及河流海洋辐射区地貌等,都与河流水循环和物质输送功能有关。

(二) 提供水资源

河流具有巨大的水量资源,为流域及其影响区域的生态、工农业生产及人类生活提供用水,是保证生态发展、经济社会发展和人类生活的最主要的物质基础,水资源丰富的河流不仅担负着向域内供水的任务,其水资源的功能和作用还将通过径流拦蓄和跨流域调水,影响到其他更为广泛的区域。

(三) 产生水流能量

河流的水流具有巨大的能量,河流水流的能量具有三种主要作用:一是为水体与固体边界之间的作用提供能量;二是为河流的物质输送提供能量;三是可以利用水流的能量来发电,以满足经济建设和人类生活的需要。在自然的条件下,水流能量主要是用来改造地貌和进行物质输送的,如山川、谷地、河流、湖泊、冲积平原三角洲地貌等,都是在水流能量的作用下形成的。对水流能量的开发利用,会损害水流能量的自然功能。

(四) 行洪及滞蓄洪

河流是大陆水循环的主要通道,在径流输送的同时,河流的洪水灾害是最常见的自然现象。河流作为一个水体,具有泄洪、滞蓄洪水的功能。河道主要起行洪作用,而洲滩、沿江湖泊及洪泛区主要起滞蓄洪水作用,河流的河道和通江湖泊构成了洪水的调节系统。调节系统的作用是与河流洪水特征相适应的。对行洪、滞洪和蓄洪能力的任何改变,均会引起河流洪水特征的变化。

(五) 提供土地资源

长江干支流沿岸的洲滩、湿地、湖泊及洪泛区,具有丰富的土地资源。土地资源的主要作用有三大类,其自然功能是行洪和滞蓄洪,形成生态系统和自然景观,为各种生物提供生存空间,为农业发展和城市及工业发展提供土地。

(六) 纳污、排污和自净功能

由于河流有河水作为载体,可以溶解携带和输送化学物质和固体物质,在不危害河流生态的情况下,河流具有一定的纳污能力和排污能力,同时由于水流的物理作用、化学作用及生物作用,河流本身具有很大的自净能力。由于工农业的发展和沿江都市化进程的加快,河流的纳污和排污功能越来越重要。

二、大坝对流域生态的影响

(一)淹没耕地的影响

大坝修建,水位上抬,不可避免地淹没大量耕地。尤其是我国的人均耕地资源相对匮乏,这样的损失对于整个流域经济发展的影响是巨大的。尤其是为此需要解决的移民问题更牵涉到十分复杂的社会经济关系。淹没耕地,以水面换耕地是大坝兴建带来的不利影响。

(二)对流域生物多样性的影响

1. 阻隔作用对生物多样性的影响

丰富的物种是地球上生命经过几十亿年发展进化的结果,是人类赖以生存的最重要的物质基础。然而,随着世界人口的迅猛增加及经济活动的不断加剧,物种灭绝的速度不断加快,现在地球上物种灭绝速度达到自然灭绝速度的近1 000倍,无法再出现的基因和物种正以人类历史上前所未有的速度消失。全球生物多样性的研究和保护正成为当今世界关注的热点问题。而在河流上修建水坝将会改变河流和整个流域的生物多样性特征。

拦河大坝会让精细的悬浮物质流到下游,给下游生物带来严重影响。比如下游河床变得粗糙,使许多水生动物失去了隐蔽场所;下游河水中的有机物、沉淀物大量减少,一些生物在某些发育阶段对这些物质非常敏感,它们的卵或幼虫的死亡率会增加。况且,河流与陆地水位线小小的差异都会导致土壤湿度的巨大变化,这将影响当地植物的分布和丰度。

2. 生物栖息地及其环境改变

大坝对生物多样性的影响集中体现在其对生物栖息地及其环境的改变。河流造就了天然的变化万千的栖息地,包括不同大小和异质性的沉淀物、弯曲的河道、地形复杂的滩涂堤岸等。河流环境提供的季节性变化的栖息地类型,促进了物种也随着栖息地的变化而进化。它们进化后的生活类型与生命周期要求它们只能分布在由河流系统提供的不同类型的栖息地环境中。事实上,对环境动态的长期适应,使水生和滩涂物种在这种艰苦的环境中得以保存。从进化的观点看,自然栖息地随时间、空间变化的模式影响了这些特定环境下的相关物种的成功定居,并影响着物种的分布和丰度以及生态系统的功能。人类对自然水流模式的改变干扰了自然长期变化过程所建立的生态模式,因而改变了栖息地的自然动态过程,产生了不利于原产物种的新环境。

3. 消落带的生态系统的退化

在某些大型防洪工程建成以后,比如中国三峡工程,由于水位的自然涨落,会在库区两岸形成两条平行的永久性消落带。消落带湿地是由湖水水生生态系统与湖岸上陆地生态系统交替控制的地带,该地带具有生物多样性、人类活动频繁性和生态的脆弱性。随着人类活动的影响,消落带已成为湖岸带中生态最脆弱的地带,并严重制约着库区周围环境的演替和发展。

高度规划的水流将会改变河流的生物群落,尤其是在河流上修筑大坝后,通过不连续和不稳定的方式控制自然水流的运动对流域生态产生很大破坏。三峡水库正是这样一个工程。因此,其水位消落区生态系统退化很大。由于消落带成为水位反复周期变化的干湿交替区,同时具有水、陆两栖的某些生态系统结构、功能和独特的环境景观特点,所以消落带是界于水域和陆地之间的过渡性连接地带。因此可以将消落带看成人工湿地。消落带生态系统由其地貌形态、组成物质与土地、地下水、气候与植被等要素组成。它不仅通过库区水流的侵蚀与淤积、库水与地下水的相互补给等方式与库区常年水域系统进行着物质流和能量流的交替,还与库区岸坡系统进行着物质流和能量流的交换。

所以,消落带是库区水域与周边环境系统之间的过渡地带,即库区生态系统中的重要生态过渡带。与陆地或海洋生态系统相比较,消落带是陆地生态系统和水域生态系统之间一个重要的生态交错带。是库区泥沙、有机物、化肥和农药进入水库的最后一道生态屏障,其有环境功能和生态功能等。环境功能包括消落带的截污和过滤功能、改善水质功能、控制沉积和侵蚀的功能;生态功能包括保持消落带的生物多样性功能,鱼类繁殖和鸟类栖息的场所,调蓄洪水,稳定相邻的生态系统等。而由于大型防洪工程的修建,消落带的环境和生态退化堪忧。主要体现在:水库蓄水后,水位抬高,流速减缓,污染物扩散输移能力减弱,沿江排污难以达到水质标准,污染物扩散距离加长,导致岸边的污染程度增加;同样由于上述原因,导致复氧能力减弱,降低对BOD污染的负荷和接纳能力;水土流失加剧、泥沙淤积加重等。

(三) 对库区和流域地质及水质的影响

库区淤积会带来土壤盐碱化,水位上涨幅度抬高会增加滑坡面积与水库诱发地震,径流调节会造成下游新的险工河段和坍岸,边坡开挖对植被和景观带来破坏,泄洪冲刷及雾化对植被和景观造成破坏,一些高坝水库蓄水后,水温结构发生变化,可能对下游农作物产生冷侵害,水库蓄水后,库区水流缓慢,水体中污染物的输移扩散能力降低,会对水库水质产生负面影响,水库蓄水后,因河流水文情势变化,会对坝下与河口水体生态环境产生潜在影响。水质的变化对生物来说是致命的。通常从水库深处放出来的水,在夏天比河水更冷,在冬天比河水更温,而从水库顶部附近的出口放出来的水,一整年都比河水更温暖。给天然的河水加温或冷却都会影响水中被溶解的氧气的含量及悬浮固体物的数量,季节温度的改变还会破坏水生生物的生命周期。在水流静止的水库里,藻类的大量繁殖可能导致水库水不适合居民饮用和工业使用,同时污染下游河流。

三、堤岸工程生态恢复的手段

(一) 建立坡面水土保持林

坡面水土保持林是指在梁顶或山脊以下,侵蚀沟以上的坡面上营造的林木。坡面是水土流失面最大的地方,也是水土流失比较活跃的地方。在梁峁坡上营造的水土保持林、草多以带状或块状形式配置,水平梯田建设或坡度较缓的农田可采用镶嵌方式排列,具体位置根据斜坡断面形式和坡度差异来决定。梁峁坡水土保持林应沿等高线布设,与整地工程设比相结合,可采用单一乔木或灌木树种,以乔灌混交型为佳。主要造林树种有油松、樟子松、侧柏、刺槐、臭椿、白榆等。

南方山地丘陵坡地营造水土保持林,一般均辅以相应的工程措施。对坡度25°以上的陡坡,可采用环山沟、水平沟等方式。沟内栽种阔叶树,沟埂外坡种植针叶乔木和灌木。对坡度15°~25°的斜坡,可采用水平梯田、反坡梯田整地,沿等高线布设林带,其面积占集水区耕地面积的10%~20%。林带实行乔、灌、草混交和针阔混交。坡度在15°以下时,可挖种植壕沟,发展经济林和果、茶,并套种绿肥。在石质山地或土层浅薄的坡面,可围筑鱼鳞坑或坑穴,营造灌木林,或与草带交替配置。有岩石裸露的地方可用葛藤等藤本植物覆盖地面。主要树种有柏木、马尾松、湿地松、云南松、华山松、化香、黄荆、胡枝子、栀子等。

(二) 堤坝设计应回避要害

为达到防洪目标,可以采取设立分洪区、扩宽河道等方法,不能轻率地决定在上游建设堤坝。虽然有时限于时间和经费不得不如此,但是总应当研究其他可代替的方案。例如,从满足下游防洪要求来说,有多条支流可以作为坝址选择时,就应当逐个对每一条河建坝后对自然环境的影响进行评价。

对因大坝建设而直接丧失的自然环境进行比较也是重要的,但是作为评价的焦点,对于流域的自然环境在遭受破坏后能否再恢复的评价也是很重要的。

(三) 堤坝建设应实现最小化破坏

把项目建设对自然环境的影响"最小化""矫正""减轻"的手法统称为减轻。

1. 设计上的安排

通过设计上的安排,使直接破坏的面积最小化是首先要考虑的。在日本箕面川大坝的补偿道路建设中,采用隧洞、垂直挡土墙等设计,减少了直接破坏的面积。在横跨支流河谷处修建了桥梁,避免了填平谷地,尽量不改变地形。但是为了减少直接破坏的面积,需要建设大型永久建筑物。因此,虽然有时最初破坏面积很大,但从长远来看有可能恢复时,破坏后的环境即使难看一些,也还是可以接受的。

2. 施工上的安排

建设中慎重施工,避免不必要的破坏也是非常重要的。特别是不要把谷地坡面施工的渣土撒落在下方,这意味着保护森林表土的潜在自然恢复能力资源是非常重要的。这需要在坡面下方架设挡土栅板,精心施工,加强监理。

第五章

生态河道建设的植物措施

第一节 植物措施的应用理论与基本原理

随着可持续发展意识和生态安全意识的不断增强,受损河道的生态建设问题已受到社会各界的普遍关注。研究和开发应用符合工程安全需要、兼具生态环境改善要求的河道堤岸防护生态工程技术,已成为河道建设面临的新课题。在河道建设中应充分认识河道生态系统的结构、功能以及影响生态系统结构功能的物理过程、化学过程和生物特征等因素。植物措施是河道生态建设的重要技术手段之一,应用植物措施进行河道生态建设,需要摒弃传统的河道堤岸整治技术,遵循生态学、生态水工学、环境工程学等有关的基本原理,对原生态的河道,要尽量保护其原有的生态系统,对因人为干扰受损的河道,力求修复其水域生态系统。

一、植物措施应用理论

现代水利工程学、生态学、生物科学、生态工程学、环境科学、生态水工学、可持续发展的相关理论及技术是河道生态建设植物措施应用的理论和技术基础。

(一)现代水利工程学理论

水利工程学是以工程措施为技术手段对天然河流(河道)进行人为控制和改造,以满足人类物质、精神需要的学科。水利工程学的理论基础主要是水文学、水力学、地质科学、材料科学、结构科学等学科。传统水利工程在河流的控制和改造过程中仅仅注重河道的防洪、排涝、灌溉、航运等基本功能,往往对河流生态环境造成严重的负面影响,如河流的各种生态过程遭到破坏、河流水体污染严重等。因此,新时期治水思路更多地汲取生态学的众多理论,使传统水利向现代水利、资源水利、生态水利转变,确保水利工程为经济社会的可持续发展和生态环境的可持续维护提供支撑和保障。

现代生态治河工程,要考虑河道生态系统是一个有机的整体。生态水利不是治水阶段的更替,而是现代水利的内涵,作为水利工程建设主要内容的河道建设,必须摒弃"就水论水"的传统思维定式,要融入回归自然、恢复生态、以人为本、人水相亲、与自然和谐的新理念,满足时代对水利建设提出的多样化要求。要突破以往水、山、人、文、景分离的单一做法,实现水利与景观、防洪与生态、亲水与安全的有机结合,把河道建设成绿色走廊、亲水乐园和旅游胜地,使河道建设在保证发挥防洪排涝、供水灌溉、交通航运等基本功能的同时,进一步提高对生态、自然、景观、文化的承载能力。

现代水利工程要统筹考虑其对生态与环境的影响,将水土流失治理、生态与环境建设和保护放在重要位置,在规划、勘测、设计、施工、运行管理各个阶段,优先考虑生态与环境问题,要有前瞻意识,用景观水利、生态水利的理念去建设每一个水利工程。工程设施本身的建设要在规范允许的范围内,辅之以合理的人文景观设计,充分考虑其建筑风格的观赏性,以及与周围自然景观的和谐与协调。已建水利工程可结合工程的扩建、改造、加固等,增强或增加水土保持、水生态与环境保护等方面的功能。

此外,现代水利工程还要在保证水利工程功能正常发挥、安全运行的前提下,有效地保护水资源与水环境,促进自然环境的自我修复,使水资源得到有效涵养与恢复。最终使得每个水利工程成为一个水资源保护工程、环境美化工程、弘扬水文化的工程,促进社会的可持续发展,实现人与自然的和谐相处。

(二) 生态学理论

生态学是研究有机体与其周围环境(包括生物环境和非生物环境)相互关系的科学。生物的生存、活动、繁殖需要一定的空间、物质与能量。生物在长期进化过程中,逐渐形成对周围环境某些物理条件和化学成分,如空气、光照、水分、热量和无机盐类等的特殊需要。任何生物的生存都不是孤立的,同种个体之间有互助、有竞争；植物、动物、微生物之间也存在复杂的相生相克关系。人类为满足自身的需要，不断改造环境，环境反过来又影响人类。

随着生态学的发展，人们对于河道治理产生了新的观念，认识到水利工程除了要满足人类社会的需求外，还需要与生态环境的发展需求相统一。特别是随着恢复生态学、景观生态学等分支学科的迅速发展，生态学的更多新理论也不断出现，不仅丰富了生态学的理论体系，同时许多理论也可作为河道建设的主要理论基础，指导河道生态建设。

1. 恢复生态学

恢复生态学是生态学的应用性分支，在20世纪80年代产生并迅速发展起来。恢复生态学是一门应用与理论研究紧密结合的科学，生态恢复需要人工干预，恢复过程可能是自然恢复、逼近原生生态系统或根据人类的需要对生态系统进行重建以达到人类的目的。恢复生态学是从生态系统层次考虑和解决问题的，是对社会经济活动导致的退化生态系统、各类废弃土地和废弃水域进行生态治理的科学技术基础。生态恢复的最终目的是恢复生态系统的健康、整体性和自我维持能力，并与大的景观融为一体，保护当地物种多样性，维持或提高经济发展的持续性，通过多种途径为人类和其他生命提供产品和服务。

基于自然演替的自我设计理论与人为设计理论构成了恢复生态学的理论基础。自我设计理论认为，只要有足够的时间，随着时间的推移，退化的生态系统将根据环境条件合理地组织自我并最终改变其组分。人为设计理论认为，通过工程方法和植物重建可直接恢复退化的生态系统，但恢复的类型可能是多样的。恢复生态学应用了许多学科的理论，但应用最多、最广泛的还是生态学理论。这些理论主要有：主导生态因子原理、元素的生理生态学原理、种群密度制约原理、种群的空间分布格局原理、边缘效应原理、生态位原理、生物多样性原理、演替理论、缀块-廊道-基底理论等。

根据类型和强度的不同，可将人类对退化的生态系统的干扰方式分为修复和改造两种，分别反映人类对自然的两种不同追求。

修复，即修复、恢复生态系统的某些功能，如发展蓄洪系统以减少洪水危害，恢复沼泽地以固定 CO_2，它将使景观的局部地区作为一个整体，更具自然性，但它不强调景观整体内生物多样性的增加；改造，即改造生态系统的多样性，使土地适合栽培，整个景观将受益于该项措施的大面积实施，但它不强调对濒危物种的保护。

2. 景观生态学

景观生态学是一门新兴的、正在深入开拓和迅速发展的学科。它是研究景观单元的类型组成、空间格局及其与生态学过程相互作用的综合性学科。强调空间格局、生态学过程与尺度之间的相互作用是景观生态学研究的核心所在。

景观生态学的理论基础是整体论和系统论，但学者们对景观生态学理论体系的认识却并不完全一致。一般说来，景观生态学的基本理论至少包含：时空尺度理论、等级理论、耗散结构与自组织理论、空间异质性与景观格局理论、缀块-廊道-基底理论、岛屿生物地理学理论、边缘效应与生态交错带理论、复合种群理论、景观连接度与渗透理论等。

3. 生物科学理论

生物科学是一门以实验为基础，研究生命活动规律的科学。它是当今世界最为活跃的科技领域，已经成为自然科学的带头学科，对医学、生态学、工农业生产和技术发展，乃至社会学、环境学都产生了极其深刻的影响。21世纪以来，科学领域的最尖端技术和发现有一半以上属于生物科学及相关领域。生物科学在解决人类社会所面临的人口、环境、资源、能源和粮食五大危机等问题上发挥着不可替代的重要作用。

生物科学中的一些理论为河道生态建设提供了基础，特别是植物生物学。植物的形态、结构、生长、发育、遗传、变异等有关理论与河道建设植物措施的应用密切相关。例如环境因子（水分、CO_2、O_2、温度、光、热、无机盐等）对植物的生长、发育和分布可产生直接或间接的影响。在河道生态建设中，选择河道植物需要考虑植物耐水、耐湿特点，因为水分是一个最为关键的环境因子；而沿海地区，较高的盐碱度则成为许多植物生长的限制因子；随着现代科技的发展，可以借助生物工程技术，利用优良基因改造技术培育新品种，使更多的植物种类适宜于河道生态建设。

4. 生态工程学理论

生态工程学是从系统思想出发，按照生态学、经济学和工程学的原理，将现代科学技术成果、现代管理手段和专业技术经验组合起来，以期获得较高的经济、社会、生态效益的工程学科。生态工程的方法首先在河流、湖泊、池塘、湿地、浅滩等水域的净化技术中得到应用,故可认为生态工程学是以生态系统为基础,以食物链为纽带,从低等生物的藻类、细菌到原生动物及微小后生动物,以及鱼类、鸟类,为它们在水域、陆域、湿地等生态场所提供有机性的连接功能,并用工程学的方法予以控制。在提高生物的生产、分解、吸收、净化等机能的同时,还要提高其工作效率,从而实现对环境的保护及修复。生态工程学是以生态学,特别是生态控制论为基础,应用多种自然科学、技术科学、社会科学,并相互交叉渗透的一门学科。在技术方面,大多数生态工程技术不是高新技术,而主要是一些常规、适用技术,包括农、林、牧、副、渔等多种技术。

二、植物措施应用基本原理

(一) 生态演替原理

演替是生态学最古老的概念之一。它是群落动态的一个最重要的特征,是现代生态学的中心课题之一,是解决人类现在生态危机的基础,也是恢复生态学的理论基础。植物生态学中的演替是一个植物群落被另一个植物群落所取代的过程,是植物群落动态的一个最重要特征。任何群落的演替过程,都是从个体替代开始,随着个体替代量的增加,群落的主体性质发生变化,产生新的群落形态。从微观(个体)角度看,这种过程是连续的、不间断的(大灾变除外),是一个随时间而演化的生态过程。从宏观(整体)角度看,这种演替都是有明显阶段性的,即群落性质从量变到质变的飞跃过程,从一定态到另一定态的演化过程。

生态系统的核心是该系统中的生物及其所形成的生物群落,在内外因素的共同作用下,一个生物群落如果被另一个生物群落所替代,环境也就会随之发生变化。因此生物群落的演替,实际是整个生态演替。生态演替过程可以分为3个阶段,即先锋期、顶级期和衰老期。

演替指植物群落更替的有序变化发展过程。因而恢复和重建植被必须遵循生态演替规律,重建其结构,恢复其功能,即充分合理地利用种的群聚特征和种内竞争、种间竞争,在不同的植被演替阶段适时引入种内、种间竞争关系,促进植被的进展演替。

(二) 生物多样性原理

生物多样性是生命有机体及其借以生存的生态复合体的多样性和变异性,包括所有的植物、动物和微生物物种以及所有的生态系统及其形成的生态过程。生物多样性是人类赖以生存和发展的基础,保护生物多样性已成为世界各国关注的热点之一,它有利于全球环境的保护和生物资源的可持续利用。在等级层次上,生物多样性包括遗传多样性、物种多样性、生态系统多样性和景观多样性。这4个层次的有机结合,其综合表现是结构多样性和功能多样性。人类的发展归根到底依赖自然界中各种各样的生物。生物多样性对于维持生态平衡、稳定环境具有关键性作用,为全人类带来了巨大的利益和难以估计的经济价值。

生物多样性表现出生物之间、生物与其生存环境之间的复杂的相互关系,是生物资源丰富多彩的标志,它的组成和变化既是自然界生态平衡基本规律的体现,也是衡量当前生产发展是否符合客观规律的主要标尺。生态系统中每一种资源生物的生存及功能表达,均离不开系统中生物多样性的辅助和支撑,丰富的生物多样性是生态系统稳定的基础。

生物多样性的自然发展,是对水土资源优化的促进;相反,生物多样性的逆向演替,将导致水土资源的退化。在排除人为不合理干扰的条件下,生物多样性总是朝着有利于水土资源优化的方向发展。在河道生态建设中,植物种类选择和群落构建应尽量选择较多植物种类,避免物种单一。确定物种之间及其与环境之间的多重相互作用,以及各种生物群落、生态系统及其生境与生态过程的复杂性,从而达到系统的稳定性。

(三) 生态位原理

生态位指种群在时间、空间里的位置以及种群在群落中的地位和功能。生态位是生物(个体、种群或群落)对生态环境条件适应性的总和。生态位是生态学中的一个重要概念,是种群生态研究的核心问题。有利于某一生物生存和繁殖的最适条件为该生物的基础生态位,即假设的理想生态位,可以用环境空间的一个点集来表示。在这个生态位中,生物的所有物理、化学条件都是最合适的,不会遇到竞争者、捕食者和天敌等。但是生物生存实际遇到的全部条件总不会像基础生态位那样理想,所以称为现实生态位。现实生态位包括所有限制生物的各种作用力,如竞争、捕食和不利气候等。

物种生态位既表现了该物种与其所在群落中其他物种的联系,也反映了它们与所在环境相互作用的情况。生态位理论及其应用研究已经有较大进展,生态位理论的应用范围甚广,特别是在研究种间关系、群落结构、群落演替、生物多样性、物种进化等方面,另外在植被的生态恢复与重建过程中也应用了生态位原理。河道生态建设中应用生态位原理,就是把适宜的物种引入,填补空白的生态位,使原有群落的生态位逐渐饱和,这不仅可以抵抗病虫害的侵入,增强群落稳定性,也可增加生物多样性,提高群落生产力。

(四)物种生态适应性和适宜性原理

生态适应性是生物通过进化改变自身的结构和功能,使其与生存环境相协调的特性。在自然界中,每种植物均分布在一定地理区域和一定的生境中,并在其生态环境中繁衍后代。植物长期生长在某一环境中,获得了一些适应环境的相对稳定的遗传特征,其中包括形态结构的适应性特征。物种的选择是植被恢复和重建的基础,也是人工植物群落结构调控的手段。确定物种与环境的协同性,充分利用环境资源,采用最适宜的物种进行生态恢复,维持长期的生产力和稳定性。选择物种时,应遵从适宜性原理,引入符合人们某种重建愿望的目的物种。

植物的生态适应性和适宜性是河道生态建设植物选种的关键,生态环境条件对植物的生长发育、抗性以及品质等都有重要影响。选择出既具备良好的生态适应性,又具有较好适宜性的物种,是植被恢复和重建的关键。

(五)物种共生原理

自然界中任何一种生物都不可能离开其他生物而单独生存和繁衍,这种关系是自然界中生物之间长期进化的结果,包括共生、竞争等多种关系,构成了生态系统的自我调节和反馈机制。一个系统内一个物种的变化对生态系统的结构和功能均有影响,这种影响有时会在短时间内表现出来,有的则需要较长的时间。共生是指不同物种的有机体或系统合作共存,共生的结果是所有共生者都大大节约物质能量,减少浪费和损失,使系统获得多重效益。共生者之间差异越大,系统多样性越高,共生效益也越大。

在河道生态建设中要充分认识物种共生原理,借鉴天然植物群落中物种的组成特点,在构建植物群落时应选用能够共生的物种,提高物种和生态系统的多样性,以期获得更高的互助共生的效益。

第二节　生态河道植物的选择与群落构建

一、生态河道植物的选择

植物是河道生态建设的重要材料，在河道发挥生态功能方面具有独特的、不可替代的作用。不同的植物种类在耐水性、耐旱性、耐盐性、观赏性、抗病性和固岸护坡、水质净化等方面存在着显著差异，所以科学合理地选用适宜的植物种类对于应用植物措施进行河道生态建设是至关重要的。不同类型、不同功能的河道和河道的不同河段、不同坡位在土壤理化性质、河流坡降、水文地质、断面形式等方面也各不相同。因此，各地河道生态建设，应根据河道的主导功能和植物的生物生态学特性，因地制宜地选用优良的植物种类。

（一）河道植物种类选择原则

河道生态建设植物措施的应用要充分考虑河道特点和植物的生物生态学特性，并把两者有机地结合起来。植物种类的选择，应在确保河道主导功能正常发挥的前提下，遵循生态适应性、生态功能优先、乡土植物为主、抗逆性、物种多样性、经济适用性等基本原则。

1. 生态适应性原则

植物的生态习性必须与立地条件相适应。植物种类不同，其生态习性必然存在着差异。因此，应根据河道的立地条件，遵循生态适应性原则，选择适宜生长的植物种类。比如，沿海区河道土壤含盐量较高，应选用耐盐性的植物种类，如木麻黄、柽柳、盐地碱蓬等，否则植物不易成活或生长不良。河道常水位附近土壤含水量较高，应选择耐水耐湿的植物种类，如水杉、银叶柳、蒲苇等。

2. 生态功能优先原则

植物具有生态功能、经济功能等多种功能。河道生态建设植物措施的应用主要是基于植物固土护坡、保持水土、缓冲过滤、净化水质、改善环境等生态功能,因此,植物种类选择应把植物的生态功能作为首要考虑的因素,根据实际需要优先选择某些生态功能优良的植物种类,如南川柳、狗牙根等具有良好的固土护坡效果。另外,根据河道的主导功能和所处的区域不同,同时兼顾植物种类的经济功能等,山区河道可以选用生态经济植物杨梅、油桐等。

3. 乡土植物为主原则

乡土植物是指当地固有的、自然分布于本地的植物。与外来植物相比,乡土植物最能适应当地的气候环境。因此,在河道生态建设中,应用乡土植物有利于提高植物的成活率,减少病虫害,降低植物管护成本。另外,乡土植物能代表当地的植被文化并体现地域风情,在突出地方景观特色方面具有外来植物不可替代的作用。乡土植物在河道建设中不仅具有一般植物的防护功能,而且具有很高的生态价值,有利于保护生物多样性和维持当地生态平衡。因此,选用植物应以乡土植物为主。外来植物往往不能适应本地的气候环境,成活率低,抗性差,管护成本较高,不宜大量应用。

外来植物中,有一些种类生态适应性和竞争力特别强,又缺少天敌,如果使用不当,可能会带来一系列生态问题,如凤眼莲、喜旱莲子草等,这类植物绝对不能引入。对于那些不会引起生态入侵的优良外来植物种类,也是可以采用的。

4. 抗逆性原则

平原区河道,雨季水位下降缓慢,植物遭受水淹的时间较长,因此应选用耐水淹的植物,如水杉、池杉等;山丘区河道雨季洪水暴涨暴落、土层薄、砾石多、土壤贫瘠、保水保肥能力差,故需要选择耐贫瘠的植物,如构树、盐肤木、马棘等;沿海区河道土壤含盐量高,尤其是新围垦区开挖的河道,应选择耐盐性强的植物,如木麻黄、海滨木槿等。另外,河道岸顶和堤防坡顶区域往往长期受干旱影响,要选择耐干旱的植物,如合欢、野桐、黑麦草等。因此,要根据各地河道的具体实际情况,选用具有较强抗逆性的植物种类,否则植物很难生长或生长不良。采用抗病虫害能力强的植物种类,能降低管护成本。

(二) 河道植物种类选择要点

1. 不同功能河道的植物选择

一般来说,河道具有行洪排涝、交通航运、灌溉供水、生态景观等多项功能。某些河道因所处的区域不同,同时可具有多项综合功能,但因其主导功能的差异,所采取的植物措施也应有所不同。

(1) 行洪排涝河道。在设计洪水位以下选种的植物,应以不阻碍河道泄洪、不影响水流速度、抗冲性强的中小型植物为主。由于行洪排涝河道在汛期水流较急,为防止植被阻流及植物连根拔起,引起岸坡局部失稳坍塌,选用的植物的茎秆、枝条等,还应具有一定的柔韧性,可选用南川柳、木芙蓉、水团花等植物种类。

(2) 交通航运河道。船舶在河道中航行,由于船体附近的水体受到船体的排挤,过水断面发生变形,因而引起流速的变化而形成波浪,这种波浪称为船行波。当船行波传播到岸边时,岸坡受到很大的动水压力的作用而遭到冲击。在船行波的频繁作用下,常常导致岸坡淘刷、崩裂和坍塌。在通航河道岸边常水位附近和常水位以下应选用耐水耐湿的树种和水生草本植物,如池杉、水松、香蒲、菖蒲等,利用植物的消浪作用削减船行波对岸坡的直接冲击,保护岸坡稳定。

(3) 生态景观河道。对于生态景观河道植物种类的选用,在强调植物固土护坡功能的前提下,应考虑植物本身美化环境的景观效果。根据河道提供的立地条件,选择一些固土护坡能力较强的观赏植物,如乌桕、蓝果树、木槿、美人蕉等。为构建优美的水体景观,应选用一些观赏植物,如黄菖蒲、水烛、睡莲等。

2. 不同河段的植物选择

一条河流往往流经村庄、城市(镇)等不同区域。考虑河道流经的区域和人居环境对河道建设的要求,将河道进行分段。

(1) 城市(镇)河段。城市(镇)河段是指流经城市和城镇规划区范围内的河段。河道建设除满足行洪排涝要求外,通常有景观休闲的要求。

良好的河道水环境是城市的形象,是城市文明的标志,代表着城市的品位,体现着城市的特色。城市河道不仅要能抵御洪涝灾害,满足行洪排涝要求,使人民群众能够安居乐业,使社会和经济发展成果能得到安全保护;还要保障自然生态,人水和谐,突出景观功能,使人赏心悦目,修身养性。城市河道两岸滨水公园、绿化景观为城市营造了休憩的空间,对提升城市的人居环境,提高市民的生活质量具有十分重要的作用和意义。因此,城市河道应多选用具有较高观赏价值的植物种类,如垂柳、紫荆、鸡爪槭、萱草等。

另外,节点区域的河段,如公路桥附近、经济开发区、交通要道两侧等局部河段,对景观要求较高。可根据河道的主导功能,结合景观建设需要,多选用一些观赏植物,如香港四照花、玉兰、紫薇、山茶花等。

(2) 乡村河段。乡村河段是指流经村庄的河段,一般不宜进行大规模人工景观建设。流经村庄的乡村河段,可根据乡村的规模和经济条件,结合社会主义新农村建设,适当考虑景观和环境美化。因此,应多采用常见、价格便宜的优良水土保持植物,如苦楝、榔榆、桑树等。

(3) 其他河段。其他河段是指流经的区域周边没有城市(镇)、村庄的山区河段,如果能够满足行洪排涝等基本要求,应维持原有的河流形态和面貌;流经田间的其他河段,主要采取疏浚整治措施达到行洪排涝、供水灌溉的要求。这类河道应按照生态适用性原则,选用当地土生土长的植物进行河道堤(岸)防护,如枫杨、朴树、美丽胡枝子、狗牙根等。

3. 河道不同坡位的植物选择

从堤顶(岸顶)到常水位,土壤含水量呈现出逐渐递增的规律性变化。因此,应根据坡面土壤含水量变化,选择相应的植物种类。从设计洪水位到堤(岸)顶、常水位到设计洪水位、常水位以下,土壤水分逐渐增多,直至饱和。因此,选用的植物生态类型应依次为中生植物、湿生植物、水生植物。

(1) 常水位以下。常水位以下区域是植物发挥净化水体作用的重点区域。种植在常水位以下的植物不仅起到固岸护坡的作用,而且还充分发挥植物的水质净化作用。常水位以下土壤水分长期处于饱和状态。因此,应选用具有良好净化水体作用的水生植物和耐水耐湿的中生植物,如水松、菖蒲、苦草等。另外,通航河段,为了减缓船行波对岸坡的淘刷,可以选用容易形成屏障的植物,如菰、芦苇等。而对于有景观需求的河段,可以栽种观叶、观花植物,如黄菖蒲、水葱、窄叶泽泻等。

(2) 常水位至设计洪水位。常水位至设计洪水位区域是河岸水土保持、植物措施应用的重点区域。在汛期,常水位至设计洪水位的岸坡会遭受洪水的浸泡和水流冲刷；枯水期岸坡干旱，含水量低，山区河道尤其如此。此区域的植物应有固岸护坡和美化堤岸的作用。因此，应选择根系发达、抗冲性强的植物种类，如枫杨、细叶水团花、荻、假俭草等。对于有行洪要求的河道，设计洪水位以下应避免种植妨碍行洪的高大乔木。有挡墙的河岸，在挡墙附近区域不宜种植侧根粗壮的大乔木。

(3) 设计洪水位至堤(岸)顶。设计洪水位至堤(岸)顶区域是河道景观建设的主要区域，起着控制作用。此处土壤含水量相对较低，种植在该区域的植物在夏季可能会受到干旱的胁迫。因此，选用的植物应具有良好景观效果和一定的耐旱性，如樟树、栾树、枸骨、冬青等。

(4) 硬化堤(岸)坡的覆盖。在河道建设中，为了满足高标准防洪要求，或为了节约土地，或为了追求形象的壮观，或由于工程技术人员的知识所限，有些河段或岸坡进行了硬化处理。为减轻硬化处理对河道景观效果带来的负面影响，可以选用一些藤本植物对硬化的区域进行覆盖或隐蔽，以增加河岸的"柔性"。常用的藤本植物有云南黄馨、中华常春藤、紫藤、凌霄等。

(三) 河道生态建设植物种类推荐

根据植物种植试验结果，总结出在亚热带地区河道生态建设中可以选用的、适宜不同河道类型、不同坡位的植物种类，为各地河道生态建设植物的选择提供借鉴和参考。

1. 山丘区河道推荐植物

(1) 设计洪水位至堤(岸)顶的植物

乔木树种：枫香、湿地松、苦槠、构树、樟树、乌桕、女贞、黄檀、白杜、三角槭、蓝果树、鸡爪槭、油桐。

灌木树种：木芙蓉、木槿、杨梅、夹竹桃、紫穗槐、马棘、胡枝子、美丽胡枝子、牡荆、柚、柑橘、中华常青藤、凌霄、孝顺竹。

草本植物：狗牙根、高羊茅、黑麦草、假俭草、结缕草、中华结缕草、沿阶草、萱草、紫萼、铁线蕨。

(2) 常水位至设计洪水位的植物

乔木树种：枫杨、水杉、池杉、南川柳、银叶柳、构树、垂柳、乌桕、女贞、野桐、白杜、三角槭、水竹。

灌木树种：胡枝子、美丽胡枝子、水团花、细叶水团花、海州常山、小叶蚊母树、盐肤木、硕苞蔷薇、黄槐决明、山茱萸、白棠子树、木芙蓉、木槿、小蜡、野桐、马棘、牡荆、孝顺竹。

草本植物：狗牙根、假俭草、荻、芒、芦竹、斑茅、牛筋草、异型莎草、美人蕉。

（3）常水位以下的植物

常水位以下的植物包括：池杉、芦苇、芦竹、香蒲、水烛、菰、菖蒲、黄菖蒲、金鱼藻、黑藻、苦草、苲草。

山丘区河道常水位以下的岸坡常采用硬化处理，但也有一部分河道或河段采用复式断面，没有做硬化处理。这些河道和河段常水位以下还具有种植植物的条件。

（4）边滩和沙洲的植物

乔木树种：枫杨、水杉、池杉、南川柳、银叶柳。

灌木树种：水团花、细叶水团花、海州常山。

草本植物：芦苇、芦竹、五节芒、芒、斑茅、荻、蒲苇。

在不影响行洪或有足够的泄洪断面的前提下，为了改善河道生态环境，在边滩和沙洲可以种植一些耐水淹、抗冲刷的植物种类。

2. 平原区河道推荐植物

（1）常水位至堤（岸）顶的植物

乔木树种：水杉、池杉、垂柳、樟树、苦楝、朴树、榔榆、桑树、女贞、喜树、重阳木、合欢、棕榈、水竹、高节竹。

灌木树种：黄槐决明、枸骨、冬青、木芙蓉、南天竹、木槿、紫荆、紫薇、紫藤、小蜡、夹竹桃、牡荆、美丽胡枝子、中华常春藤、云南黄馨、孝顺竹。

草本植物：狗牙根、假俭草、黑麦草、芦苇、荻、斑茅、萱草、美人蕉、蒲苇、千屈菜。

（2）常水位以下的植物

乔木树种：池杉、水松、水紫树。

草本植物：水烛、芦苇、薏苡、菰、藤草、水葱、菖蒲、黄菖蒲、野灯心草、睡莲、荇菜、金鱼藻、石龙尾、苲草、眼子菜。

3. 沿海区河道推荐植物

沿海区河道形成的时间不同，其土壤含盐量也不同。刚刚围垦形成的河道土壤含盐量很高，通常在0.6%以上，有些河道甚至达到1%以上。针对河道含盐量的差异，分别针对以下三个梯度水平推荐相应的植物种类：

(1) 土壤含盐量在 0.3% 以下

第一，设计洪水位以上的植物。

乔木树种：木麻黄、旱柳、中山杉、墨西哥落羽杉、邓恩桉、女贞、白榆、白哺鸡竹。

灌木树种：海滨木槿、柽柳、海桐、夹竹桃、石榴、桑树、单叶蔓荆、厚叶石斑木、紫穗槐。

草本植物：紫花苜蓿、狗牙根、五叶地锦、匍匐剪股颖。

第二，常水位至设计洪水位的植物。

乔木树种：木麻黄、旱柳、中山杉、墨西哥落羽杉、邓恩桉、女贞。

灌木树种：海滨木槿、柽柳、夹竹桃、桑树、单叶蔓荆、紫穗槐、美丽胡枝子。

草本植物：狗牙根、紫花苜蓿、白茅、芦苇、芦竹。

第三，常水位以下的植物。

芦苇、芦竹、海三棱藨草等。

(2) 土壤含盐量 0.3%~0.6%

第一，设计洪水位以上的植物。

乔木树种：木麻黄、旱柳、弗栎、绒毛白蜡、洋白蜡。

灌木树种：柽柳、海滨木槿、南方碱蓬、夹竹桃、海桐、滨柃、蜡杨梅、秋茄、苦槛蓝。

草本植物：盐地碱蓬、狗牙根、紫花苜蓿、白茅。

第二，常水位至设计洪水位的植物。

乔木树种：木麻黄、旱柳、弗栎、绒毛白蜡、洋白蜡。

灌木树种：柽柳、海滨木槿、滨柃、蜡杨梅、秋茄、苦槛蓝、木芙蓉。

草本植物：盐地碱蓬、狗牙根、白茅、芦苇、芦竹。

第三，常水位以下的植物。

芦苇、芦竹、海三棱藨草等。

(3) 土壤含盐量 0.6% 以上

第一，设计洪水位以上的植物。

乔木树种：木麻黄、弗栎。

灌木树种：柽柳、海滨木槿、滨柃、秋茄。

草本植物：盐地碱蓬、狗牙根、白茅。

第二，常水位至设计洪水位的植物。

乔木树种：木麻黄、弗栎。

灌木树种：柽柳、海滨木槿、滨栾、秋茄。

草本植物：盐地碱蓬、狗牙根、白茅、芦苇、芦竹。

第三，常水位以下的植物。

芦苇、芦竹、海三棱藨草等。

二、生态河道群落的构建

河道植物群落作为河流生态系统的一个重要组成部分，具有重要的生态功能、美学功能和社会经济功能。只有健康稳定的植物群落才能使河道生态建设植物措施发挥出应有的生态效益、经济效益和社会效益。构建健康稳定的植物群落是河道生态建设植物措施应用的关键技术，包括植物种类配置、种植密度、岸坡修整与加固、种植方法等诸多方面的内容。

（一）河道植物种类配置

1. 配置原则

植物种类配置是河道植物群落设计的重要步骤。河道生态建设植物种类的配置必须遵循一定的原则，才能构建出健康稳定的群落，最大限度地发挥植物措施的作用。河道植物种类配置应以保证水利工程（设施）安全为前提，避免对原有水利工程（设施）的破坏。河道生态建设植物种类配置应坚持以下原则：

（1）乔灌草相结合原则。乔灌草相结合而形成的复层结构群落能充分利用草本植物速生、覆盖率高及灌木和乔木植株冠幅大、根系深的优点，增大群落总盖度，更好地发挥植物对降雨的截流作用，减少地表径流，减弱雨水对地面的直接溅击作用，同时增加了空间三维绿量，更有利于改善河道生态环境。

（2）物种共生相融原则。选用的植物应在空间和营养生态位上具有一定的差异性，避免种间激烈竞争，保证群落的稳定。在自然界中，有一些植物通过自身产生的次生代谢物质影响周围其他植物的生长和发育，表现为互利或者相互抑制。河道生态建设选用的植物种类应在河道植物群落中具有亲和力，既不会被群落中其他植物种类所抑制而不能正常生长，也不会因为其自身的过快生长而抑制其他植物种类的正常生长。

(3) 常绿树种与落叶树种混交原则。常绿树种与落叶树种混交可以形成明显的季相变化，避免冬季河道植物色彩单调，提高河道植被的景观质量。同时，林下光环境的季节变化有利于提高林下生物的多样性。

(4) 深根系植物和浅根系植物相结合原则。深根系植物种类和浅根系植物种类相结合形成立体的地下根系结构，不仅能有效地发挥植物固土护坡、防止水土流失的功能，而且还能提高土层营养的利用率。注意在堤防护坡上不应选用主根粗壮的植物，以避免植物根系生长过快或死亡对堤防安全运行造成不利影响。

(5) 阳性植物与阴性植物合理搭配原则。在群落的上层和边缘应配置阳性植物，下层和内部配置阴性植物。阴性植物与阳性植物的合理搭配，可以提高群落的光能利用效率，减少植物间的不良竞争。

(6) 固土护坡功能优先原则。植物合理配置的主要目的是满足固岸护堤、保持或增加河道岸坡稳定的基本要求。在注重发挥植物保持水土作用的同时，还要考虑植物配置的景观效果和为动物提供良好栖息地等生态功能。

(7) 经济实用性原则。减少河道工程建设投资是河道生态建设植物措施应用的主要优势之一。因此，在植物种类的配置上，应充分考虑各地经济的承受能力，尽量选用本地物种，节约工程建设投资和工程养护费用，力求植物配置方案经济实用。

2. 配置方法

植物种类配置应根据河道具体的立地条件、功能及生态建设要求来确定。植物配置应"师法天然"，仿照相同立地和气候类型条件下自然植被植物种类组成和空间结构进行配置。根据群落演替理论、生物多样性与生态系统功能理论，针对不同类型、不同功能河道选用适宜的植物种类进行群落配置。

(1) 河道常水位以下。该区域主要配置水生植物，也可以配置耐水淹的乔木树种，如池杉、水松等。水生植物分为挺水植物、浮叶植物、漂浮植物、沉水植物等类型。沿河道常水位线由河岸边向河内依次布置挺水植物、浮叶植物、沉水植物。由于河道水体的流动性，一般不配置漂浮植物。但对于相对封闭的河道、池塘和湖泊，水面上可以布置漂浮植物，起到丰富景观和净化水质的作用。在河道生态建设中，主要配置一些挺水植物。挺水植物根据植株的高度进行配置。沿常水位线由岸边向河内，挺水植物种类的高度应形成梯次，以形成良好的景观效果。挺水植物可采用块状或带状混交方式配置。

(2) 河道常水位至设计洪水位。该区域是河道水土保持的重点。应根据河道的立地条件和气候特点,确定构建的植物群落类型。立地条件较好的地段可采用乔灌草结合,土壤条件较差的地段采用灌草结合。接近常水位线的位置以耐水淹的湿生植物为主,上部以中生但能耐短时间水淹的植物为主。物种间应生态位互补、上下有层次、左右相连接、根系深浅相错落,并以多年生草本、灌木和中小型乔木树种为主。

(3) 河道设计洪水位至堤顶。该部位是河道水土保持、植物绿化的亮点,是河道景观营造的主要区域。配置的植物以中生植物为主,树种以当地能自然形成片林景观的树种为主,物种应丰富多彩,类型多样,适当增加常绿植物比例。

(4) 河滩和沙洲。在有足够行洪断面的前提下,河滩和沙洲植物配置以乔灌草结合为主。配置的植物种类应耐水淹、抗水冲、根系发达。若受河道行洪要求限制,应以种植灌草为主,确保不影响河道安全泄洪。

(二) 河道植物群落营造技术

1. 岸坡修整与加固

在采用植物措施进行河道岸(堤)坡防护前,应对河道岸(堤)坡进行必要的修整,清除坡面上的碎石及杂物。应对建设范围内的一些本地野生草本植物和树木进行保护。对长势强健且生长密集的植物予以保留,对于分布零散的病、弱植株进行清除。对有害植物,如加拿大一枝黄花、葎草等,必须彻底清除。

河道岸(堤)坡修整要顺应周围地形和环境,要顺势而为、力求自然化,不要大面积翻动坡面土壤,以减少坡面水土流失和岸(堤)坡的不稳定性。

如果河道岸(堤)坡较陡,应把坡度适当放缓,以满足岸(堤)坡整体稳定的要求。若岸(堤)坡土层较薄或砂砾石较多,应考虑适当添加客土以实现整体覆盖,以保证植物的成活和正常生长。但在堤防上种植植物,必须注意堤防的安全与堤身的稳定,尤其是植物刚刚种植后的1~2年内,必须加强汛期堤防的安全观测和植物生长状况观测,避免产生大面积滑坡坍塌等危及堤防安全的现象。

河道岸(堤)坡整体稳定是采用植物措施进行岸(堤)坡防护的前提条件。因此,对于河道岸(堤)坡较陡的河段或河道转弯的凹岸处,应对坡脚采用木桩、干砌石、生态混凝土等工程措施进行防护。

2. 岸坡土壤要求

河道岸(堤)坡种植土应疏松、不含建筑垃圾和生活垃圾等杂物。土壤种植层须与地下层连接,无水泥板、石层等隔断层,以保持土壤毛细管、液体、气体的上下贯通,利于植物正常生长。草本植物要求土深15 cm土层范围内大于1 cm的杂物石块少于3%;树木要求土深50 cm土层范围内大于3 cm的杂物石块少于5%。若发现土质不符合要求,需要引进适量客土进行更换。换土后应充分压实,以免因沉降产生坑洼,影响岸(堤)坡的稳定和引起植物倒伏。

3. 苗木要求

(1) 苗木规格。为节省河道建设投资,提高植物成活率,除对景观有特殊要求的河道或河段外,苗木规格不宜太大。乔木树种胸径一般控制在4 cm左右为宜。灌木规格视种类而定,基径一般在2 cm左右为宜。有条件的地方,可采用地径2~4 cm的容器苗。沿海区河道由于土壤含盐量高,为了提高植物的成活率,苗木规格还应更小。陆生草本植物一般用种子直播。水生草本植物规格视种类而定,如芦竹5~7芽/丛、黄菖蒲2~3芽/丛、水葱15~20芽/丛等。

(2) 苗木起运。原则上起苗要在苗木的休眠期。落叶树种从秋季开始到翌年春季都可进行起苗;常绿树种除上述时间外,也可在雨季起苗。春季起苗宜早,要在苗木开始萌动之前起苗,若在芽苞开放后起苗,会大大降低苗木的成活率;秋季起苗在苗木枝叶停止生长后进行,这时根系继续生长,起苗后若能及时栽植,翌春树苗能较早开始生长。

起苗时应尽量减少伤根,远起远挖,苗木主侧根长度至少保持20 cm。由于冬春干旱,圃地土壤容易板结,起苗比较困难。因此,起苗前4~5天,圃地要浇水,这样既便于起苗,又能保证苗木根系完整,不伤根,还可使苗木充分吸水,提高苗体的含水量。起苗时,根部要带土球,土球直径为地径的6~12倍,避免根部暴露在空气中,失去水分。裸根苗要随起随假植,珍贵树种还可用草绳缠裹,以防土球散落,影响成活率;需长途运输的苗木,苗根要蘸泥浆,并用塑料布或湿草袋套好后再运输。运输要遵循"随挖随运"的原则。运输时带土球的苗木应土球朝前,树梢向后,并用木架将树冠架稳。当日不能种植的苗木,应及时假植,对带土球苗木应适当喷水以保持土球湿润。

4. 种植方法

乔木、灌木和水生草本植物一般采用植苗,其他草本植物一般采用种子撒播。在这里重点论述树木的种植方法。

(1) 种植穴挖掘。根据施工设计图挖乔木、灌木的种植穴。种植穴的大小和深度依据苗木规格而定,应略深于苗木根系。一般乔木树种种植穴宽度和深度不小于 60 cm×60 cm×50 cm,灌木或小乔木树种不小于 40 cm×40 cm×30 cm。土质较差的河岸,应加大种植穴的规格,并清理出砾石等不利于植物生长的杂物。

(2) 栽植修剪。对拟种乔灌木根系应剪除劈裂根、病虫根、过长根。种植前对乔木的树冠应根据不同种类、不同季节适量修剪,一般为疏枝、短截、摘叶,总体应保持地上部分和地下部分水分代谢平衡。对灌木的蓬冠修剪以短截为主。较大的剪、锯伤口,应涂抹防腐剂。

(3) 苗木栽植。苗木种植的平面位置和高度必须符合设计规定,树身上下应垂直,根系要舒展,深浅要适当。种植深度要求包括:①乔木与灌木裸根苗应与原根茎土痕齐平;②带土球苗木的土球顶部应略高出原土;③填土一半后提苗踩实,再填土踩实;④覆上虚土。为了防止较大苗木被风吹倒,应立支柱支撑。苗木栽好后,第一次的浇水量要充足,使土壤与根系能紧密结合,浇水后若发现树苗有歪倒现象,应及时扶直。

对于沿海区河道,由于土壤含盐量高,在选择耐盐植物的同时,应采用辅助措施提高植物成活率。可在种植穴底,铺设 10 cm 左右的稻草、木屑、煤渣等盐隔离层,也可在种植穴内将少量的酸性化学肥料和较大量的有机物质(如砻糠、泥炭、木屑、腐叶土及有机垃圾)与原土混合,这有利于改善树木根部生长环境,提高树木的抗盐性。当河道岸坡土壤含盐量较高,不适宜种植灌木和乔木植物时,可先种植草本植物改良土壤,以后再种植树木。

(4) 栽植时间。落叶树种的栽植一般应在春季发芽前或在秋季落叶后进行;常绿树种的栽植应在春季发芽前或在秋季新梢停止生长后进行。

第三节　河道植物的管理与养护技术研究

一、河道植物的栽后管理关键技术

随着我国生态环境保护意识的不断增强和对河道生态建设的日益重视，采用植物措施进行河道护岸护坡也越来越多地被各地广泛应用。由于一些河道建设工程，特别是某些重点工程，往往要求在较短的时间内呈现较好的生态景观效果，这就需要对植物进行选择、移栽和种植，同时也要注重新移栽苗木的初期管理与养护。苗木移栽后的根系与移栽前相比损伤较大，再生能力较差，若养护不当容易导致苗木生长较差，严重的可直接死亡。因此，苗木移栽后的管护是否到位关系着植物措施在河道生态建设应用中的成败。

（一）水分保持技术

已经移植或经过断根处理的苗木，在移植过程中，根系会受到较大的损伤，吸水能力大大降低，导致树体常常因供水不足、水分代谢失去平衡而枯萎，甚至死亡。因此，保持树体水分代谢平衡是移栽苗木养护管理和提高移植成活率的关键。

包干技术就是用草绳、蒲包、苔藓等保湿、保温材料严密包裹树干。该技术大多用于乔木树种，也用于一些枝干较大的灌木。包干处理的优点包括：①避免强光直射和干风吹袭，减少树干、树枝的水分蒸发；②储存一定量的水分，使枝干保持湿润；③调节枝干温度，减少高温或低温对枝干的伤害。目前，有些地方采用塑料薄膜包干，此法在树体休眠阶段效果较好，但在树体萌芽前应及时拆掉，因为塑料薄膜透气性能差，不利于枝干的呼吸，尤其是高温季节，往往会因内部散热难而灼伤枝干、嫩芽或隐芽，对树体造成伤害。

在植物种植初期，若突遇高温、暴晒天气，为缓解因植物体内水分大量蒸发而影响代谢平衡，可以对植物个体采取适当的遮阳避晒措施。通常不提倡使用，但是一些名贵珍稀植物、观赏树种等，可以搭简易遮阳棚以降低温度，减少植物体内的水分蒸发。

另外，移栽初期，苗木根系吸水能力一般较差，为了避免植物地上部分，特别是叶面，因蒸腾作用而使体内过度失水，影响体内水分代谢平衡，在条件允许的情况下可及时对苗木进行喷水。通常，喷水要求细而均匀，喷洒植物体地上各个部位，在保持体内代谢平衡的前提下提高根系的吸水能力。

（二）促发新根技术

移栽后根系的生长情况决定移栽苗木的成活率及后期长势，因而有必要采取各种措施促进新根的生长。

1. 控制水分

新移植苗木的根系吸水功能减弱，对土壤水分需求量较小，因此要控制土壤湿润程度。若土壤含水量过大，会影响土壤的透气性能，抑制根系的呼吸，不利于植物发根，严重时会导致树木因烂根而死亡。所以应严格控制土壤浇水量，移植时第一次浇水要充分，以后应视天气情况、土壤质地，谨慎浇水，同时还要慎防喷水时过多水滴进入根系区域。另外，要防止种植穴积水。种植时留下的浇水穴，在第一次浇水后应填平或略高于周围地面，以防下雨或浇水时积水。

2. 保护新芽

新芽萌发，对根系具有刺激作用，能促进根系的萌发。因此，应注意保护移植后树体所萌发的新芽，让其抽枝发叶，待树体成活后再行修剪整形，对于没有景观要求的河道一般不对植物进行修剪整形；同时应加强喷水、遮阳、防治病虫等养护工作，保证嫩芽与嫩梢的正常生长。

3. 土壤通气

保持土壤良好的透气性，有利于新根萌发。有条件的地方要做好松土工作，以防土壤板结。一般在河道迎水岸坡不提倡松土，尤其是在汛期，不能实施松土工作，避免岸坡水土流失。另外，土壤离子浓度的高低也会影响新根的生长。例如，对于盐度较高的区域，除了选择耐盐性较高的植物种类外，可采取一定辅助措施，如带大土球、补充客土、增加隔盐层等，维持根系与土壤离子浓度的平衡，保证新根发育。增加隔盐层是指在种植穴底部覆盖炉灰渣、砻糠、锯末、稻草等，通常炉灰渣以 20 cm 以上为宜，锯末或树皮以10 cm、稻糠以 5 cm 为宜,在使用隔盐层时要注意用土层把根系与隔盐层分开,以防烧坏根系。

(三) 树体保护技术

新移植苗木,抗性较弱,一般易受自然灾害、病虫害、人为活动和畜禽的危害,因此需要采用有效技术措施对树体外部器官进行合理的保护。

1. 植株固定支撑技术

苗木移植初期,根系扎入土层较浅,植株稳固效果较差,如山丘区河道,其坡面土层一般较薄,植物根部埋深有限,植株容易失稳倒伏;沿海区河道风力较大,往往会造成新移栽植株失稳倒伏。因此,苗木种植后,在条件允许的情况下,应采用适当的固定支撑技术对植物进行支撑固定,以防倾倒。通常采用细竹竿或其他木棍,利用正三角桩的方式将植株加固稳定,支撑点以树体高度的 2/3 处为好,并加垫植株保护层,以防伤皮。对种植密度较高的乔木,也可采用细竹竿或其他木棍简易平行加固。

2. 植物枝干防冻技术

新植苗木的枝梢、根系萌发迟,年生长周期短,积累的养分少,因而组织不充实,往往易受低温危害。对于一些特别容易受到冻害影响的植物,如杨梅、重阳木等,应采用适宜措施做好防冻保温工作。主要措施包括:①对植物根系可采取增加适量地表覆土,或利用植物凋落物进行地面覆盖;②对枝干可采用白石灰涂刷进行防冻保护。这些措施的实施时间,一般应在入冬寒潮来临之前。

此外,在畜禽容易破坏的区域,应在河道植物外围设置竹篱等进行隔离保护;在人类活动比较集中的区域,植株枝条、树干等易遭到干扰,可在外围密集种植小灌木,形成绿色隔离带;同时,还应设置警示牌,做好宣传、教育工作,形成人与自然和谐相处的良好氛围。

二、河道植物的日常管理维护技术

(一) 病虫害防治技术

河道植物在生长发育过程中,容易遭受各种病虫害,轻者造成生长不良,失去固土护坡作用和观赏价值,重者植株死亡,造成经济损失和岸坡水土流失。因此,防治病虫害,要以预防为主,有效保护河道植物,使其减轻或免遭各种病虫害威胁。

1. 植物受病虫害影响的主要症状及识别

多数植物都会遭受病虫害的影响,这些病虫害种类繁多,会在植物上留下明显的症状,因此可以根据症状来大致判断病虫害的种类,从而有针对性地采取防治措施。植物受病虫害影响的常见症状如下:

(1) 缺刻和穿孔。大部分食叶害虫食害植物的叶子后,会留下食害的痕迹。根据食害方式的不同,痕迹也不同,主要包括:①害虫采用啃食方式为害,留下的痕迹形成穿孔,如蓑蛾类、叶甲类、蝗虫类、蜗牛等;②害虫采用蚕食方式为害,为害后会在叶片上产生缺刻,如刺蛾、天蛾、尺蛾等大多数鳞翅目害虫的幼虫、叶蜂类等。部分病原菌危害叶片也可形成穿孔,但病健交界处有明显痕迹。

(2) 虫粪和排泄物。害虫取食后必然会排出虫粪或排泄物,不同害虫的排泄物是不同的。食叶害虫取食后会排出粪便,蛾类、蝶类等鳞翅目害虫的粪便是粒状的,而且根据粪粒的大小,可以判别虫体的大小;叶甲、蜗牛的粪便是条状的。蛀干害虫的粪便形状各有特点,天牛是木粉状或木丝状,木蠹蛾是堆粒状,蝙蝠蛾呈粪包状,白蚁可筑成条状或片状的泥被。刺吸式害虫的排泄物因种类的不同而异,蚧虫、蚜虫、粉虱、木虱等能排出大量无色透明的液体,而网蝽、蓟马等能在叶背面排出褐色块状的排泄物。

(3) 斑点。刺吸式害虫抽吸树液后,破坏了植物的营养生理,并在寄主植物的叶片上出现斑点。不同种类的刺吸式害虫能形成不同的斑点,如蚧虫为害后,由于它长期定位吸汁,会产生黄色或红色的斑块;叶螨为害后,叶片上会出现成片的红褐色或黄白色的小斑点;网蝽、蓟马为害后,叶片上会出现黄色或白色的点状斑;叶蝉为害后,叶面会出现黄白色的不规则小斑。

(4) 卷叶。有些害虫为害以后会使叶片产生卷曲现象,如刺榆卷叶蚜、海棠卷叶蚜、海桐蚜等;而有的害虫有卷叶为害的习性,如棉大卷叶螟、金钟卷叶蛾能把叶片卷成松散筒形;蔷薇卷叶象、沙朴卷叶象能把叶片卷成实心筒形等。

(5) 缀叶。有些种类害虫有缀叶为害的习性。常见缀叶为害的害虫有樟丛螟和枫香丛螟,这类害虫常几条或几十条群集为害,并能吐丝缀叶,所以从外观上可见嫩枝和叶片结织成虫巢。

(6) 虫瘿和伪虫瘿。有些刺吸式害虫为害后,可刺激植物组织形成虫瘿或伪虫瘿。如秋四脉绵蚜、榉四脉绵蚜、杭州新胸蚜等害虫为害后,会出现囊状虫瘿;蔷薇瘿蜂、紫楠瘿蜂等为害后,会出现球状虫瘿;朴树朴盾木虱为害后会形成管状伪虫瘿;柳刺皮瘿螨为害后会出现成丛的不规则虫瘿。

(7) 潜痕。有些害虫有潜叶为害的习性,由于它们潜入叶肉食害,会使叶片上出现不同形状的潜痕。能潜叶为害的害虫有潜叶蛾,如柑橘潜叶蛾、樟潜叶细蛾;潜叶蝇,如蔷薇潜叶蝇、菊潜叶蝇;潜叶甲,如女贞潜叶跳甲、枸杞潜叶甲。

(8) 枯梢。有些害虫或病原菌为害河道植物后会引起植物梢部营养输导功能丧失,造成枯梢。如蔷薇茎蜂产卵后能使蔷薇、月季的嫩枝弯曲枯萎;紫薇切梢象为害后能切断紫薇嫩梢造成枯梢;桃食心虫、松切梢小蠹蛀食后会使桃梢、松梢枯死,导致落叶松枯梢病、茶树枯梢病等引起梢部枯死。

(9) 落叶和整株枯死。天牛、白蚁、蝙蝠蛾、松干蚧等蛀干害虫为害后,植株的输导功能被严重破坏,使生长势头减弱,所以造成植株叶子变小、早落,产生枯枝或全株枯死。

(10) 病害。蚜虫、蚧虫、木虱等刺吸式害虫的排泄物中含有大量碳水化合物,这是烟煤病生活的良好基质,所以这些害虫为害后可诱发烟煤病。另外,盾蚧的寄生可诱发膏药病,瘿螨的为害能形成毛毡病。

2. 化学药剂的选择

河道植物生长在水边,有的靠近村庄、道路和居民区,而农药的使用容易造成水体和空气污染,应尽量根据不同病虫的危害特点,选择和使用高效低毒新型化学药剂及生物农药,如吡虫啉、灭幼脲、阿维菌素、白僵菌、绿僵菌、苦参碱、印楝素、烟碱、鱼藤酮、菊酯类农药等,减少对环境的污染和对人体健康的危害。同时可通过药剂使用方法的改进增强药效,减少农药的使用量,减少对生态环境的污染。对饮用水水源保护区的河道植物,禁止使用有毒杀虫化学药剂。

3. 化学药剂安全使用技术

用农药控制河道植物病虫害应尽量做到用药量要少,施药质量要高,防治效果要好,不发生药害,对有害生物不产生抗药性,对人畜、天敌及水生动

第五章 生态河道建设的植物措施

物安全无害等,所以应遵循以下原则:

(1) 对症下药。根据不同的防治对象、不同的时期选用适宜的农药品种、剂型和合适的浓度进行施药,这样才能收到良好的效果。否则,不但效果差,还会浪费农药,延误防治时机,甚至对农作物造成药害。例如,防治树木上的红蜘蛛,应在冬季清理落叶前喷洒 0.8°~1°的波美度石硫合剂,降低越冬虫口基数。春梢和秋梢抽生后若发现害虫为害,则可用 40%水胺硫磷稀释 1 000~2 000 倍喷雾。

随着科学技术的发展,农药的新品种、新剂型不断出现,要合理使用农药,还必须了解所使用农药的性能及使用方法,以便根据不同的防治对象,选用不同的农药。

(2) 适时用药。必须根据病虫情的调查和预测预报,抓住有利时机,适时用药,这样才能发挥农药应有的效果。最好在幼(若)虫期用药,此时害虫的抗药力较弱,又未造成大的危害。如防治食心虫等蛀食性害虫,应在幼虫蛀入芽或枝条之前喷施药液,若已蛀入芽或枝条再防治,则防治效果较差。

(3) 适量配药。任何种类的农药均须随着防治对象、生育期和施药方法的不同按说明书上的推荐用量使用,不得任意增减。超过所需的用药量、浓度和次数,不仅会造成浪费,还容易产生药害,以致引起人畜中毒,加快抗药性的产生,过多杀伤害虫的天敌和加重对环境、农副产品的污染等。如果低于防治所需的用药量、浓度和次数,就达不到预期效果。因此,配药要适量,切不可随意增减。

(4) 合理混用,交替用药。长期单一使用某一种或某类农药,易使害虫或病菌产生抗药性。合理混用农药不仅能兼治多种病虫害,省药省工,还可防止或减缓害虫或病菌产生抗药性。如将克螨特、双甲脒等杀螨剂分别与杀灭菊酯、溴氰菊酯等拟除虫菊酯类农药混用,可有效地杀灭红蜘蛛和多种树木上的有害昆虫。在树木的整个生长季节,即使防治同一种病或虫,也不宜只用同一种农药,而应几种农药交替使用,以提高防治效果,减缓病虫产生抗药性的速度。如拟除虫菊酯类农药,在一个生长季节只能用 1~2 次,如使用次数过多则会加速害虫产生抗药性。

(5) 注意安全。操作人员在配药、喷药时必须做好个人防护,防止农药污染皮肤,在中午高温时,不要喷毒性高的农药,连续喷药时间不能过长。在操作现场要保管好药液,防止人畜误食中毒。凡使用农药之前,必须阅读有关说明,了解使用剂量、使用浓度以及有关注意事项,确保安全,减少或避免药

143

害。各种农药在施用后分解速度不同,为保证城市居民安全,残留时间长的品种应及时隔离并设置警示标志,此外还要注意防止污染附近水源、土壤等。

(二) 整形与修剪技术

整形修剪可以调节和控制植物的生长、开花和结果,缓解生长与衰老更新之间的矛盾,调整叶片养分的关系,使增高生长与增粗生长保持一定比例,同时可以塑造河道植物树形,达到景观优美效果。整形修剪适宜于景观河道和对景观要求较高的河段,例如城镇河段、居民住宅区河段、公园河段等。整形修剪一般针对种植在坡顶上的植物,这些区域与人们距离较近,特别是坡顶为道路或人行道时,需要更加注意植物形态。需要整形的植物主要是一些灌木植物,如红叶石楠、小叶黄杨等,而需要修剪的植物则大多为高大乔木,如泡桐。坡面植物一般不需要进行人工整形修剪。

1. 整形修剪原则

整形修剪可以调节树势,保持合理的树冠结构,形成优美的树姿,塑造特色景观。整形修剪应遵循以下原则:

(1) 树冠与树体比例适宜原则。为使观赏植物达到理想的效果,在整形修剪过程中,应遵循适宜的比例与尺度。树干与树冠的比例,一般控制在树冠高占全树的 $1/2 \sim 2/3$。

冠宽与树体高的比例不同,所产生的景观效果也存在显著差别。当宽:高为1:1时,给人以端正感;当宽:高为1:1.414时,给人以豪华感;当宽:高为1:1.732时,给人以轻快感;当宽:高为1:2时,给人以俊俏感;当宽:高为1:2.36时,给人以向上感。

(2) 主、侧枝适宜控制原则。在整形修剪时,应根据主、侧枝间的生长特点,以及树龄、树种的特性,做到整形修剪与植物的分枝规律相统一,使主侧枝分布协调。

第一,主轴分枝的植物,为使主枝间的长势平衡且保持树冠均匀,应采用"强主枝重剪,弱主枝轻剪"的原则,促使形成高大通直的树冠。若要调节侧枝的生长势,则采取"强主枝轻剪,弱主枝重剪"的原则。

第二,合轴分枝的植物,如紫薇,应采用"摘除顶端优势"的方法,把一年生顶枝短截。剪口下要留壮芽,去掉 $3 \sim 4$ 个侧芽,保证壮芽生长良好。这种修剪方法可扩大树冠,增加花枝数量,促进植株内外开花。但幼树期应以培养中心枝为主,合理选择和安排侧枝,达到骨干枝明显的效果。

第三,假二叉分枝的植物,多为木樨科、石竹科植物。该类植物枝端顶芽自然枯死或被抑制,造成侧枝的优势,主干不明显,因此容易形成网状的分枝形式。应除去部分芽,保留壮芽,以培养高的树干。

第四,多歧分枝的植物,如夹竹桃,由于顶芽生长不充实,整形修剪应采用"扶芽法",重新培养中心主枝。此类植物的花芽数量与其着生角度有关,角度适中时,开花多,结果多。对成型乔木树种,应主要修除徒长枝、病虫枝、交叉枝、并生枝、下垂枝、残枝以及根部萌蘖枝等。对衰老树木可采取重度修剪,以恢复其树势。

(3)顶端优势原则。根据植物的顶端优势,控制树形,以促进开花。如针叶树种,顶端优势强,可对主枝附近的竞争枝进行短截,控制其生长,保证中心枝的顶端优势。阔叶树种一般顶端优势弱,树冠呈圆球状,一般通过短截、回缩和束枝来调整主、侧枝的关系,促进花木生长,使整体树形良好。然而,阔叶树种的幼树顶端优势强于老树,所以幼树应轻剪,使之快速成型;老树应重剪,使其萌发新枝,增强树势。

(4)树木生长发育期原则。整形修剪可调节植物生长发育的关系,使养分供应到所需的部位。由于植物的用途不同,其整形修剪的目的和方式也不同,如河岸植物为行道树的,要不同于花果植物,而常绿植物则又有所差异。

第一,行道树类。幼年期应以快生长、高树干、促进旺长为目的;成形后,保证骨干枝的增高生长,重剪可促进生长。

第二,花果树类。幼树时要防早衰,重视夏季修剪,以轻剪为主;成形后,扩大树冠的同时又要保证开花,还要培育各级骨干枝,维持树体平衡,应严格控制徒长枝、竞争枝和扰乱枝;成年后,应培养永久性枝组,并留足预备枝,使成年枝和预备枝交替开花,增加观赏价值;对于老、衰树,应在促进根系生长的基础上剪干更新。剪梢、摘心可使枝条的伸长得到抑制,促使营养向中短枝运输,达到开花多的目的。

第三,常绿树类。各个季节的修剪应遵循一定的规律,修剪的强度也应有所不同。一般原则是:轻剪则剪去枝条的1/4;中剪则剪去枝条的1/2;重剪要剪去枝条的3/4。在树木旺盛生长以前要重剪,进入旺盛生长期后依据树形需要适当修剪。

2. 整形修剪方式

整形修剪的方式主要有人工式、自然式和人工混合式两种类型。

（1）人工式的整形修剪。人工式的整形修剪一般是按照景观园林的具体要求，将树冠剪成各种特定的形态，如多层式、螺旋式、圆球式、半圆式或倒圆式、悬垂式、U形、扇形、叉形等，以达到美观的效果。

（2）自然式和人工混合式。自然式和人工混合式是指在树冠自然生长的基础上，进行适当的人工塑造，如杯状、头状和丛生状等。

3. 整形修剪类型

不同的修剪、整形措施会带来不同的效果，因此不同植物种类要根据其修剪整形的要求采取不同类型，乔木类植物的整形修剪不同于灌木类和藤本类植物的整形修剪。

（1）乔木类。乔木类主要有剪枝和截干。剪枝包括疏剪和剪截。疏剪是对树上的枯枝、病虫枝、交叉枝、过密枝从基部全部剪掉，以改善冠内通风透光条件，避免或减少内膛枝产生光脚现象。疏剪时，切口处必须靠节，剪口应在剪口芽的反侧，呈45°倾斜，剪口应平整，如果簇生枝与轮生枝需要全部去掉的，应分次进行，以免伤口过多，影响树木生长。剪截主要对枝条先端的一部分枝梢进行处理，促发侧枝，并防止枝条徒长。生长期一般轻剪，休眠期一般重剪。截干是对茎或比较粗大的主枝、骨干枝进行截断，这种方法有促使树木更新复壮的作用。为缩小伤口，应自分枝点上部斜向下锯，保留分枝点下部的凸起部分，这样伤口最小，且易愈合。为防止伤口因水分蒸发或病虫害侵入而腐烂，应在伤口处涂保护剂，或用蜡封闭伤口，或包扎塑料布等加以保护，以促进愈合。

（2）灌木类。为了充分体现灌木类的观赏价值，根据各灌木种类的不同花期，进行相应的整形修剪。

春季开花，花芽（或混合芽）着生在二年生枝条上的花灌木，如碧桃、迎春花等是在前一年的夏季高温时进行花芽分化，经过低温阶段后于翌年春季开花，因此应在花残后、叶芽开始膨大且尚未萌发时进行修剪。修剪的部位依植物种类及花芽（或混合芽）的不同而有所不同。碧桃、迎春花等可在开花枝条基部留2~4个饱满芽进行短截。

夏秋季开花，花芽（或混合芽）普遍生长在当年生枝条上的花灌木中，应在休眠期进行重剪,仅留二年生枝条基部 2~3 个饱满芽,其余全部剪除,促使其多发枝、发壮枝。

花芽(或混合芽)着生在多年生枝上的花灌木,如紫荆。对于这类灌木中进入开花年龄的植株,修剪应较小,在早春可将枝条先端枯干部分剪除,在生长季节为防止当年生枝条过旺而影响花芽分化,可进行摘心,使营养集中于多年生枝干上。

花芽(或混合芽)着生在开花短枝上的花灌木,如西府海棠等。这类灌木早期生长势较强,当植株进入开花年龄时,多数枝条形成开花短枝,而且连年开花。这类灌木一般不进行大修剪,可在花后剪除残花;夏季生长旺时适当摘心,抑制其生长,并对过多的直立枝、徒长枝进行疏剪。

一年多次抽梢、多次开花的花灌木,如月季,可于休眠期对当年生枝条进行短截或回缩强枝,同时剪除交叉枝、病虫枝、并生枝、弱枝及内膛过密枝。寒冷地区可进行强剪,必要时进行埋土防寒。生长期可多次修剪,也就是花后在新梢饱满芽处短截(通常在花梗下方第 2 芽至第 3 芽处),剪口芽很快萌发抽梢,形成花芽开花,花谢后再剪。

观赏枝条及绿叶的灌木,应在冬季或早春进行重剪,以后轻剪,促使其多萌发枝叶。耐寒的观枝植物,可在早春修剪,以便冬枝充分发挥观赏作用。

(3) 藤本类。其整形修剪主要由生长发育习性决定,主要类型有棚架式、凉廊式、篱垣式、附壁式和直立式,目前用于河道藤本植物的主要为附壁式和直立式。

第一,附壁式。只要将藤蔓引于壁面即可自行靠吸盘或吸附根而逐渐布满壁面,常见的植物有扶芳藤、常春藤等。修剪时应注意使壁面基部全部覆盖,各蔓枝在壁面上分布均匀,避免互相重叠交错。此方式修剪整形最容易出现的问题就是基部空虚,不能维持基部枝条长期茂密。对此,应采取轻、重修剪以及曲枝诱引等综合措施加以纠正。

第二,直立式。对于一些茎蔓粗壮的种类,如紫藤等,可以修剪整形成直立式。

(三) 其他管护技术

利用植物措施进行河道生态建设,尽管河道两岸土壤水分较充足,坡位较高处土壤含水量仍然较高,但在某些区域,特别是设计洪水位以上至坡顶,土壤的含水量则相对较低。因此,在某些特殊情况,如长期干旱导致植物落叶、枯萎时,则需要对植物进行适当浇水。水分是植物的基本组成部分,它能维持细胞膨胀使枝条伸直,叶片展开,花朵丰满、挺立、鲜艳,并使植物充分发挥固土护坡作用和观赏美化效果。当土壤含水量不足,地上部分植物停止生长,土壤含水量低于7%时,根系将停止生长,且因土壤离子浓度增加,根系发生外渗现象,会引起根系失水而死亡。植物在不同的生长期内,对水分的需求量也不同,早春植株萌发前需水量不多;枝叶盛长期,需水较多;花芽分化期及开花期,需水较多;结实期需水量较多。

另外,对于某些河道植物,尤其是引种的树种,难以适应严寒冬季和熬过早春树木萌发后的晚霜期,往往因冻害使植株枯萎死亡。为防止冻害发生,可通过加强栽培管理,增强树木抗寒能力,保护树干、根茎和根系。

第四节 植物造景在生态河道中的艺术表现手法

植物造景,就是在园林设计和建筑环境设计的过程中,运用乔木、灌木、地被,结合设计中的小品、设施来进行空间的组合与营造,达到和谐的景观艺术效果,或者直接通过植物自身自然状态的组合,加上艺术性的修饰,来体现其自身美感的植物景观。植物景观的作用不但可以美化环境,还可以绿化环境,植物造景理念的提出对生态园林建设、环境可持续发展、生物多样性保护等诸多方面也具有重要的现实意义。

一、植物造景在生态河道建设中的功能

(一) 防止水土流失

在河道设计时,常会出现需要控制水土流失和防洪的时候。最好的办法就是通过加固绿化,来保证土壤的坚固。植物的根部位于地表,可以加固土壤,过滤地表径流中的杂物,同时植物的茎和叶可以延缓地表的径流速度,从而减少水土流失,防止河道的坍塌。河道景观生态恢复过程中需要对河堤进行加固和绿化,可以通过工程措施提高堤防的防洪能力,同时通过自然湿地来恢复河流生态系统,也能间接提高堤防的抗洪能力。

（二）美化河道景观

通过河道整治和河堤绿化，改变两岸"脏、乱、差"的现状，建设生态湿地，恢复河流自然景观，提高河流生态系统的自我调节能力，营造环境优良、自然景色优美的生态河堤。

（三）提高河流水质

通过对两岸固体废物的清理和生活污水的截留，营造河流蜿蜒变化的自然形态，丰富河流的生物多样性，通过自然演替增强水体自净力，改善河流水质，恢复河流生态功能，创造优美的水生态环境。

（四）提升综合效益

通过对河岸滩涂生态修复规划和河堤建设，防止水土流失，提高其抵御洪水、水体自净的能力，保证入库段水质清洁安全。同时，结合滨水旅游开发，打造田园风光带，增加综合效益。

二、植物造景在生态河道设计中的原则

"植物造景是风景园林设计中的关键环节，对推动园林发展和建设具有重要作用。"[1]植物造景在历代园林建设中都备受重视，不仅有着艺术审美作用，还起到了环保的效果。植物造景是景观设计环节不可缺少的一部分，在生态河道中，植物造景起到了独特的作用。植物造景应遵循以下原则：

（一）科学性与艺术性相统一的原则

植物是需要相对的环境来维持其正常生长的生命机体，每种植物都对自己的生存环境有着特殊的要求。在生态河道的营建中，需要充分考虑植物所需的生活环境与生长特性。充分考虑植物的生存环境的需求，有利于保证植物景观的稳定持久。然而完美的植物景观要在考虑到科学性的同时还能够做到与美学艺术相统一的原则。既要满足生存的必要条件，又要通过艺术的设计手法，营造出具有美感的植物群落。满足可持续发展观的同时，体现出

---

[1] 黄智杰.植物造景在风景园林设计中的应用[J].特种经济动植物，2023，26(1)：153-155.

自身的艺术价值。

(二) 尊重自然的原则

在大多数植物设计中设计者都会尽可能地保持原有植物环境,中国传统园林设计中讲究"虽由人作,宛自天开"的艺术境界,也是对自然环境的追求与向往。

(三) 以乡土植物为主的原则

我国地域广阔,植物品种丰富多样,植物之间的品种差距也比较大。以乡土植物为主的原则是设计时需要考虑的首要原则。根据当地的环境来选择植物的种类,可以提高成活率,能更方便地去维护植物的生长。

(四) 满足功能需求的原则

功能性原则指的是在河道植物景观的生态设计时要充分考虑设计的目的和效用,必须能够满足某些功能。然而河道的功能有很多,如河道可以用于交通运输,可以防洪、供水、灌溉,在满足这些最基本的功能的同时也要满足其景观功能。植物景观既可以满足河道的景观功能,同时也可以防洪、防涝、防止土地的沙漠化。

(五) 人性化原则

人与水的亲密关系决定了城市河道植物设计遵循以人为本的原则,在河道的生态设计中要从多方面去考虑人的需要,需要从不同的年龄、不同的职业分析其所需要的空间。

三、河道植物造景的艺术手法

(一) 河道点状独立式植物造景

在河道点状独立式植物景观的营造过程中,体现点固有的"引力场",即其向心性与辐射性至关重要。点固有的"引力场"主要反映在视觉上,表现为对视线的聚焦与集中。水体的景观有近景和远景之分。水面较为开阔的时候,相对于水面来说,体量相对较小的植物景观为点状景观。而对此类植物景观,要注意从多个角度来观赏,可以从远近的观赏距离来定义,比如从对岸的视角来观赏时可形成对景,此时人的视线和水面会形成一个垂直的角度,形成一定的视距。相对于广阔的水面来说,对面精心配置的植物会成视觉的焦点,形成点状植物造景的效果。

(二)河道线状植物造景

线可以看作是点的集,线状空间也可以分解为若干点状空间。相对来说,形成点的集最为重要的是点与点之间的呼应关系,让彼此连成一个整体。滨水景观形成线状空间,在河岸两侧的植物搭配设计要形成有韵律的节奏感。植物景观的设计也有一定的章法可循,植物景观处理可考虑从空间特性出发,体现空间的连续性和序列性。

(三)河道面状植物造景

用面状组合式植物造景分析面状空间属于较大范围的研究领域,强调以点带面、以线组景。此类植物景观设计,是成点状组成线状,线状再组合成面状的过程,要把握内在的连续性和逻辑性。通过适当的组合,可成为一个特色鲜明的景观,彼此相互联系、相互交织。滨水景观往往随水面的开合而出现点、线、面间的相互转换。面状组合式滨水景观反映的是各空间之间的组合与转换,反映的是整体与局部之间的辩证关系。

第六章

生态河道的治理技术研究

第一节 传统河道治理工程与措施

一、传统河道治理规划

(一) 河道治理规划的基本原则

1. 全面规划

全面规划就是规划中要统筹兼顾上下游、左右岸的关系，调查了解社会经济、河势变化及已有的河道治理工程情况，进行水文、泥沙、地质、地形的勘测，分析研究河床演变的规律，确定规划的主要参数，如设计流量、设计水位、比降、水深、河道平面和断面形态指标等，提出治理方案。对于重要的工程，在方案比较选定时，还需进行数学模型计算和物理模型试验，拟定方案，通过比较选取优化方案，使实施后的效益最大化。

2. 综合治理

综合治理就是要结合具体情况，采取各种措施进行治理，如修建各类坝垛工程、平顺护岸工程，以及实施人工裁弯或爆破、清障等。对于由河槽与滩地共同组成的河段，治槽是治滩的基础，治滩有助于稳定河槽，因此必须滩槽综合治理。

3. 因势利导

"因势"就是遵循河流总的规律性、总的趋势,"利导"就是朝着有利于建设要求的方向、目标加以治导。然而,"势"是动态可变的,而规划工作一般是依据当前河势而论,这就要求必须对河势变化做出正确判断,抓住有利时机,勘测、规划、设计、施工,连续进行。

河流治理规划强调因势利导。只有顺乎河势,才能在关键性控导工程完成之后,利用水流的力量与河道自身的演变规律,逐步实现规划意图,以收到事半功倍的效果;否则,逆其河性,强堵硬挑,将会引起河势走向恶化,从而造成人力物力的极大浪费和不必要的治河纠纷。

4. 因地制宜

治河工程往往量大面广,工期紧张,交通不便。因此,在工程材料及结构形式上,应尽量因地制宜,就地取材,降低造价,满足工程需要。在用材取料方面,过去用土石树草,现在应注意吸纳各类新技术、新材料、新工艺,并应根据本地情况加以借鉴和改进。

(二) 河道治理规划的一般要求

1. 防洪对河道的要求

防洪部门对河道的基本要求包括:①河道应有足够的过流断面,能安全通过设计洪水流量;②河道较顺畅,无过分弯曲或束窄段,在两岸修筑的堤防工程,应具有足够的强度和稳定性,能安全挡御设计的洪水位;③河势稳定,河岸不因水流顶冲而崩塌。

2. 航运对河道的要求

从提高航道通航保证率及航行安全出发,航运对河流的基本要求包括:①满足通航规定的航道尺度,包括航深、航宽及弯曲半径等;②河道平顺稳定,流速不能过大,流态不能太乱;③码头作业区深槽稳定,水流平稳;④跨河建筑物应满足船舶的水上净空要求。

3. 其他部门对河道的要求

桥梁工程对河流的要求，主要是桥渡附近的河势应该稳定，防止因河道主流摆动造成主通航桥孔航道淤塞，或桥头引堤冲毁而中断运输。同时，桥渡附近水流必须平缓过渡，主流向与桥轴线法线方向夹角不能过大，以免造成船舶航行时撞击桥墩。

取水工程对河道的要求包括：①取水口所在河段的河势必须稳定；②河道必须有足够的水位，以保证设计最低水位的取水，这点对无坝取水工程和泵站尤为重要；③取水口附近的河道水流泥沙运动，应尽可能使进入取水口的水流含沙量较低，避免引水渠道严重淤积，减少泵站机械的磨蚀。

（三）河道治理规划的关键步骤

第一，河道基本特性及演变趋势分析。河道基本特性及演变趋势分析包括对河道自然地理概况，来水、来沙特性、河岸土质、河床形态、历史演变、近期演变等特点和规律的分析，以及对河道演变趋势的预测。对拟建水利工程的河道上下游，还要就可能引起的变化做出定量评估。这项工作一般采用实测资料分析、数学模型计算、实体模型试验相结合的方法。

第二，河道两岸社会经济、生态环境情况调查分析。河道两岸社会经济、生态环境情况调查分析包括对沿岸城镇、工农业生产、堤防、航运等建设现状和发展规划的了解与分析。

第三，河道治理现状调查及问题分析。通过对已建治理工程现状的调查，探讨其实施过程、工程效果与主要的经验与教训。

第四，河道治理任务与治理措施的确定。根据各方面提出的要求，结合河道特点，确定本河段治理的基本任务，并拟定治理的主要工程措施。

第五，治理工程的经济效益、社会效益和环境效益分析。治理工程的经济效益、社会效益和环境效益分析包括河道治理后可能减少的淹没损失，论证防洪经济效益；以及治理后增加的航道和港口水深、改善航运水流条件、增加单位功率的拖载量、缩短船舶运输周期、提高航行安全保证率等方面，论证航运经济效益。此外，还应分析对取水、城市建设等方面的效益。

第六，规划实施程序的安排。治河工程是动态工程，具有很强的时机性。应在河道治理的有利时机，对整个实施程序做出大致安排，以减少治理难度，节约投资成本。

第六章
生态河道的治理技术研究

（四）河道治理规划的主要内容

1. 拟定防洪设计流量及水位

洪水河槽整治的设计流量，是指某一频率或重现期的洪峰流量，它与防洪保护地区的防洪标准相对应，该流量也称河道安全泄量。与之相应的水位，称为设计洪水位，它是堤防工程设计中确定堤顶高程的依据，此水位在汛期又称防汛保证水位。

中水河槽整治的设计流量，常采用造床流量。这是因为中水河槽是在造床流量的长期作用下形成的。通常取平滩流量为造床流量，与河漫滩齐平的水位作为整治水位。该水位与整治工程建筑物如丁坝坝头高程大致齐平。

枯水河槽治理的主要目的是解决航运问题，特别是保证枯水航深问题。设计枯水位一般应根据日均水位的某一保证率即通航保证率来确定。通航保证率应根据河流实际可能通航的条件和航运的要求，以及技术的可行性和经济的合理性来确定。设计枯水位确定之后，再求其相应的设计流量。

2. 拟定治导线

治导线又称整治线，是布置整治建筑物的重要依据，在规划中必须确定治导线的位置。山区河道整治的任务一般仅需要规划其枯水河槽治导线。平原河道治导线有洪水河槽治导线、中水河槽治导线和枯水河槽治导线，中水河槽通常是指与造床流量相应的河槽，固定中水河槽的治导线对防洪至关重要，它既能控导中水流路，又对洪、枯水流向产生重要影响，对河势起控制作用。

河口治导线的确定取决于河口类型与整治目的。对有通航要求的分汊形三角洲河口，宜选择相对稳定的主槽作为通航河汊；对于喇叭形河口，治导线的平面形式宜自上而下逐渐放宽呈喇叭形，放宽率应能满足涨落潮时保持一定的水深和流速，使河床达到冲淤相对平衡；对有围垦要求的河口，应使口门整治与滩涂围垦相结合，合理开发利用滩涂资源。

平原河道整治的洪水河槽一般以两岸堤防的平面轮廓为其设计治导线。两岸堤防的间距应能满足宣泄设计洪水和防止洪水期水流冲刷堤岸的要求。中水河槽一般以曲率适度的连续曲线和两曲线间适当长度的直线段为其设计治导线。有航运与取水要求的河道，须确定枯水河槽治导线，一般可在中水河槽治导线的基础上,根据航道和取水建筑物的具体要求,结合河道边界条件确定。一般应使整治后的枯水河槽流向与中水河槽流向的交角不大。

对平原地区的单一河道,其治导线沿流向是直线段与曲线段相间的曲线形态。对分汊河段,其治导线有整治成单股和双汊之分,相应的治导线即为单股,或为双股。由于每个分汊河段的特点和演变规律不同,规划时需要考虑整治的不同目的以确定工程布局。一般双汊道有周期性主、支汊交替问题,规划成双汊河道时,往往需根据两岸经济建设的现状和要求,兴建稳定主、支汊的工程。

3. 拟定工程措施

在工程布置上,根据河势特点,采取工程措施,形成控制性节点,稳定有利河势,在河势基本控制的基础上,再对局部河段进行整治。建筑物的位置及修筑顺序,需要结合河势现状及发展趋势确定。以防洪为目的的河道整治,要保证有足够的行洪断面,避免过分弯曲和狭窄的河段,以免影响宣泄洪水,通过整治建筑物保持主槽相对稳定;以航运为目的的河道整治,要保证航道水流平顺、深槽稳定,具有满足通航要求的水深、宽度、河湾半径和流速流态,还应注意船行波对河岸的影响;以引水为目的的河道整治,要保证取水口段的河道稳定及无严重的淤积,使之达到设计的取水保证率。

二、常见的传统河道治理工程

"河道治理工程是一种公益性的水利措施,同时也尤为重要,不仅可以抵御灾难,而且也能够保护周边人员的生命及财产安全。"[①]河道工程是重要的民生工程,因此当河道中存在对堤防、河岸和河床等稳定不利的现象时,必须根据具体情况采取工程措施进行治理。常见的传统河道治理工程如下:

(一)护岸工程

护岸工程是指为防止河流侧向侵蚀及因河道局部冲刷而造成的坍塌等灾害。其主要作用是,控制河道主流、保护河岸、稳定河势与河槽。护岸工程有平顺式、坝垛式、桩墙式和复合式等各种形式,其中前两者最为常用。平顺

---

① 孙新.山区河道治理工程研究[J].陕西水利,2022(6):65-67.

式即平顺的护脚护坡形式;坝垛式是指丁坝、顺坝、矶头(垛)等形式。

1. 平顺护岸工程

平顺护岸工程是用护岸材料直接保护岸坡并能适应河床变形的工程措施。平顺护岸工程以设计枯水位为界,其上部为护坡工程,作用是保持岸坡土体,防止近岸水流冲刷和波浪冲蚀以及渗流破坏;其下部为护脚工程,又称护底护根工程,作用是防止水流对坡脚河床的冲刷,并能随着护岸前沿河床的冲刷变形而自动进行适应性调整。

(1)护坡工程。护坡工程除受水流冲刷作用外,还要承受波浪的冲击力及地下水外渗的侵蚀。此外,因护坡工程处于河道水位变动区,时干时湿,因此要求建筑材料坚硬、密实、耐淹、耐风化。护坡工程的形式与材料很多,如混凝土护坡、混凝土异形块护坡,以及条石、块石护坡等。

块石护坡又分抛石护坡、干砌石护坡和浆砌石护坡三类。其中抛石和干砌石,能适应河床变形,施工简便,造价较低,故应用最为广泛。干砌石护坡相对而言,所需块石质量较小,石方也较为节省,外形整齐美观,但需手工劳动,要有技术熟练的施工队伍;抛石护坡可采用机械化施工,其最大优点是当坡面局部损坏时,可自动调整弥合。因此,在我国一些地方,常常是先用抛石护坡,经过一段时间的沉陷变形,根基稳定下来后,再进行人工干砌整坡。

(2)护脚工程。护脚工程是抑制河道横向变形的关键工程,是整个护岸工程的基础。因其常年潜没水中,时刻都受到水流的冲击及侵蚀作用。其稳固与否,决定着整个护岸工程的成败。

护脚工程及其建筑材料要求能抵御水流的冲刷及推移质的磨损,具有较好的整体性并能适应河床的变形,具有较好的水下防腐性能,便于水下施工并易于补充修复等。

2. 坝垛式护岸工程

坝垛式护岸工程主要有丁坝、顺坝和矶头(垛)等形式。

(1)丁坝。丁坝由坝头、坝身和坝根三部分组成,坝根与河岸相连,坝头伸向河槽,在平面上呈丁字形。

按丁坝坝顶高程与水位的关系,丁坝可分为淹没式和非淹没式两种。用于航道枯水整治的丁坝,经常处于水下,为淹没式丁坝;用于中水整治的丁坝,洪水期一般不全淹没,或淹没历时较短,这类丁坝可视为非淹没式丁坝。

根据丁坝对水流的影响程度,可分为长丁坝和短丁坝。长丁坝有束窄河槽,改变主流线位置的功能;短丁坝只起迎托主流、保护滩岸的作用,特别短的丁坝,又有矶头、垛、盘头之类。

丁坝的类型和结构形式很多。传统的有沉排丁坝、抛石丁坝、土心丁坝等。此外,近代还出现了一些轻型的丁坝,如井柱坝、网坝等。

(2) 顺坝。顺坝又称导流坝。它是一种纵向整治建筑物,由坝头、坝身和坝根三部分组成。顺坝坝身一般较长,与水流方向大致平行或有很小交角。其顺导水流的效能,主要取决于顺坝的位置、坝高、轴线方向与形状。较长的顺坝,在平面上多呈微曲状。

(3) 矶头(垛)。矶头(垛)这类工程属于特短丁坝,它起着保护河岸免遭水流冲刷的作用。这类形式的特短丁坝,在黄河中下游干支流河道有很多。其材料可以是抛石、埽工或埽工护石。其平面形状有挑水坝、人字坝、月牙坝、雁翅坝、磨盘坝等。这种坝工因坝身较短,一般无远挑主流作用,只起迎托水流、消杀水势、防止岸线崩退的作用。但是如果布置得当,且坝头能连成一平顺河湾,则整体导流作用仍很可观。同时,由于施工简便,耗费工料不多,防塌效果迅速,特短丁坝在稳定河湾和汛期抢险中经常被采用。其中,特别是雁翅坝,其效能较大且使用最多。

(二) 裁弯取直工程

1. 河道裁弯取直的危害

对于弯曲河段治理的方法,目前我国主要是采取裁弯取直的工程措施。但是,在河流进行裁弯取直时,会涉及很多不利的方面,所以采用河流的裁弯取直工程要充分论证,采取极其慎重的态度。河流的裁弯取直工程彻底改变了河流蜿蜒的基本形态,使河道的横断面规则化,使原来急流、缓流、弯道及浅滩相间的格局消失,水域生态系统的结构与功能也会随之发生变化。所以,一些国家和地区提出要把已经取直的河道恢复为原来自然的弯曲形态,还河流以自然的姿态。

2. 河道裁弯取直的方法

根据多年治理河流的实践经验,河道裁弯取直的方法大体上可以分为两种:自然裁弯取直和人工裁弯取直。

(1) 自然裁弯取直。当河环起点和终点距离很近时,洪水漫滩时由于水流趋向于坡降最大的流线,在一定条件下,会在河漫滩上开辟出新的流路,沟通畸湾河环的两个端点,这种现象称为河流的自然裁弯。自然裁弯往往为大洪水所致,裁弯点由洪水控制,常会带来一定的洪水灾害现象。其结果可使河势发生变化,发生强烈的冲淤现象,使河流的治理变得被动,同时侵蚀农田等其他设施,在有通航要求的河道,还会严重影响航运。

(2) 人工裁弯取直。人工裁弯取直是一项改变河道天然形状的大型工程措施,应遵循因势利导的治河原则,使裁弯新河与上下游河道平顺衔接,形成顺乎自然的河势。常采用的方法是"引河法"。所谓"引河法",即在选定的河湾狭颈处,先开挖一较小断面的引河,利用水流自身的动力使引河逐渐冲刷发展,老河自行淤废,从而使新河逐步通过全部流量而成为主河道。

3. 裁弯工程规划设计要点

河流裁弯取直的效果如何,涉及各个方面,科学地进行裁弯工程的规划设计,掌握规划设计的要点是非常必要的。

(1) 明确进行河道裁弯取直的目的,目的不同所采用的裁弯线路、工程量和实施方法也不同。

(2) 对河道的上下游、左右岸、当前与长远、环境和生态产生的利弊、取得的经济效益、工程投资等方面,要进行认真分析和研究,要使裁弯取直后的河道能很好地发挥综合效益。

(3) 引河进口、出口的位置要尽量与原河道平顺连接。进口布置在上游弯道顶点的稍下方,引河轴线与老河轴线的交角以较小为好。

(4) 裁弯取直后的河道能与上下游河段形成比较平顺的衔接,可以避免产生剧烈河势变化和长久不利的影响。

(5) 人工河道裁弯取直是一项工程量巨大、投资较大、效果多样的工程,应拟定不同的规划设计方案进行优选和确定。

(6) 在确定规划设计方案后,需要对新挖河道的断面尺寸、护岸位置和长度以及其他相关项目进行设计。

(7) 河道裁弯取直通水后,需要对河道水位、流量、泥沙、河床冲淤变化等进行观测,为今后的河道管理提供参考。

（三）拓宽河道工程

拓宽河道工程主要适用于河道过窄的或有少数突出山嘴的卡口河段。通过退堤、劈山等来拓宽河道，扩大行洪断面面积，使之与上下游河段的过水能力相适应。拓宽河道的办法有：两岸退堤建堤防或一岸退堤建堤防、切滩、劈山、改道，当卡口河段无法退堤、切滩、劈山时，可局部改道。河道拓宽后的堤距，要与上下游大部分河段的宽度相适应。

三、典型的平原河道治理措施

（一）顺直型河段治理

顺直型河段的治理原则是，将河道边滩稳定下来，使其不向下游移动，从而达到稳定整个河段的目的。稳定边滩的工程措施，多采用淹没式丁坝群，坝顶高程均在枯水位以下，且一般为正挑式或上挑式，这样有利于坝挡落淤，促使边滩淤长。在多沙河流上，也可采取编篱栲楼等简易措施，防冲促淤。当边滩个数较多时，施工程序应从最上游的边滩开始，然后视下游各边滩的变化情况逐步进行治理。

（二）蜿蜒型河段治理

蜿蜒型河段形态蜿蜒曲折。由于弯道环流作用和横向输沙不平衡的影响，弯道凹岸不断冲刷崩退，凸岸则相应发生淤长，河湾在平面上不断发生位移，蜿蜒曲折的程度不断加剧，待发展至一定程度便可能发生撇湾、切滩或自然裁弯。

从河道防洪的角度，弯道水流所遇到的阻力比同样长度的顺直型河段要大，这势必抬高弯道上游河段的水位，对宣泄洪水不利。此外，曲率半径过小的弯道，汛期水流很不顺畅，往往形成大溜顶冲凹岸的惊险局面，危及堤岸安全，从而增加防汛抢险的困难。

从河道航运的角度，河流过于弯曲，航程增大，运输成本必然增加。此外，蜿蜒型河段对于港埠码头、引水工程等也存在一些不利影响。为了消除这些不利影响，有必要对其进行整治。

蜿蜒型河段的治理措施，根据河段形势可分为两大类：①稳定现状，防止其向不利的方向发展,表现为当河湾发展至适度弯曲的河段时,对弯道凹岸及时加以保护,也就是实施护岸工程,以防止弯道继续恶化,弯道的凹岸稳定后,过渡段即可随之稳定;②改变现状,使其朝有利的方向发展,即因势利导,通过人工裁弯工程将迂回曲折的河道改变为有适度弯曲的连续河湾,将河势稳定下来。

(三) 分汊型河段治理

分汊型河段的整治措施主要有:汊道的固定、改善与堵塞。其中汊道的固定与改善,目的在于调整水流,维持与创造有利河势,以便于防洪;汊道的堵塞,往往是从汊道通航要求方面考虑,有意淤废或堵死一汊,常见的工程措施是修建锁坝。

1. 汊道的固定

固定或稳定汊道的工程措施,主要是在上游节点处、汊道入口处以及江心洲首、尾修建整治建筑物。节点控制导流及稳定汊道常采用的工程措施是平顺护岸。

江心洲首、尾部位的工程措施,通常是分别修建上、下分水堤。其中,上分水堤又名鱼嘴,其前端窄矮、浸入水下,顶部沿流程逐渐扩宽增高,与江心洲首部平顺衔接;下分水堤的外形与上分水堤恰好相反,其平面上的宽度沿流程逐渐收缩,上游部分与江心洲尾部平顺衔接。上、下分水堤的作用,分别是保证汊道进口和出口具有良好的水流条件和河床形式,以使汊道在各级水位时能有相对稳定的分流、分沙比,从而固定江心洲和汊道河槽。

2. 汊道的改善

改善汊道包括调整水流与调整河床两个方面。调整水流如修建顺坝或丁坝,调整河床如疏浚或爆破等。在采取整治措施前,应分析汊道的分流、分沙及演变规律,根据具体情况制定相应工程方案。例如,为了改善上游河段的情况,可在上游节点修建控导工程,以控制来水、来沙条件;为了改变两汊道的分流、分沙比,可在汊道入口处修建顺坝或导流坝;为了改善江心洲尾部的水流流态,可在洲尾修建导流顺坝等。

3. 汊道的堵塞

堵塞汊道主要有修建挑水坝(顺坝、丁坝)和锁坝等措施。用丁坝和顺坝堵塞汊道,常常比锁坝的效果好。因为丁坝和顺坝不但能封闭汊道进口,起到锁坝的作用,同时能起束窄通航汊道水流的作用。

对一些中小河流,特别是山区河流,当两汊道流量相差不大,必须堵死一汊才能满足另一汊的通航要求时,多采取锁坝堵汊措施。但在平原河流上,特别是大江大河的双汊河段,一般不宜采取这类措施。因为锁坝堵汊会引起两汊水沙的重新分配,河道将发生剧烈变化,可能会带来严重后果。但对于多股汊道的分汊河段、堵塞明显处于弱势的有害支汊,此措施是可行的。

第二节 河道水环境生态修复常用技术与方法

一、普通一级处理与强化一级处理

污水经一级处理工艺和二级处理工艺组成的污水处理系统处理后,实现了无害化,出水水质可达到排放标准的规定要求。但是,在经济欠发达的地方,实现这一目标的代价太昂贵,不仅要投巨资建成这类污水处理系统,而且日常运转费用也是沉重的负担。所以许多地方往往先建成一级污水处理设施并运行,待有经济实力后再续建二级污水处理设施,提高出水水质。然而,普通一级处理工艺对有机污染物的降解率偏低,BOD_5[①] 降解率仅为30%左右,难以满足水环境的要求。为此,人们开发出了强化一级处理工艺,以提高有机污染物的降解率。常见的强化方法有水解(酸化)工艺、化学絮凝和AB法的A段工艺等。经过强化一级处理,污水中有机污染物的降解率提高到50%以上;悬浮固体的去除率可提高到80%以上。

在普通一级处理工艺基础上,增加强化措施的投资不多,但提高了污染

---

① BOD_5是一种用微生物代谢作用所消耗的溶解氧量来间接表示水体被有机物污染程度的一个重要指标。

物去除率,并有效减轻后续处理工序的污染负荷,节省了能耗。

(一) 普通一级处理

污水一级处理属于物理处理方法范畴,有筛滤、重力分离等工艺单元,主要设施是格栅、沉沙池和初沉池,去除污水中漂浮物、悬浮状固体污染物和少量有机污染物。出水水质达不到《地面水环境质量标准》(GB 3838—2002),还须进行二级处理。可以说一级处理是二级处理的预处理。某些无毒浑浊废水以及低浓度有机污水,经一级处理后也可直接用于种植业灌溉或排放。

1. 格栅

污水处理流程中,筛滤工艺用来拦截污水中较大的漂浮物和悬浮状杂物,以保护后续处理设施正常运转。筛滤的构件包括平行棒、条、网或穿孔板,其中平行棒或条的构成件称为格栅,金属网或穿孔板的构成件称为筛。污水提升泵站前集水井进口处或处理厂前端安装的筛滤设施多是格栅。格栅有粗细之分,常用的多是偏粗格栅,栅条间隙为 10~40 mm;细格栅栅条间隙为 3~10 mm。

格栅拦截的污物称为栅渣,由人工或机械清除。人工清渣的栅条间隙为 25~40 mm,机械清渣的栅条间隙为 16~25 mm。

格栅安装的倾角 α 为 45°~75°,一般多用 $\alpha=60°$;过栅流速一般采用 0.6~1.0 m/s;过栅水头损失一般为 0.2~0.3 m。

人工清渣的工作平台,应高出栅前设计最高水位 0.5 m;平台应设置栏杆,过道宽不小于 1.2 m,应便于搬运栅渣。

2. 沉沙池

污水流过格栅后进入沉沙池,因而沉沙池也应设置在泵站前,以减轻对泵和管道的磨损;也是设置在初次沉淀池前的构筑物,可减轻沉淀池的负荷及改善污泥处理构筑物结构。

沉沙池的功能是借助重力从污水中分离相对密度大的无机颗粒,如沙粒、碎粒矿物质;也有一些有机颗粒,如籽种、碎骨等。这些颗粒物的表面一般附着黏性有机物,是极易腐败的污泥,应通过沉降被去除。

沉沙池按池内水流方向分为平流式、竖流式、涡流式以及曝气沉沙池等几种,其中常用的是平流沉沙池和曝气沉沙池。平流沉沙池虽占地面积较大,但构筑物结构简单,运行维护方便。

(二) 强化一级处理

经过格栅—沉沙池—初沉池—出水的这种普通一级处理后的水质,由于有机污染物的降解率较低,不允许直接排出《地面水环境质量标准》(GB 3838—2002)中最低类,即Ⅴ类地表水环境。如果没有后续处理,难有排放出路。为此,人们开发了提高一级处理出水水质的有效方法,形成了强化一级处理污水的新工艺。

二、生物膜法

(一) 生物膜技术

生物膜降解有机物的过程是:污水以适当的流速流经滤料,在其表面逐渐生成生物膜,栖息在生物膜上的微生物摄取污水中有机物为食物,代谢后使污水变得稳定。这种生物膜净化污水的技术源于土壤自净原理。当污水中有机物滞留在土壤表层,在适宜条件下,如温度、光照、大气等,大量繁殖的好氧微生物将其氧化分解成无机物,使水质净化。这种生化反应仅在土壤表层进行,占地面积大,而且受气候影响。

生物膜法具有的特征包括:①固着在滤料表面上的微生物对污水水质、水量变化有较强适应能力,生物反应稳定性较好;②由于微生物固着在固体表面,即使增殖速度较慢的微生物也能生长繁殖,从而构成了生物相对丰富的稳定生态系统;③因高营养级的微生物存在,有机物代谢时较多地转化为能量,合成的新细胞较少;④由于固着在固体滤料表面上的微生物较难控制,因而运行的灵活性较差;⑤由于载体材料的比表面积小,BOD容积负荷有限,因而空间效率较低;⑥自然通风强度较差,在生物膜内层易形成厌氧层,也缩小了净化的有效容积。

因微生物固着生长,无须回流接种,所以一般生物滤池无二次沉淀池的污泥回流。但是,为了稀释原污水和保证对滤层的冲刷,一般生物滤池,尤其是高负荷滤池及塔式生物滤池,常采用出水回流。

根据生物膜与污水的接触方式不同,生物膜法可分为填充式和浸没式两种。在填充式生物膜法中,污水和空气沿固定的填料或转动的盘片表面流动,与其上生长的生物膜接触,典型工艺是生物滤池和生物转盘;在浸没式生物膜法中,生物载体完全浸没在水中,通过鼓风曝气供氧。如载体固定,称为接触氧化法;如载体流化,像附着有生物膜的活性炭、陶粒等小粒径介质悬浮流动于曝气池内,则称为生物流化床。

生物滤池是生物膜法中常用的工艺设施,有普通生物滤池(即低负荷生物滤池)、高负荷生物滤池和塔式生物滤池。生物滤池适用于温暖地区和小城镇的污水处理。

(二) 生物滤池净化机理

污水通过布水装置滴流到滤池表面,一部分被吸附在滤料表面上,成为膜状附着水层;另一部分以薄层水流过滤料,从上向下流动,最后排出池外,成为净化水。空气从滤料孔隙不断向流动水层扩散,给流动水层提供了溶解氧;向下流动的污水中又含有丰富的有机物质。因此,流动水层具有好氧微生物生长繁殖的良好条件。

吸附在滤料表面上的膜状水,逐渐形成了一层微生物栖息膜,即生物膜,理想膜的厚度为 2~3 mm。生物膜成熟的标志是:生物膜沿滤池深度垂直分布,生物膜由细菌和各种微生物组成生态系统,有机物降解达到了稳定状态。从开始布水到生物膜成熟,须经过潜伏和生长两个阶段。在 15~20 ℃ 温度条件下,城市污水经历两个阶段的时间大约是 50 天。

有机污染物降解发生在生物膜表层约 2 mm 厚的好氧生物膜内,里面栖息着大量细菌、真菌,它们是有机物得以降解的主要微生物;还有原生动物如钟虫、独缩虫等,以及后生动物以线虫、滤池蝇为代表的虫,它们形成了食物链。通过细菌的代谢活动,有机物被降解,使附着水层得到净化。流动水层与附着水层接触后,流动水层中有机污染物传递给附着水层,也使流动水层在向下流动的过程中逐步得到净化。好氧微生物的代谢产物 H_2O 及 CO_2 等,通过附着水层传递给流动水层,而后随水排放。

生物膜成熟后,微生物仍不断增殖,厚度不断增加,超过好氧层厚度后,其深层呈厌氧状态,形成厌氧膜层,厌氧代谢产物 H_2S、NH_3 等通过好氧膜排出膜外。当厌氧膜厚到一定程度,代谢物过多,好氧层的生态遭到破坏,生物膜会呈老化状态而自然脱落,再增长新的生物膜。生物膜成熟初期,微生物代谢机能旺盛,净化功能最好;当膜内出现厌氧状态,净化功能下降;当生物膜脱落时,生物降解效果最差。

影响生物滤池净化功能的重要因素包括：①供氧状况。滤料形状对滤池通风至关重要，应选用球形、表面较粗糙的滤料，因其球间孔隙比较大，而且比表面积也比较大，通风良好，吸附力强。②有机物浓度状况。低负荷滤池，污水与生物膜接触时间长，有机物降解程度高，污水净化较彻底。又由于有机物负荷低，微生物常需要内源代谢，因而微生物增殖缓慢，生物膜增厚减缓，污泥量较少。

三、土地处理

污水土地处理是在人工控制条件下，将污水投配到土地上，利用土壤-生物-植物构成的生态系统，借助天然能源，使污水稳定化、无害化和资源化的处理工艺。

(一) 旱地处理工艺

1. 慢速渗滤

慢速渗滤适用于透水性能较好的壤土和沙质壤土，蒸发量小、气候比较湿润的地区。污水经喷洒或地表布水于种有植物的土壤表面，在缓慢流动中垂直下渗，植物可充分摄取污水中营养物质，土壤可拦截过滤，微生物可分解有机污染物。在土壤-微生物-植物系统共同作用下，污水得到净化。慢速渗滤的特征如下：

(1) 慢速渗滤场投配的污水一般不产生地表径流，污水与降水共同满足植物生长需要，并且蒸散量、渗滤量大体平衡。渗滤水经土层进入地下水的过程是间歇性且极其缓慢的。

(2) 种植植物是系统的重要组成部分，能直接利用污水的水肥资源，可获得的生物量大，经济价值高。植物以经济作物为主。

(3) 处理系统中水和污染物的负荷较低，去除率较高，再生水水质好，渗滤水补给地下水不产生二次污染。

(4) 受气候和植物限制，冬季、雨季、作物播种和收割期不能投配污水，需要贮存设施。

(5) 以深度处理和利用水肥物质为主要目标的慢速渗滤法，要求预处理的程度高，一般采用一级处理水甚至二级处理水进入该系统，并须对工业废水的成分加以限制。

（6）适宜慢速渗滤的场地，要求土层厚度大于 0.6 m，地下水埋深大于 1.2 m，土壤渗透系数应在 0.15～1.5 cm/h，地表坡度小于 30%。

2. 快速渗滤

污水快速渗滤处理是将污水有控制地投配到土地表面，污水在良好透水性土层里下渗，借过滤、沉淀、吸附和土层中处于厌氧、好氧交替状态的微生物代谢和硝化、反硝化等反应得到净化。适用于透水性良好的沙砾、沙土和砾壤土等场地的污水处理。

快速渗滤法是周期性地布水和落干。污水布于土层表面后很快渗入地下，回灌地下水是快滤处理污水的目的之一，另一目的是回收利用渗滤水。用于回补地下水时不设集水系统；处理水再生利用时，须设地下集水系统或浅井群收集。快速渗滤的特点包括：①布水和落干反复进行，以保持土壤高渗透率；②利用距居民区有一定距离的河滩、荒地；③为减少污水中悬浮固体堵塞土层孔隙，保持较高渗透速率，一级处理为预处理的最低要求；④土层渗透率应大于 0.5 cm/h；⑤地下水埋深应大于 2.5 m；⑥地表坡度宜小于 10%。

（二）湿地处理工艺

湿地是指一年内绝大部分时间，土地被地表浅水层所淹没，能维持大型水生植物生长的生态系统。天然湿地是地球上气象和地貌共同作用的产物，是地球上陆地生态系统中的子系统，以鲜明的生命活性和独特的生物群落为特征。人工湿地是模拟天然湿地特性的人造的湿地，与天然湿地的最大区别是具有负荷的可控性，使处理污水的能力向预期目标发展。

"运用人工湿地污水处理技术不仅可以有效地对河流当中的污水进行处理，还可以起到环境保护的作用，保证生态平衡，提高社会经济效益。"[1]污水进入湿地系统后，污水中有机污染物和悬浮固体物通过生物群落分解、植物吸收和水力沉降等途径共同作用而去除。应用湿地生态系统处理污水，其净化效率优于好氧塘，尤其对常规污水处理厂难以去除的营养元素有良好的处理效果。

---

[1] 王翠娜.关于人工湿地污水处理技术在城市建设的应用探讨[J].中华建设,2022(9):99-100.

1. 人工湿地处理系统特征

(1) 人工湿地处理优点主要包括:①因构筑物比较简单、机电设备少,基建费和运行费一般只需常规二级处理的1/5~1/2;②对污水的负荷冲击适应能力强,适合管理水平不高、规模较小的村镇污水处理;③可间接产生其他效益,如绿化、收获经济作物、保护野生生物等。

(2) 人工湿地处理技术的缺点是占地面积较大,需要经过2~3个植物生长季节,形成稳定的植物和微生物生态系统后,污水的净化效果才能达到设计要求。

2. 人工湿地类型及构成

(1) 人工湿地的类型。人工湿地按水流方向可分为地表流湿地、潜流湿地和垂直流湿地三类。

地表流人工湿地与天然湿地近似,水在生长稠密的水生植物丛中水平流动,具有自由水面。有机污染物的去除,依靠植物水下部分的茎、秆上生物膜来完成,因而难以充分利用生长在填料表面的生物膜和生长丰富的根系对污染物发挥降解作用。地表流人工湿地处理效能较低,环境卫生较差,夏季滋生蚊蝇,产生臭气;冬季易表面结冰,失去处理能力。

潜流人工湿地的污水虽在填料层和植物根际水平流动,但无自由水面。因而可充分利用填料表面生长的生物膜、丰富的植物根系以及表面土层等条件分解、吸收和截留污染物,提高了湿地处理污水的能力。同时保温性能好,气候影响小,处理水的水质比较稳定。

垂直流人工湿地综合了地表流和潜流两类工艺的特性,使污水在填料床中基本自上向下渗流,充分发挥生物降解和渗滤作用而净化污水。由于构筑物复杂,目前并未多用。

(2) 人工湿地处理设施的构成。主要包括预处理设施、湿地床设施和水质水量监控设备三部分。预处理一般有格栅、沉沙池、提升泵、沉淀池或酸化水解池等工艺单元,其作用是保障后续工艺的正常运行;湿地床是核心工艺单元,床块是具有1‰~8‰缓坡的长方形地块,地表流湿地床的长宽比大于3,长度大于20 m,潜流湿地床的长宽比小于3,芦苇湿地床的有效深度一般为0.6~0.8 m。湿地床由基层、水层、植物和动物及微生物五种非生物和生物构成完整的生态系统。基层即填料层,由表层土壤、中层沙砾和下层碎石组成。

第三节　生态河道的放淤固堤技术

一、放淤固堤施工阶段质量控制

放淤固堤工程施工工艺不太复杂,质量便于控制,监理人员进行质量控制主要从以下方面进行:

第一,基础清理。放淤固堤工程的基础清理,主要清除基面和堤坡表层的草皮、树根、建筑垃圾等杂物,清理范围应大于淤区宽度的 0.3 m,承建单位应按施工堤线长度每 20~50 m 测量一个点次,监理抽检按承建单位自检数目的 1/3 进行。监理人员抽检合格后,方可开始放淤。

第二,围堤、格堤工程。监理人员应重点控制围堤、格堤工程施工质量,要参照碾压式土方的施工要求进行,压实度按 0.85 掌握。围堤断面须满足要求,以防止围堤溃决、塌方、漫溢事故发生,造成淹渍农田、村庄。

第三,淤区工程。监理人员要定期抽验土质、机械数量和性能。尾水含沙量控制在 3 kg/m^3 以内。淤区泄水口的位置及高程应根据施工情况进行调整。淤区的高程,在竣工验收时,高程偏差控制在 0~0.3 m。淤区的宽度应严格按照以下规定:淤区宽度小于 50 m 时,允许偏差为±0.5 m;淤区宽度大于 50 m 时,允许偏差为±1 m;淤区的平整度控制在 500 m^2 范围内,高差小于 0.3 m。

第四,淤区包边盖顶。土质符合设计要求,包边厚度允许误差为±5 cm,包边压实度按 0.85 掌握。

第五,排水工程。应尽量利用当地的自然排水沟(渠)系统,如排水确有困难,应首先修通排水沟,或者结合群众灌溉需求,大家一同修筑排水渠道,使淤区排水畅通。

第六,附属工程。对于排水沟、植草、植树的施工,监理人员也要按规范严格要求。

二、放淤固堤工程施工工艺流程

放淤固堤工程施工工艺流程大致如下：

第一，施工准备。主要包括：①编制施工工艺流程和开工报告；②场地布置；③技术交底；④机械设备；⑤施工放样；⑥三通一平。

施工准备完成之后，就报送放样资料，申请开工。

第二，施工阶段。主要包括：①基础处理；②格堤、围堤；③淤沙工程；④包边盖顶。

报送工序报验单，申请阶段检验，等待工程验收。

三、放淤固堤工程施工程序

放淤固堤工程施工程序主要包括：①施工阶段，审查承包人质量保证体系情况，审查施工工艺流程，检查机具、人员、试验设备是否进场，检查是否达到开工条件；②批准承包人单位工程开工报告；③基础、堤坡表面清除杂草、树根等杂物；④格堤、围堤压实度达到 0.85；⑤淤沙工程抽验土质数量、性能，控制尾水含沙量在 3 kg/m^3 以内，排水通畅；⑥黏土包边盖顶控制；⑦旁站、测量、试验等逐层逐段检验合格后签认，并进入下道工序；⑧检查承包人放淤数量、压实、平整、高程、几何尺寸是否符合要求，组织工程验收；⑨检验合格后由工程师签认，资料汇总归档。

第七章

生态河道堤防管理

第一节 河道及其建设项目管理

一、河道管理的目标与范围

(一)河道管理的目标

"在我国经济高速发展的背景下,相关部门更加重视河道管理。希望通过这样的方式来对周边的生态环境进行改善,迎合当前时代发展下的必然要求。"[1]河道管理就是对影响河道输水、防洪及河势稳定等人类各项生产生活活动加以有效控制和管理,并通过河道整治和河势控制,保证河势稳定、防洪安全和航道畅通等,充分发挥河道的综合效益。

河道管理的总体目标是,加强河道规范化、法治化管理,完善法规体系,坚持依法行政,强化管理手段,提高管理水平,增强全社会河道保护意识,维护河流健康,加强河道整治和河势控制,确保工程安全、供水安全和生态安全,促进河道可持续利用。

"随着经济建设水平的提升,人们对于生态环境发展也提出了更高的要求。在水资源匮乏与水利环境生态破坏不断加剧的情况下,社会各界开始给

---

[1] 周锁明.河道管理存在的问题及对策[J].清洗世界,2022,38(3):135.

予河道管理与生态治理以更多的关注。"①

(二) 河道管理的范围

根据我国相关规定,河道管理范围包括:有堤防的河道,其管理范围为两岸堤防之间的水域、沙洲、滩地(包括可耕地)、行洪区,两岸堤防及护堤地。无堤防的河道,其管理范围根据历史最高洪水位或者设计洪水位确定。河道的具体管理范围,由县级以上地方人民政府负责划定。

二、河道的监测与维护

(一) 河道的水文与泥沙观测

我国河流的自然情况非常复杂,很多河流暴涨暴落,水深流急,很多测验河段冲淤变化剧烈或回水变动频繁,使水位流量关系极不稳定,给水文测验带来了很多困难。所以,要在江、河等水体的指定地点或断面对水文进行系统的观测,并对观测资料进行处理。

在进行观测时,要按照统一的技术标准规范进行。在垂直于水流方向设置的断面上安装水尺或自记水位计观测水位变化。用流速仪测量断面上垂线的流速,也可用流速流向仪同时测出流向,根据断面流速和过水断面面积测量资料,推算出通过该断面的流量;对于受潮汐影响的河流,由于流速变化迅速,且可能出现逆流,要选择若干个潮流期,连续不断地进行流量测验。根据含沙水样的处理和分析能得到含沙量和泥沙粒径组合资料,还可应用放射性同位素含沙量计或光电测沙仪直接测定所取水样的含沙量。

通过对河流各河段(通常以山矶节点作控制点将整个河道分为多段)所设的控制站固定断面观测资料的整理和分析,了解、掌握河道水文、泥沙变化情况。譬如,平原河流的分汊型河道,水流从主汊(单一段,上节点)流入各分汊(两汊、三汊或多汊),再流出,然后入主汊(单一段,下节点),而水流和其挟带的泥沙流入各汊,由于各汊的平面形态及其断面大小不一,加之各汊道复杂的边界条件,进入各汊的流量、泥沙量就有所不同。一般来说,进入分汊内的分流比大则流量大,泥沙含量也会多。若在洪水期高水位时,流量大,则含

---

① 陈军军.河道管理存在的问题及生态治理建议[J].运输经理世界,2021(6):139-140.

沙量也会增大,枯水期流量小,则含沙量就少。

水流作用造成的河势变化,引起岸坡崩塌(条崩、窝崩等)和泥沙淤积,将影响江岸稳定、堤防安全,还会危及港口、航运、取排水工程等的安全运行。就引水来说,含沙量大的水源对工业和城市供水、农业灌溉是不利的,也会增加水质处理和渠道清淤的工作量。因而需要据测绘成果分析工程处理措施,确保江岸稳定、堤防安全和其他工程安全运行。

(二) 河道的地形观测

河道管理单位应加强对河道地形的观测并及时对观测资料进行整理分析,掌握河道工程运行、河道岸线、河势变化等情况,为工程的管理维护、河道治理及河道岸线开发利用等提供资料。监测的主要内容有:河道岸线变形、崩塌、沉陷;河道整治工程运用情况;水流流速、流向、流态情况;测绘不小于1:2 000比例尺的近岸水下地形图,测量范围一般应从岸线至深潭,重点守护段年测次不少于3次(汛前、汛期、汛后各一次),一般段不少于2次(汛前、汛后各一次),分析已护岸段及其上下游滩岸的平面变化与横断面变化情况;有条件的可定期用浅地层剖面仪等测试仪器探测抛石等的分布情况。

1. 河道观测

河道观测是运用观测手段,量测河道的平面和断面形态要素和水文要素,并以数字或图像的形式加以记录。河道内水流和河床相互作用,水流促使河床变化,河床影响水流流态,两者相互依存,相互制约,不断地运动和发展。河口地区的河道还受潮汐、海流等条件的影响。河道观测的目的是及时了解、掌握并据以预报河道的动态变化,为河道整治、堤防管理、防洪抢险、航运交通等提供信息。观测人员应在观测河段布设观测断面,并按地形和水准测量要求测绘河段平面图,标出站点、断面、堤防、险工的位置。

观测项目通常以河势观测、大断面测量为主。对于一些重点研究河段,还要根据需要观测水位、流量、悬移质含沙量、推移质、河床组成、水中的化学物质、水温、冰凌等;河口河道还要观测潮汐、风浪、含盐度以及海流等项目;整治工程、险工、引水口附近应加测局部冲刷和淤积以及根石走失情况。

河势是河道的平面形态,包括主流线、水边线、汊道、江心洲、心滩、边滩、河漫滩以及水面现象等形态要素。观测方法有目测和精测两种。目测法即用眼睛估测;精测法即用经纬仪等仪器观测。每年汛前、汛后要进行多次。

观测结果应标绘在已有的河段平面图上。

大断面测量的水上部分按普通测量方法施测,水下部分在船上用测深杆、测深锤或回声测深仪施测。船在断面上的位置常用经纬仪、六分仪和平板仪交会法确定。每年至少在汛前、汛后各测一次。河势精测可与大断面测量同时进行。

2. 河道测量

河道测量是为河流的开发整治而对河床及两岸地形进行测绘,并相应采集、绘制有关水位资料的工作。河道测量的主要内容有:①平面、高程控制测量;②河道地形测量;③河道纵、横断面测量;④测时水位;⑤某一河段瞬时水面线的测量;⑥沿河重要地物的调查或测量。

在河流开发整治的规划阶段,沿河1:10 000或1:25 000比例尺地形图以及河道纵、横断面图是不可少的基本资料。在设计阶段应根据工程对象的不同,如河道及库区、灌区等,一般需要施测1:10 000~1:5 000比例尺地形图;对工程枢纽(坝址、闸址、渠道等)须分阶段施测1:5 000~1:500比例尺地形图。地形图的岸上部分一般采用航空摄影测量或平板仪测量方法施测,水下部分的施测方法同水下地形测量。

沿河只施测带状地形图时,常以高精度导线作为基本平面控制,以适当等级的水准路线作为基本高程控制。河道横断面通常垂直河道深泓或中心线,按一定间隔施测。横断面图表示的主要内容是地表线(包括水下部分)及测时水位线。图的纵横比例尺在山区河段一般相同,丘陵和平原河段垂直比例尺常大于水平比例尺。

河道纵断面图多利用实测河道横断面及地形图编制,为适当显示河流比降变化,采用的垂直比例尺通常远大于水平比例尺,其表示的基本内容是河道深泓线和瞬时水位线,有时还要标出历史洪水位线,左右岸线(堤线),主要居民地、厂矿企业的位置和高程,大支流入口位置,水文测站的水尺位置与零点高程,以及重要拦河建筑物的位置、过流能力与关键部位高程等内容。河道整治的施工阶段要将设计河道的中心线(或其平行线)、开口线、堤防中心线、工程设施的主轴线和轮廓线,以及相应的高程,按设计图放样到实地。

3. 水下地形测量

水下地形测量是以图形、数据形式表示水下地物、地貌的测量工作。其成果通常为水下地形图、断面图或以表格、磁性存储器为载体的数据。水下地形测量须在水上进行动态定位和测深,作业比陆上地形测量困难。水下地形测量的定位和测深方法视水域宽窄、流速及水深等情况而定。

在水面不宽、流速不大的河流湖塘,一般多以经纬仪、电磁波测距仪及标尺、标杆为主要工具,用断面法或极坐标法定位;对流速很大的河段,则常使用角度交会法或断面角度交会法。在宽阔的水域定位精度要求不是很高时,可采用六分仪后方交会法和无线电双曲线定位法;定位精度要求较高时,宜采用辅有电子数据采集和电子绘图设备的微波测距交会定位系统或电磁波测距极坐标定位系统。卫星多普勒定位法则是现代航海和海洋测量的重要手段。水深测量的传统工具是测深杆和测深锤。现代水深测量多使用回声测深仪(声呐),并已从单频、单波束发展到多频、多波束,从点状、线状测深发展到带状测深,从数据显示发展到水下图像显示和实时绘图。水下地形图与海图的主要不同之处是:前者以高程和水下等高线表示水下地貌变化,后者则以水深和等深线标注。

(三) 河道整治与河势控制

1. 河道整治

河道整治必须有明确的目的性,根据不同的目的进行整治规划和布局。河道整治有长河段的整治及局部河段的整治。在一般情况下,长河段的河道整治目的主要是防洪和航运,而局部河段的河道整治目的则是防止河岸坍塌、稳定取水口以及桥渡上下游岸线。

整治措施须认真规划,河道整治规划是流域综合规划的一个组成部分,首先应在分析本河段河床演变规律及水沙运动基本特性的基础上,综合考虑国民经济各部门的不同要求,因势利导,制定出合理的治导线。然后,还要布设相应的河道整治工程。

河道整治要按照河道演变规律,因势利导,调整、稳定河道主流位置,改善水流、泥沙运动状态,以适应防洪、航运、取水等国民经济建设要求。河道整治包括控制和调整河势,裁弯取直,河道展宽和疏浚等。

(1)整治规划。在制订河道整治规划时要全面调查、了解沿岸社会经济、河道崩岸、河床演变及已有的河道整治工程情况,进行水文、泥沙、地质、地形的勘测,分析研究河道特性、河床演变的规律,确定规划的主要参数,如设计流量、设计水位、比降、水深、河道平面和断面形态指标(包括洪水、中水、枯水三种情况)等,依照整治任务拟定方案,通过比较,选择优化方案,使规划实施后的总效益最大。对于复杂的整治工程,在方案比较选定时,还要进行数学模型计算和物理模型试验。

(2) 整治原则:①上下游、左右岸统筹兼顾;②依照河势演变规律因势利导;③河槽、滩地要综合治理;④根据需要与可能,分清主次,有计划、有重点地布置工程;⑤选择工程结构和建筑材料时,要因地制宜,就地取材,以节省投资。

(3) 工程布局。①以防洪为目的的河道整治,要保证有足够的行洪断面,避免出现影响河道宣泄洪水的过分弯曲和狭窄的河段,主槽要保持相对稳定,并要加强河段控制部位的防护工程;②以航运为目的的河道整治,要保证航道水流平顺、深槽稳定,具有满足通航要求的水深、航宽、河弯半径和流速、流态,还应注意船行波对河岸的影响;③以引水为目的的河道整治,要保证取水口段的河道稳定及无严重的淤积;④以浮运竹木为目的的河道整治,要保证有足够的水道断面、适宜的流速和无过分弯曲的弯道。

河道经过整治后,在设计流量下的平面轮廓线,称为治导线,也叫整治线。治导线是布置整治建筑物的重要依据,在规划中必须确定治导线的位置。对于单一河道,在平原地区的治导线沿流向是直线段与曲线段相间的曲线形态。它可以以本河流天然河弯的曲率半径与流量的关系,以及两弯之间的直线段长与河宽的关系为设计依据。治导线分洪水、中水、枯水河槽三种情况。由于漫滩水流对河道演变及水流形态的影响小,洪水河槽治导线与堤防平面轮廓线大体一致。对河势起主要作用的是中水河槽的治导线。中水河槽通常是指与造床流量相应的河槽。固定中水河槽的治导线对防洪至关重要,它既能控导中水流路,又对洪水、枯水流向产生重要影响。有航运与取水要求的河道,须确定枯水河槽治导线,它一般可在中水河槽治导线的基础上,根据航道和取水建筑物的具体要求,结合河道边界条件来确定。一般应使整治后的枯水河槽流向与中水河槽流向的交角不要过大。

对于分汊河段,有整治成单股和双汊之分。相应的治导线也有单股或双股。由于每个分汊河段的特点和演变规律不同,规划时需要考虑整治的不同目的来确定工程布局。一般双汊河道有周期性易位问题,规划成双汊河道时,往往需根据两岸经济建设的现状和要求,兴建稳定主汊、支汊的工程。

整治工程的布局,应能使水流按治导线流动,以达到控制河势、稳定河道的目的。建筑物的位置及修筑顺序,需要结合河势现状及发展趋势确定。

(4)整治措施。

第一,修建河道整治建筑物以控制、调整河势,如修建丁坝、顺坝、锁坝、护岸、潜坝、鱼嘴等,有的还用环流建筑物。对单一河道,抓住河道演变过程中的有利时机进行河势控制,一般在凹岸修建整治建筑物,以稳定滩岸,改善不利河弯,固定河势流路。对分汊河道,可在上游控制点、汊道入口处及江心洲的首部修建整治建筑物,稳定主汊、支汊,或堵塞支汊,变心滩为边滩,使分汊河道成为单一河道。在多沙河流上,还可利用透水建筑物使泥沙沉淀,淤塞汊道。

第二,实施河道裁弯工程,该工程用于过分弯曲的河道。

第三,实施河道展宽工程,该工程用于堤距过窄的或有少数突出山嘴的卡口河段。通过退堤以展宽河道,有的还以退堤和扩槽进行整治。

第四,疏浚,可通过爆破、机械开挖及人工开挖完成。在平原河道,多采用挖泥船等机械疏浚,切除弯道内的不利滩嘴,浚深扩宽航道,以提高河道的行洪及通航能力。在山区河道,通过爆破和机械开挖,拓宽、浚深水道,切除有害石梁、暗礁,以整治险滩,满足航运和浮运竹木的要求。

2. 河势控制及其规划的一般原则

(1)河势与河势控制。河势是河道在其演变过程中水流与河床的相对态势,可以以河道内主流线与河岸线的相对位置来表示。在河道演变过程中,主流线与河床边界时时处在调整的量变过程中,在一定条件下,也可能发生质的变化。例如蜿蜒型河段的撇弯现象和自然裁弯现象,以及分汊型河段的主、支汊易位现象。

通常所说的有利河势包含两层意思:一是指河势较平顺,即主流线与河岸线相对位置相适应,不会出现重大调整;二是指这种河势与两岸的工农业布局及城市建设要求相适应。人们往往采用工程措施将这种有利河势稳定下来,这就是所谓的河势控制工程。

河势控制工程必须在正确的河势控制工程规划指导下有计划、分阶段地加以实施,才能取得预期的工程效果。因为河道本身无时无刻不在变化过程之中,河势控制工程与其他水利工程项目不同,它具有更强的时机性和经验性,稍一不慎,就会失去有利时机,甚至使工程失败。

对于具有综合利用条件的河道,特别是大、中河流,制定河势控制规划,实施河势控制工程,为进一步对河道的整治打下基础,是非常必要的。

(2)河势控制规划的一般原则。河势控制规划是一项复杂的综合性规划。规划工作不仅要分析不断变化的河道演变过程,并掌握河道的变化规律,还要在此基础上处理好使用该河段水资源的各部门之间的关系,总结长期以来有关部门河势控制规划工作和河势控制工程的经验。河势控制规划的一般原则可以概括为:全面规划、综合利用;因势利导、因地制宜;远近结合、分期实施。

全面规划、综合利用是统筹考虑国民经济各部门的要求,妥善处理上下游、左右岸、各地区、各部门之间的关系,明确重点,兼顾一般,以达到综合利用水资源的目的。

因势利导、因地制宜是运用野外观测与调查、数学模型计算、物理模型试验等分析研究手段,具体分析本河段的特性及其演变规律,预测其发展趋势,还应总结本河段以往整治的经验教训,提出适合河段的整治工程措施。

远近结合、分期实施是指规划中应包括整治的远景目标和近期要求,分清轻重缓急,有计划地分期实施河势控制工程。

修建水利枢纽后河道的河势控制规划,除参照一般原则外,还应按照"调度与整治结合、上游和下游兼顾"的原则,选择水库调度的最优方案,以及选定技术上可行、经济上合理的河势控制与整治方案。

三、河道管理范围内建设项目的管理

随着我国经济建设的不断发展,涉及河道管理范围内的建设项目也越来越多。以往,由于其他非水利行业的建设单位对防治水害的特殊性不了解,往往为节省投资,在工程建设中侵占河道行洪断面、损坏堤防安全的事例层出不穷。另外,新建的工程由于没有防范洪水的措施,运行一段时间就因洪水而毁坏,如每年都发生桥梁被洪水冲毁的案例,给国家造成损失。为了维护水利工程和建设项目的安全有效运行,加强河道管理范围内建设项目的管理是十分必要的。

(一)建设项目的内容

在河道(包括河滩地、湖泊、水库、人工水道、行洪区、蓄洪区、滞洪区)管理范围内新建、改建、扩建的建设项目的内容,有开发水利(水电)、防治水害、整治河道的各类工程,跨河、穿河、穿堤、临河的桥梁、码头、道路、渡口、管道、缆线、取水口、排污口等建筑物,厂房、仓库等工业和民用建筑以及其他公共设施。

早期的建设项目存在的主要问题有:①跨河桥梁的桥墩设置过多,侵占河道行洪断面,有的桥梁底高程低于洪水位,阻碍行洪,造成河道上游多次发生洪涝灾害;②有的桥墩设置在堤身断面内,造成堤防渗透破坏;③有的桥梁底过低,阻断了堤顶交通,延误了防汛物资的运输;④有的管道穿越河道,影响了堤基防渗功能,如西气东输管道穿越淮河时,造成了重大的安全隐患;⑤有的码头栈桥底低于洪水位,阻碍行洪;⑥在行洪滩地兴建厂房、仓库等工业和民用建筑,这些都给水利工程和防洪安全造成严重危害。

(二)建设项目的特征

河道管理范围和建设项目是河道管理范围内建设项目审查的基本内容,建设项目在一个总体设计或初步设计范围内,由一个或几个单项工程所组成,经济上实行统一核算,行政上实行统一管理。建设项目具有以下特征:

第一,建设项目是按照一个总体设计或初步设计建设的,可以形成生产能力或使用价值的建设工程总体。因此,凡属一个总体设计中的主体工程和相应的附属配套工程、综合利用工程、环境保护工程、供水供电工程,以及水库的干渠配套工程等,都应作为一个建设项目的内容。即使这个总体设计内的各项工程分别在不同地区,分别由几个施工企业进行施工,也不能把它分割为几个建设项目,在一个总体设计内由单位分期建设的项目,也只作为一个建设项目,不得按年度分期另立项目。

第二,建设项目一般在行政上实行统一管理,在经济上实行统一核算。也就是说,每个建设项目,在行政管理上有独立的组织机构,该机构有权统一管理总体设计或初步设计所规定的各项工程,按照国家基本建设管理的要求,单独编制并执行基层建设计划;有权与其他企业或单位签订经济合同和建立往来关系,能够对建设资金的收支和建设成本进行统一核算和管理,并按规定单独编制财务决算和竣工决算等。

(三)建设项目的分类

1. 建设项目的一般分类

建设项目一般可进一步划分为单项工程、单位工程、分部工程、分项工程。

(1)单项工程。一般是指具有独立的设计文件,建成后能独立发挥生产能力或效益的工程。它是建设项目的组成部分。一个建设项目一般由一个或若干个单项工程组成,如水力发电站的单项工程是指拦河坝、引水工程、泄洪工程、电站厂房等。

(2)单位工程。单位工程是单项工程的组成部分,是指具有单独设计文件、独立施工、单独作为成本计算对象的工程。一个单项工程可划分为若干个单位工程,如水电站中的隧洞引水工程可以划分为进水口工程、隧洞工程、调压井工程、压力管工程等。

(3)分部工程。分部工程,是单位工程的组成部分,它是按安装工程的结构、部位或工序划分的,如水电站的厂房单位工程又可分为土方、打桩、砖石、混凝土和钢筋混凝土、木结构等分部工程。

(4)分项工程。分项工程是分部工程的组成部分,一般是按不同的施工方法、不同的规格划分的。如水利工程一般以消耗人力、物力水平基本相近的结构部位为分项工程,如溢流坝的混凝土工程,分为坝身混凝土、闸墩、胸墙、工作桥等分项工程。

建设项目种类繁多,它们之间既有量的差异,又有质的区别。为了适应建设项目科学管理的需要,应该根据不同的目的,按照各种不同的标志对建设项目进行分类。

2. 按投资用途分类

按投资的用途分为生产性建设项目和非生产性建设项目。

(1)生产性建设项目,指直接用于物质生产或为满足物质生产需要,能够形成新的生产力的建设项目。生产性建设项目包括工业建设项目、建筑业建设项目、农林水利气象建设项目、交通运输邮电建设项目、商业和物资供应建设项目和地质资源勘探建设项目等。

(2)非生产性建设项目,指用于满足人民物质生活和文化生活需要,能够形成新的效益的建设项目。非生产性建设项目包括住宅、文教卫生建设项目、科学实验研究建设项目、公用事业建设项目、行政机关和团体建设项目以及其他非生产性建设项目。

3. 按建设性质分类

按建设性质分为新建项目、扩建项目、改建项目、迁建项目和恢复项目。

建设项目的建设性质是按整个建设项目来划分的，一个建设项目只能有一种建设性质，在建设项目按总体设计全部建成以前，其建设性质一直不变。新建项目在完成原来的总体设计之后，又进行扩建或改建的，则应另作为一个扩建或改建项目。一个新建项目，如按总体设计的规模，分两期进行建设，第一期工程建成投产后，第二期工程继续建设的，则仍作为新建项目，不能作为扩建项目。

（1）新建项目，指在计划期从无到有、"平地起家"开始建设的项目。有的建设项目原有基础很小，经重新进行总体设计，扩大建设规模后，其新增加的固定资产价值超过原有固定资产价值3倍的，也属于新建项目。

（2）扩建项目，指企业、事业和行政单位，为了扩大原有产品的生产能力或增加新的效益，在计划期内新建的主要车间或工程的项目。

（3）改建项目，指企业、事业和行政单位，为提高生产效率，改进产品质量，或改进产品方向，对原有设备或工程进行技术改造的项目。企业为提高综合生产能力，增加一些附属车间或非生产性工程，也属于改建项目。

（4）迁建项目，指原有企业、事业和行政单位由于各种原因迁离原址到另外的地方建设的项目。在搬迁别地建设过程中，不论其维持原规模，还是扩大规模，都是迁建项目。

（5）恢复项目，指企业、事业和行政单位因自然灾害、战争或人为的灾害等原因导致原有固定资产全部或部分报废，而后又恢复建设的项目。在恢复建设过程中，不论是按原来的规模恢复建设，还是在恢复的同时进行扩建的项目，都算恢复项目。

4. 按建设规模分类

建设项目按批准的建设总规模或计划总投资分为大型、中型和小型三类。一个建设项目只能属于其中的一种类型。

建设项目的建设规模：工业项目是按产品的设计生产能力或投资额来确定的；非工业建设项目按工程效益（如水库的库容量、港口的年吞吐量、医院的床位数、学校的学员等）或投资额划分。

建设项目的建设总规模或总投资，应以批准的设计任务书或初步设计确定的总规模或总投资为依据。新建项目按项目的全部设计能力或全部投资计算；改、扩建项目按改、扩建新增的设计能力或改、扩建所需投资计算。分期建设项目，应按总体设计规定的全部设计能力或总投资来确定其建设规模,不应以各分期工程的设计能力投资额划分。

5. 其他分类

建设项目还可按隶属关系进一步分为直属项目、地方项目和部直供项目;按建设阶段分为筹建项目、施工项目和建成投产项目;等等。

(四) 建设项目管理的规定

为了加强河道管理范围内建设项目的管理工作,确保江河防洪安全,保障人民生命财产安全和经济建设的顺利进行,国家及各省也都出台了配套法规。我国关于建设项目的报批程序及相关要求主要有以下方面:

第一,河道管理范围内的建设项目,必须按照河道管理权限,经河道主管机关审查同意后,方可按照基本建设程序履行审批手续。下面列出的这些河道管理范围内的建设项目由水利部所属的流域机构(以下简称流域机构)实施管理,或者由所在的省、自治区、直辖市的河道主管机关根据流域统一规划实施管理:①在长江、黄河、松花江、辽河、海河、淮河、珠江主要河段的河道管理范围内兴建的大中型建设项目,主要河段的具体范围由水利部划定;②在省际边界河道和国境边界河道的管理范围内兴建的建设项目;③在流域机构直接管理的河道、水库、水域管理范围内兴建的建设项目;④在太湖、洞庭湖、鄱阳湖、洪泽湖等大湖、湖滩地兴建的建设项目。其他河道范围内兴建的建设项目,由地方各级河道主管机关实施分级管理。分级管理的权限由省、自治区、直辖市水行政主管部门会同计划主管部门规定。

第二,河道管理范围内建设项目必须符合国家规定的防洪标准和其他技术要求,维护堤防安全,保持河势稳定和行洪、航运通畅。

第三,交通部门进行航道整治,应当符合防洪安全要求,并事先征求河道主管机关对河道设计和计划的意见。水利部门进行河道整治,涉及航道的,应当兼顾航运的需要,并事先征求交通部门对有关河道设计和计划的意见。在国家规定可以流放竹木的河流和重要的渔业水域进行河道、航道整治,建设单位应当兼顾竹木水运和渔业发展的需要,并事先将有关设计和计划送同级林业、渔业主管部门征求意见。

第四,河道岸线的利用和建设,应当服从河道整治规划和航道整治规划。计划部门在审批利用河道岸线的建设项目时,应当事先征求河道主管机关的意见。河道岸线的界线,由河道主管机关会同交通等有关部门报县级以上地方人民政府划定。

第五，对于省、自治区、直辖市以河道为边界的，在河道两岸外侧各10 km之内，以及跨省、自治区、直辖市的河道，未经有关各方达成协议或者国务院水利行政主管部门批准，禁止单方面修建排水、阻水、引水、蓄水工程以及河道整治工程。

（五）建设项目的管理与监督

对河道管理范围内建设项目进行管理，是国家法律法规赋予相关人员的职责，也是水利管理工作的重要内容。安徽省水利厅为此出台了相应规定，以加强项目建设前、建设过程中和建成后的管理与监督。

1. 项目建设前的管理

（1）加强河道管理范围内的巡查，防止违章建筑。

（2）加强项目建设的审批管理。明确规定各级水利部门按大、中、小型建设项目在可研阶段和开工报告的审批权限和审批程序。审批的技术要求是：河道及水工程管理范围内的建设项目必须服从河道流域防洪规划，符合国家规定的防洪标准，符合水利工程设计、施工、管理的有关规定和规范，必须保持河势稳定和行洪通畅，确保江河、堤坝防洪安全。

蓄洪区、行洪区内的建设项目具体技术要求是：修建桥梁、码头、栈桥和其他设施，不得缩窄行洪通道，影响河势稳定。跨河建筑物应尽可能在河道中少设或不设墩柱，占用的河道行洪断面应有补偿措施。跨河、跨堤建筑物的上下游河岸和堤防应根据需要增做护岸、护坡、防渗工程。护岸、护坡、防渗工程必须由有相应水利设计资质的单位设计。

（3）桥梁、渡槽、管道等跨堤建筑物、构筑物的支墩不应布置在堤身设计断面内。

（4）为满足堤防的防汛抢险、管理维修等要求，立交的跨堤建筑物与堤顶的净空高度一般不得小于4.5 m。若确实难以做到的，应满足人行通道不小于2.2 m的净空要求，但建设单位应顺堤专设三级公路标准的防汛通道。

（5）桥梁和栈桥的梁底高程必须高于当地设计洪水位，并按照防洪和航运的要求，留有一定的超高；管道（顶管除外）和缆线需要穿过堤防时，必须在设计洪水位以上埋设，并采取相应的保护措施。

(6)堤防保护范围内的建设项目必须满足防渗要求。

开工手续即经过审查同意的建设项目(含水利项目和非水利项目),在开工前,建设单位应办理开工手续。

规定汛期不得破堤施工,跨汛期施工的工程,建设单位必须制定度汛方案,报相应的河道及水工程管理单位和防汛指挥机构。

经批准占用河道滩地、水域进行建设的,建设单位应向当地河道管理单位缴纳河道滩地占用补偿费;占用水工程的,建设单位按水工程原有标准予以修复、修建或给予补偿。以上内容由建设或施工单位与当地河道及水工程管理单位签订协议,协议签订后,建设项目方可开工。

2. 项目建设过程中的监督

建设项目必须按批准的建设方案和施工方案进行施工,在工程定线、测量、放样时,建设单位必须按管理权限邀请河道及水工程管理单位派员参加并接受其监督。建设项目涉及防洪、行洪安全部分的工程应由水利工程质量监督机构进行质量监督。

河道及水工程管理单位应加强现场管理,定期对建设项目进行检查,凡不符合上述规定要求的,应提出限期整改的要求,有关单位和个人应当坚决服从并严格执行。

3. 工程完成后的监督

工程竣工后,建设单位应邀请水行政主管部门和河道及水工程管理单位参加验收,验收合格后方可投入运行。"河道管理档案涉及河道自然面貌、河道水情、河道控制面积雨情、河道防洪灌溉工作体系等诸多方面,记录了河道水利工程的立项、预算、设计、招投标、建设过程、工程监理、工程验收和工程效益等整个过程,是在河道治理中创造的有形资产和宝贵财富。"[1]建设单位应在竣工验收后及时按管理权限向水行政主管部门和河道及水工程管理单位报送有关竣工资料,河道及水工程管理单位应建立工程管理档案。同时规定在堤防上修建的工程及其有关堤段的维修、管理、防汛任务,在建设期间由建设单位负责,工程交付使用后由使用单位负责,河道主管机关及河道管理机构应予以监督、指导。

---

[1] 张启军.河道管理档案收管用工作思考[J].山东档案,2021(5):52-53.

第二节 河道堤防管理

一、堤防管理的要求

（一）堤防管理的工程要求

不同堤防根据其保护范围和重要程度有不同的设计标准，总体来说，堤防工程应达到主管部门批准的设计标准，并且在设计洪水条件下，保证堤防安全。相关人员在堤防设计和施工时，应按规范要求进行，就堤防工程的具体管理来说，主要应做好以下方面：

第一，断面达标。堤防管理首先是堤防断面应当达到设计的标准，包括堤顶高程、堤顶宽度、边坡坡度、平整度、戗台高程、宽度、边坡等都应满足设计要求。

第二，结构稳定。对于断面达标的堤防，在设计洪水条件下，其结构还需满足安全稳定的要求，不能产生滑坡、渗透、塌陷、开裂等破坏现象而削弱堤防断面，影响堤防安全稳定。

第三，附属工程设施完好。作为堤防的组成部分，堤防的护坡、护岸、防浪、压渗、截渗、导渗等工程设施应当完好、有效，并能正常发挥作用。

第四，管理设施齐全。堤防的观测设施、交通设施、通信设施、生物工程、维护管理设施应当满足管理的要求，并能准确地反映工程运行和安全状况。

对于堤防的沉降观测、位移观测、渗流观测、水位观测、潮位观测、专门观测等，应根据工程级别、地形地质、水文气象条件及管理运用要求，确定必需的工程观测项目。要求通过观测手段，达到监测、了解堤防工程及附属建筑物的运用和安全状况，检验工程设计的正确性和合理性，为堤防工程科学技术开发积累资料等目的。

堤防的对内、对外交通应满足工程管理和防汛抢险的需要。要满足各管理处所、附属建筑物、险工险段、附属设施、土石料场、器材仓库、场站码头之间的交通联系，保证对外交通畅通。

堤防的里程碑、分界碑、标志牌、警示牌、观测标点、拦车卡、管理房和生产、生活附属设施应按需要设置。

另外,穿堤闸、涵、管、线及临堤、跨堤工程的建筑物不得降低和削弱堤防的设计标准。

(二) 堤防日常监管要求

堤防工程的检查包括日常检查、年度检查和特别检查。

日常检查,指堤防管理单位和管理人员,经常性地对堤防工程进行的检查和观测。检查的内容很广泛,包括管理范围内堤身有无雨淋沟、浪窝、滑坡、裂缝、塌坑、洞穴;有无害虫、害兽的活动痕迹;护坡块石有无松动、翻起、塌陷;沿堤设施有无损毁;护堤林草有无损坏;岸滩有无崩坍;埽坝、矶头有无蛰陷、走动等。检查要全面、细致,并做好记录,发现重大异常情况应当立即向主管部门报告。对于观测项目,相关人员要做好日常的观测工作。

年度检查,指每年的凌汛期,对汛前、汛后、大潮前后、有凌汛任务的河道的堤防工程及设施进行的定期检查。汛前应当重点检查险工险段情况,防汛准备情况;汛后应重点检查工程的损毁情况,是否发生变化,以拟定岁修计划。必要时可请上级主管部门派员共同进行检查。

特别检查,指发生特大洪水、地震、台风和重大事故等情况时,相关部门组织的针对堤防工程的专门检查。一般由有关方面工程技术人员共同参加,必要时还要进行专项检测和鉴定。

国内外大部分工程的异常情况不是先由仪器观测发现的,而是由人巡视检查发现的,因此加强堤防的日常巡视检查非常重要。

二、堤身的管理与维护

由于堤身主要是由土料修筑而成(特别是均质土坝)的,容易受到雨水冲刷、洪水冲击和害堤动物的侵害。为了保持堤防的抗洪能力,以防御随时可能出现的特大洪水,必须对堤防进行看管、维护与修复,这是堤防管理工作的一项重要任务。

堤防的管理设施主要是指为了便于对堤防进行管理而设立的工程观测设施[如水位、流量的观测站(点)等]、交通设施(如堤顶铺设的道路)、通信设施(如专用防汛线路)、生物防护设施(如防浪林和堤坡草皮)、管理用房设施

(如办公设施、护堤房屋等)、标志设施(如各类界线标桩、警示牌、宣传牌等)等。

(一) 观测站点

在河道上设立的观测或检测站主要是用于观测河道水位、流量、流速、水质分析和堤防沉降等有关内容。各类观(监)测站(点)的设立应当遵循七项原则:①应尽量接近观(监)测断面设置的地方,以减少信号传输的成本,特别是采用先进数字处理设备的站点尤其应当考虑;②观(监)测断面必须首要考虑选择在河道水文或水质具有代表性的地方设立,且满足观(监)测数量和质量的要求;③一般在进洪或泄洪工程的上下口门和大型水闸、泵站的进出口应当设立水位、流量站;④所选设备应当尽可能先进、安全和可靠;⑤应当充分考虑防偷盗等问题;⑥一般应当在河道的临水侧建透空结构的站点;⑦外观协调美观。

沉降观测点一般结合里程碑埋设,也可专门埋设,但所确定的水准点一定要有代表性,地形和地质条件复杂的地段要加密测量标点。

观(监)测站的维护除仪器本身的保养和维护外,还应重点考虑四点:①房屋不能漏水,否则会影响自测成果;②定期校验仪器记录的准确性;③河道自然特征变化对观测成果的影响;④水准测量标点是否被破坏或产生位移。

(二) 测压管组

目前,在堤防管理工作中,一般是在堤顶和内堤坡埋设若干组测压管,以通过分析堤防浸润线的变化了解河道水位变化过程中堤防的渗流情况来分析堤防的稳定性。

测压管的埋设一般应当考虑六项原则:①埋设处的堤防断面必须是在对堤防基础充分分析的基础上选择的具有代表性的断面,一般是在有可能出现渗流的弱质地段;②不得设在迎水坡;③必须保证堤身的渗水能够顺利地进入测压管,并能够准确反映出进水管段所在位置的渗透水位;④测压管的滤层能够对土料等杂质起到最大限度的过滤作用;⑤测压管的管口必须通过加盖等措施予以安全防护;⑥测压管的位置、埋深和数量等必须与设计要求一致。

堤防测压管的维护一般考虑五项原则:①要定期维护,一般每年的汛前都要检查维修;②进水管和导管如果已经腐烂应及时更换;③过滤层如果失效要予以更换;④测压管如果发生堵塞应及时冲洗,以免影响使用效果;⑤设置的管口保护设备一定要安全可靠。

(三) 交通设施

交通设施主要是指为了防汛抢险车辆畅通和便于管理单位管理而设立的硬化道路。根据材料不同主要有泥结石、沥青、混凝土等结构形式。其主干道的设置一般是在堤顶或背水坡的戗台,应当尽量沟通各管理地点和主要附属建筑物、险工险段、防汛材料的堆场(仓库)。

(四) 通信设施

通信设施是指除公共通信网络以外,为满足堤防工程管理单位维修管理、防汛抢险、防凌防潮等工程需要而设立的专用通信网络。

专用通信网络的设置应当符合流域或地区防汛通信网络规划,与上级防汛指挥机构和邮电通信网络能够沟通,信号良好。无线通信设备的配备应当符合无线电管理机构的要求和水利部的相关规定。

通信线路的养护应由专业队伍承担,根据所采用的网络功能、设备型号,按照国家有关规定采取相应的修理养护措施。但最基本的要求是应当保持设备的良好运行状态、通信畅通无阻。

(五) 生物防护设施

堤防的生物防护设施主要包括在迎水面护堤地栽植的防浪林和保护堤身的草皮植被,其主要作用都是减轻风浪对堤身的冲刷,提高堤防的抗洪能力。

防浪林的栽植应当符合四项要求:①树种选择应当做到适地适树,选择耐湿性强、抗逆性好、枝条柔韧、生长速度快的树种;②林间结构优化,最宜采用乔灌草结合的立体紧密性结构;③株行距适宜,既不形成阻水障碍,又能起到最佳防浪效果;④栽植宽度不能超过法律法规和规范性文件的要求。

防浪林的维修养护是提高其功能的重要手段,因此必须注意五点:①每年秋季都要修枝打杈,为了提高树木的防浪能力,一般应使成年树木的树冠中部与设计洪水位基本一致;②要注意病虫害的防治,根据不同病情和虫情(虫口密度)选择适应的农药予以防治;③去除枯腐树木;④处于快速生长期的树木要适当施肥;⑤干燥季节要注意防火。

堤坡草皮的选择也要符合堤坡土质和气候环境的要求，一般来说，没有经过当地驯化的引进草种不宜栽植；草种应有发达的根系，水土保持特性良好；草的抗性优良，不至于被其他杂草侵蚀。

堤防内侧护堤地一般用于栽植用材林和经济林，主要作用在于水土保持和获取经济效益。应当根据不同的目的选择树种和采取不同的抚育措施。

（六）管理用房设施

管理用房主要是管理单位为了管理堤防的便利而设立的用房（或防汛哨所），一般包括管理单位基层组织人员办公和生活用房、护堤（林）人员居住的用房。这些房屋的建设应本着有利于管理、方便生活和经济适用的原则。①一线基层的用房应尽可能地选择在既靠近堤防又与城镇相距不远的地方，也可以办公与生活设施分建；②护堤员用房应沿堤建设；③面积应当适中，特别是护堤房要能满足看管人员生活需要；④分布要合理，采用人员集中管理和机动护堤方式的管护房屋，一般应在堤防工程的相对中间位置和交通方便的位置建设为好；⑤外观设计应统一和美观。

另外，管理单位沿堤建设的生产用房，也属于堤防工程的管理设施。

（七）标志设施

堤防的标志设施主要包括法规宣传牌、工程介绍牌、警示牌、里程碑、百米桩、行政区划界碑、土地界桩等。这些辅助设施的制作、设置和维护应满足以下要求：

第一，宣传和介绍标志应当分布合理，书写规范工整，表达内容应与设置位置相关联。质地和埋深应当安全可靠，面积和色彩上要有一定的视觉效果；对限制通行和卡口设置的标志应当按交通标志设立要求进行，并选用反光材料制作；对损坏的标牌要及时修复或更换，字迹不清的要重新描绘。

第二，里程碑、百米桩、土地界桩和行政界线标志的位置必须与实际地理位置保持一致，材料应当坚实耐腐，要有一定的埋深。位置一旦确定后一般不得调整，所标示的内容应当准确清晰。

第三，各类标志设施设置时都要充分考虑到安全性。

三、穿堤建筑物的管理与维护

穿堤建筑物有多种，数量较多的是沟通河道两侧沟、河的穿堤涵闸，另外还有旱闸、供水（气）管道及穿堤线缆护槽等。穿堤建筑物属于堤防的一部分，同堤防的御洪功能一样，穿堤建筑物也承担拦洪作用。为了保证堤防安全防洪，必须对穿堤建筑物进行管理与维护，尤其是穿堤涵闸的管理与维护更加重要。

（一）穿堤建筑物的分类及其管理要求

1. 穿堤涵闸的管理要求

穿堤涵闸是为保持原有水系排、引水功能而兴建的穿堤建筑物，主要由土工构筑物（闸室或涵洞、上下游翼墙、护坡等）和闸门及其启闭系统构成，具有防洪和引、排水功能。闸底板或涵洞均建在地面下的堤基部位，由于工程实体承受较大的水头压力，工程缺陷或管理运行不善，会对防洪、排涝造成巨大影响，甚至出现垮塌事故。

穿堤涵闸的管理要求包括：①看护好所有工程设施，使其免受破坏，发现有损毁或破坏部位应及时修复；②对闸门及启闭机系统要定期检查与维护；③按照防洪、排涝调度命令进行操作。较大的穿堤闸工程，通常专设管理机构或指定相关单位代管，较小的穿堤涵洞一般从属于堤防管理。

2. 旱闸的管理要求

有两种情况须兴建穿堤旱闸：一种是在码头处为便利车辆、行人交通而建；另一种是靠近造船厂，为便利将已造好的船舶牵引入河而建。旱闸主要由穿堤箱涵、翼墙、护坡及闸门构成，闸底板一般平于地面，平时不过水，故称旱闸，只在汛期时放下闸门拦洪而中止交通。

旱闸的管理要求包括：①检查构体是否有被车辆撞坏的部位和闸门槽毁坏情况，以便及时修复；②检查土堤与构筑物接合部是否有扰动，形成塌陷、冲沟等，若有此类情况应及时处理以保证防汛安全；③落实装拆闸门的单位，责任到人，按调度命令安装闸门防洪。旱闸的管理、维护单位，一般由受益的航运部门、造船厂承担，同时也负责闸门的装拆。

3. 穿堤管道的管理要求

穿堤管道有引、排水管道，输气、输油管道，穿堤线缆护槽等。从穿堤位置来看，有从设计洪水位以上穿堤的，也有从设计洪水位以下穿堤的。从设计洪水位以上穿堤的，对堤防防洪影响相对较小，做好爬堤管道墩台及近堤墩台与堤防接触处的处理即可。由于爬堤管道一般需要在河道内建泵房，加之要采取顶管施工技术，成本高，技术难度大，现在很多引水管道都从设计洪水位以下或堤基穿堤，因而对堤防的防洪影响比较大，应当做专门设计，并重点做好防渗处理。

（二）穿堤建筑物的检查与维护

定期检查是穿堤建筑物管理的重要内容，通常随堤防检查一并进行。由于穿堤涵闸数量较多，闸门启闭运行频繁，所以对穿堤涵闸的检查与维护是堤防防汛中的重点环节。

1. 穿堤涵闸的检查

穿堤涵闸的检查工作，包括经常检查、定期检查、特别检查和安全鉴定。经常检查，由涵闸直管部门（闸管所或穿堤涵闸所属堤防管理段）施行，不定期对涵闸各部位、闸门、启闭机、机电设备、涵闸附近堤防等进行检查，尤其对容易发生问题的部位要经常检查，完毕后做好检查记录，以备研究确定维护或修复措施。定期检查，每年进行两次，汛前、汛后各一次，通常由上一级主管部门负责组织进行。汛前着重检查岁修工程完成情况、度汛存在的问题及采取的措施；汛后着重检查工程变化和损坏情况，据以制订岁修工作计划，检查完毕后填写"汛前（后）检查责任卡"以备案待查。特别检查和安全鉴定，是指涵闸在运行中出现重大故障，如闸门提不起来或落不下去、启闭机运转失常、闸门漏水过大等，且原因不明，需组织有关专家现场检查"会诊"，查明原因，制定处理措施，并对该闸（涵）作出安全鉴定。鉴定的内容包括：涵闸是否需要进行大修，运行过程中应注意的事项，或出现故障时应采取的应急处理措施。

2. 穿堤涵闸的维护

穿堤涵闸维护有日常保养、小修、岁修、大修几种层次的养护与维修。日常保养、局部修补、运行中抢修等小修,通常由直管单位随时进行,并做好详细记录;岁修和大修,根据定期检查情况,编制维修计划,报上一级主管部门批准后实施,完成后由主管部门组织验收。

四、堤防护坡的管理与维护

堤防的主要作用是限制洪水在河道内行洪,河道内水位较高时,必然对堤防形成冲刷,加上风浪的作用就容易造成堤坡的崩坍,从而形成灾害。因此,必须对堤坡进行防护。堤防护坡的种类主要有工程护坡和生物护坡两类。无论哪种形式的护坡,建成后管理单位都应该认真管理与维护,以使护坡工程发挥持续的防护功能。

(一)工程护坡的管理与维护

工程护坡根据所选材料的不同可分为:①干砌块石护坡,主要是由从山体开采的岩石经人工敲打后铺砌而成。②浆砌块石护坡,主要是由经过人工敲打后的岩石用水泥砂浆或小石子混凝土胶合材料铺筑而成。③素混凝土护坡,主要是采用符合规范要求的素混凝土在堤坡处铺筑,由于工程造价较高,而且在洪水冲击后特别是在基础淘空情况下容易引起整体下滑,因此,除非在石料十分短缺的地方,一般不采用。④混凝土砌块护坡,主要是将素混凝土通过模型制成砌块铺砌。此护坡具有方便铺筑和便于更换维修的特点,特别是用机械冲压而成的混凝土砌块强度很好,因而逐渐受到青睐。混凝土砌块又可根据连接的形式不同分为一般平面咬合砌块和立体三维连锁砌块。

不管采取何种形式的护坡,在铺筑时都要首先整理堤坡,也就是使堤坡达到设计护坡的坡降,然后根据设计要求铺设黄沙和碎石,作为工程护坡的反滤层。工程护坡的管护与维修要根据不同的护坡类型而采取不同的管护方式,但总的来说,应当做到以下方面:

1. 定期检查,平时巡视

应当加强对护坡工程的巡视与检查,具体工作主要包括汛前和汛后的定期检查,以及日常检查。重点检查护坡块石是否缺损,反滤层的出水口能否正常出水,护坡的封顶和基脚是否完整,坡面的排水沟和顶部的截水沟是否被破坏,能否正常截、排水,护坡坡面是否下滑。素混凝土护坡还要注意检查坡面有无龟裂,混凝土砌块咬合缝是否整齐。

2. 及时进行护坡维护

对发现有问题的护坡应当及时予以维修,具体如下:

(1) 坡面维修。护坡坡面块石缺损,修补时要把损坏面打开得大一点,以便于施工。凡是反滤层已经损毁的应当首先修复,选择的滤料应和原护坡的要求一致。石料应当质地坚硬,不易风化,不得有剥落层和裂纹,禁止使用小块石,单块重应≥25 kg,最小边长≥20 cm。砌筑时不得留有通缝、对缝、空洞。石料应尽可能立砌,不能有浮石。砌石表面应尽可能平整。如果是浆砌块石护坡,还应要求砂浆配合比符合设计要求,空隙用小石块填塞充满。素混凝土护坡如果产生裂缝,应及时采用原设计标号的混凝土及时予以修补,如果因基础不稳而出现下滑,则应按设计要求重新铺筑。采用浆砌和素混凝土材料做的护坡,还要注意排水口应当通畅,不畅或被破坏的要及时修复。一般来说,混凝土砌块护坡不易损坏,如果有被偷窃或缺损的则可按照先完善垫层后补充砌块的办法予以修复。

(2) 勒脚与压顶修复。一般来说,除了混凝土砌块护坡以外,大多数护坡都采用了浆砌块石勒脚。勒脚在受到洪水强力冲击后可能会由于基础破坏而坍塌,汛后必须尽快予以恢复。恢复时首先必须按照原来的设计断面开挖基槽,如果基础破坏较大还必须适当挖深。石料应当分层砌筑,各个砌层都要坐浆,做到边铺浆边铺筑,层石之间应骑缝,内外石块应交错搭接。勒脚所用块石也应当满足块石护坡面石料的要求,其体积和重量可以更大一些。块石护坡封顶的修复与勒脚的恢复在要求上基本一致。

(3) 清除截、排水沟杂物。为了避免在雨水集中时汇流对护坡的冲刷或在护坡内潴留,通常都要在护坡的顶部修一条截水沟,在护坡的坡面上修若干条排水沟。管理单位要检查这些截水沟和排水沟是否堵塞,及时清除沟内的杂草、杂物以免影响截(排)水效果。

(4) 清除护坡缝生杂草。干砌块石护坡如果缝隙较大则会在缝中长出杂草,甚至杂树,不仅影响了护坡的外观,久之还可能对护坡的稳定产生一定的影响,所以对这些杂树、杂草必须予以清除。对一些萌发力强的杂树、杂草必须持续且多次清除才能彻底消除。

(二)生物护坡的管理与维护

生物护坡一般来说指草坡护坡,也有采用植草砖的。在洪水滞留时间不长、流速相对缓慢、吹程不大、波浪较小的堤段,特别是不处于迎流顶冲河段的堤坡,为了节省投资而且不影响防护效果,多采用草坡护坡。

草坡的管理维护要比工程护坡相对复杂,应当做到以下四点:

第一,如果原植草皮已经衰退或由于洪水冲击(浸泡)已经枯亡,则必须更换。新换草皮的生物学特性应当与堤坡土壤的化学特性基本一致,且根系发达,具有很强的固土与耐湿防冲功能。如果原植草皮生长优良,防护效果很好,则应采用原有草种。特别要注意的是,未经小区适应性试验的草种,无论其表现如何都不要盲目引种。栽种草皮大致有籽播和铺植二种,前者是把草种直接撒播在堤坡上,后者是在草皮培育好后带土移植到堤坡上。新植草皮护坡要根据阳光和土壤含水量的情况采取遮阳和浇水等抚育措施,直到新草皮已经扎根生长。

第二,要及时清除护坡上与护坡草皮共生的其他杂树、杂草,以使护坡草皮能够得到足够的土壤养分。同时也可以防止一些生长能力更旺的杂树、杂草侵蚀护坡草皮。

第三,防治护坡草皮的病虫害是维护护坡草皮正常生长的重要手段。在草皮虫口密度较大时要及时防治虫害,要根据不同种类(咀嚼式口器或刺吸式口器害虫)和虫龄阶段而选择适当的防治农药。草皮的病害也比较多,而且病原也很复杂,当病害对草皮生长已经产生一定影响时就必须采取相应的防治措施。

第四,对一些非匍匐性生长的草皮还要根据其生长特性及时修剪地上部分的茎叶,以控制其生长和提高护坡的观赏效果。

五、防浪林的管理与维护

(一)防浪林的作用及其栽植

防浪林是生态型防护林的重要林种,主要指在江、河、湖岸边营造耐水性树种组成的人工林,是利用林带树冠、干、枝、根的机械阻力和枝干间分流作用,达到降低风速、降低浪高、延缓水流对堤岸冲击目的的林种。

1. 防浪林的作用

(1) 防浪护堤。在江、河、湖岸边营造的防浪林带,树木的枝、干、叶具有不同的开张角度,在人工造林的不同密度、不同配置下,树木间不同层次对风浪的机械分流,消耗了能量,减少风浪对堤防或岸坡的冲击,起到降低风速、减低浪高的作用。

长江流域防浪林带的营造一般按防浪林距堤外脚 5 m,林带宽 50~70 m,株距、行距 2~3 m 的要求种植旱柳。在历年防汛抗洪中,防浪林显示了它特有的作用,有防浪林的堤段抗御风浪袭击的能力大大加强,无防浪林的堤段则浪坎严重。

(2) 保持水土。林带及其个体根系截持水流中泥沙,减慢流速,使水中泥沙沉淀,平淤滩涂,利用树木发达和稠密的根系固着力,保护土壤,防止水土流失,保护堤防与岸滩。

(3) 改善生态环境。治理空气污染与水源污染,植物利用叶片吸附空气中的尘埃,吸收有害气体,提高空气的含氧量。对水体浑浊的河流,植物根系与其他生物配合,清洁水质。水湿地区存在血吸虫危害,以林代芦,消灭钉螺,切断血吸虫寄生对象,以达到灭螺防病的效果,对自然界的生态平衡起到积极作用。

2. 防浪林的栽植

(1) 防浪林树种选择。

第一,选择耐水性强的树种。这是防浪林树种必须具备的先决条件,以杨柳科植物最有代表性。这类树木能忍受水淹的环境。

第二,乡土树种。经过历代变迁后遗留下来的本地树种,适应性强,抗性强。

第三,速生、繁殖力强、抗逆性强的树种。速生树种自然分枝多,树冠开阔。无性繁殖方式使树木在短期内受到的伤害能够自我恢复,缩短林木培育时间。

(2) 防浪林造林密度。造林密度泛指在造林地上栽植幼苗的起始密度。早期幼苗抗性弱,需要保护,一般用高密度造林,以便幼苗的保存与成活。

幼苗到成活期,进入生长发育阶段,这个阶段要加强抚育管理,防治病虫害,适当施肥,注意林木防火,促进林木生长,3 年后合理修枝,5~8 年后林带进行间伐,保持合理密度,当林木平均生长量接近最大值并开始下降时,可以考虑林带更新。

(3) 造林季节。造林是一项季节性强的工作。各地气候条件、土壤、树种等各不相同,造林时间上自然存在差异。防浪林造林时间一般选择在春季、冬季为宜。

春季造林:气温回升,蒸发量大,在植物未萌动之前,集中劳力造林,选择植苗造林或插干造林。春季造林要做好苗木保水措施,造林后及时浇水,以利于树苗生根发芽。

冬季造林:冬季根据土壤墒情,在霜冻期选择土壤解冻时造林,树苗处于休眠期,进入春季容易生根成活,通常用植苗造林方式较好。但要避免刮风天气。

(4) 造林方法。防浪林营造方式主要有两种:植苗造林与插干造林。

植苗造林,也称挖穴造林或根苗造林。造林整地后,将带根的苗木放置在栽植穴内,覆土后踩紧踩实。具体做法:先结合造林整地,挖好栽植穴,穴比苗木根系适当大些,栽树前若有条件可对苗木进行吸水处理,将苗木根系浸入水中24 h,栽树时,两人作业,一人扶正苗木于栽植穴中央,根系展开,一人培土,填土一半后提苗踩实,再填土踩实,最后覆上虚土,造林技术规程上称其为"三埋两踩一提苗",以保证造林质量。

插干造林,是江、河、水网地带群众所喜好的植树方法。利用树木的树干、枝丫萌芽能力强的特点,直接或借助打孔器插入造林地,适宜树种主要为杨柳科植物。插干造林优点是省工省钱。插干造林需要保证的是:①土壤疏松、肥沃;②地段水源充足;③插干深度到地下水位线上。另外,选用的树苗和枝条以一、二年生为宜。

(二) 修枝与更新

1. 防浪林的修枝

防浪林修枝目的是调节树木的内部营养,促进枝干生长,消除萌生枝,减少病虫害,提高防护能力。

修枝时间:幼树一般三年以上,经营条件好的可提前。

修枝季节:一般在晚秋或早春较好。

修枝技术:小枝可用修枝剪修去或用利刀紧贴树干由下向上进行剔削,

粗大的枝条用锯子锯断。修枝高度控制在树高的五分之二,修枝时,不宜撕裂树皮,修枝切口平滑,防止机械损伤。

2. 防浪林的更新

防浪林树种生长到达一定年限或受到其他外界条件影响,防护能力处于下降趋势,可以考虑采伐更新措施。如柳树 25 年、杨树 20 年自然生长条件下就会面临枯萎现象,受到大水或病虫害影响,更新时间会提前。下面介绍两种方法:间伐更新与皆伐。

间伐更新,也称局部更新。针对部分林木林龄不同,受到自然灾害、病虫害、自然地理条件的影响,造成部分林木衰退,可以组织间伐更新。间伐更新时将更新的林木清除干净,以免影响相邻的林木。

皆伐,也称全部更新。防护林已经过熟,防护能力下降,病虫害越来越重,治理成本高,可以全部砍伐过熟林,重新进行造林。

六、堤防管理的信息化

(一)实现堤防管理信息化的重要意义

第一,堤防管理的信息化可有效提高相关部门的决策水平。堤防管理信息化是我国堤防管理的现代化要求,也是有效提高防汛抢险能力的手段和方式,为堤防管理部门及时、准确地进行决策提供依据。堤防管理信息化大大提高了数据的准确性和数据传输的及时有效性,为更好地进行数据分析和推测提供科学依据。

第二,堤防管理的信息化可有效提升建设投资的回报率。过去只注重对堤防工程的建设,而忽略了对其的管理,现在要将过去的思想转变为重视工程建设的同时,更注重其非工程建设。只有这样,才能有效实现堤防工程管理的有效体系,才能够让堤防建设实现经济方面的价值,才能让支出和投资有所回报。

第三,堤防管理的信息化是水利工程管理实现历史性变革的需要。当前我国堤防具有线长、面广、工作环境恶劣及具有一定危险性等特点,因此在进行日常管理的过程中便显得力不从心,缺乏有效的管理手段。不仅如此,因为数据的误差有可能会导致数据的无效性,从而导致浪费更多的人力和物力。在实现堤防管理信息化的基础上,工作人员可以通过计算机获取完整数据并进行智能分析,并通过这些信息化数据进行计算和推测,这将是未来发展的趋势之一。

堤防管理信息化是科技发展到一定阶段的产物,也是提高堤防管理的有效措施之一。建立堤防数据管理模式,可以大大提高办公效率,有利于推动水利事业的健康、稳定、可持续发展。

(二)实现堤防管理信息化的有效策略

1. 不断提高信息采集水平,形成采集网络

采集网络的建立是堤防信息化得以实现的基础和前提,主要是通过对水情监测站点,水文、地质等相关情况数据,以及地形地貌等一系列相关信息的采集、存储、分析和整理,最终实现信息数据的完善和综合,形成一个立体的数据网络平台。数据网络平台中,相关信息的收集主要体现在以下方面:

第一,堤防险工段以及典型段的监控数据。这是堤防管理信息化的一个重要方面,主要收集堤防底基防渗工程的相关数据以及穿堤建筑物与堤基、堤身的渗流、渗压数据,包括相关压力、反力、结构应力等。

第二,实时水情的信息收集和数据监控。这些数据的收集主要来自不同的水情分站,主要收集河流、地下水站、水闸等静态图像和动态数据,还包括堤防所在区域的人口、社会、经济、防洪工程、相关财产信息和防汛救灾物资等相关信息,这些数据要求分类仔细、准确,存储安全。

2. 建立多目标的应用层,加强堤防的日常管理和数据收集

应用层数据的收集直接影响堤防管理信息化的程度,主要以数据为前提和基础,并在结合了新的网络技术的前提下不断完善新功能,增强使用效率,最终实现数据的堤防管理的信息化不断向智能化发展。不仅如此,对于多目标的应用层的建立还体现在对险工险段的安全评价、抢险等相关预案的制定以及所涉灾害的评估等。在这里强调加强地方的日常管理和数据收集,主要体现在其功能的基础性和重要性方面,一方面可以有效更新数据库,掌握即时动态信息,同时利用网络通信技术为工作人员建立统一的网络共享平台,实现办公自动化的同时加强数据的维护和使用效率,为有效开展工作提供良好的基础。

3. 建立科学有效的决策系统，形成良好的人性化服务体系

科学有效的决策系统的建立是在所有数据的基础上综合而成的。决策系统的形成可以为相关部门提供一定的数据依据，为堤防险情提供参考，也为重点堤段的防汛工程提供有效的调控。这些都是在计算机提供数据模型的基础上形成的，可见，良好的人性化服务体系对于日常堤防管理信息化来说具有重要作用。友好的人机交换界面的使用可以让信息系统中的数据活起来、动起来，满足人们对数据有效性、便利性的需求。通常状况下，数据一般都包括地图的平面显示和空间呈现，堤防的断面图像查询以及其他相关数据的收集等。

随着社会的进步，对堤防管理信息化的要求越来越高，针对当前技术的研发状况，要加大相关技术的应用和研究，例如利用传感器技术对水利信息进行的自动化数据收集，通过对大量数据的分析进行相关模型的技术开发等，以便更好地对数据进行收集，提高堤防管理信息化水平和能力。

第三节　河道堤防的险情处理

一、三线水位的确定与巡堤查险的要求

河道在宣泄洪水时依靠堤防抵御洪水，保护人民生命财产安全。为规范堤防管理和防汛工作，通常把三线水位作为防汛指挥及防汛责任划分的依据，不同的水位投入不同的人力、物力，采取不同的巡堤查险措施，以节省防汛资源。

（一）三线水位的确定

河道主管部门和防汛指挥部门将堤防的防御水位设定为设防水位、警戒水位、保证水位，统称三线水位。

三线水位确定的原则是：设防水位为堤防开始挡水时的水位；保证水位为堤防的设计洪水位或历史上曾出现过的最高洪水位；警戒水位为历年防汛

时堤防常会出现险情时的水位。警戒水位位于设防水位和保证水位之间，随堤防的除险加固或堤防达标，警戒水位将会逐步提高。

三线水位的确定一般是由河道主管部门或防汛指挥部门正式发文确定，在防汛工作中具有法律效力。

（二）巡堤查险的一般要求

堤防管理部门应组织堤防管理人员首先熟悉本堤防的基本情况，如堤身的土质、堤基的地质条件、原先的施工质量、历史上有无险情、历年的加固情况以及现有的堤顶高程、顶宽、堤身内外坡度及护坡材料、上级确定的三线水位，一旦发生险情的抢险预案等。

由于堤防线长、面广，堤顶、堤坡容易遭受风雨侵蚀、人为和生物破坏，正常情况下，堤防管理部门应组织堤防管理人员分段包干，定期巡堤查险，发现异常及时反映。对一般的小坑、小雨淋沟、堤顶积水、堤顶坍坑、堤肩坍塌等问题，管理人员应就地及时处理，以防逐渐恶化。

当水位达到设防水位时，堤防管理部门应组织堤防管理人员巡堤查险。重点查：堤身是否平整，堤坡有无雨淋沟，堤顶有无凹坑，堤坡草皮或护坡是否损坏，堤坡的坡面有无隆起、洞穴，尤其是有无白蚁巢穴。堤身有无裂缝，尤其是堤肩有无裂缝。堤脚和护堤地范围内有无凹坑、沼泽化、弹簧土。涵闸的启闭机、闸门和洞身沉陷缝止水是否完好。对于查出的问题，必须认真记录，及时处理，并向上级汇报。

当水位达到警戒水位时，当地政府的防汛部门将组织部分民工上堤巡堤查险，除检查以上项目外，还要检查迎水坡有无浪坎，堤脚和护堤地范围内有无散浸、管涌，附近水塘、水田里有无水花、气泡等。同样对查出的问题也应认真记录，做好标记，有条件的应立即处理或上报上一级防汛部门。对较严重的险情，须派人日夜守护。这时，堤防的防汛职责虽然已转移给当地政府的防汛部门，但堤防管理部门仍应积极配合、介绍情况，为防汛工作服务。

当水位达到保证水位时，表示堤防按设计能力已达到防御的最高洪水位，当地政府的防汛部门应组织更多民工上堤，除加密完成以上各项检查项目和堤防的日夜守护外，应准备较充足的抢险物资，排除一切可能发生的险情，尽最大努力维护堤防的安全和保护区内人民生命财产的安全。当堤防出现重大险情，视险情发展及抢险情况，必要时当地政府可申请部队支援抗洪抢险。但防汛决策部门还应做最坏的准备，提前撤离老弱妇孺，转移重要的财产,一旦发生人力不可抗拒的险情,就应立即组织保护区的人员和防汛人员安全撤离。

二、堤防的除险加固

堤防在防洪、运行过程中,由于填筑碾压不实、堤身内部隐患、防洪标准偏低等原因,常会出现漫顶、管涌、塌陷、滑坡等险情。为保证堤防的防洪安全,通常采用加高培厚、放淤固堤、锥探灌浆等除险加固措施,以提高防洪标准,增加安全保障。

(一)加高培厚

加高培厚就是在原有堤防的基础上,增加土料抬高堤顶高程,加大堤身横断面尺寸。对于土堤,加高培厚是一种比较简单方便的加固措施,也是堤防管理中正常维修的措施之一。为保留临河坡的植被防护或原有护坡设施,大多在背水坡加高培厚。同一般堤防填筑的施工方法一样,填筑前需将增宽的堤基、原堤坡、堤顶的杂草、树根等清除干净,层层碾压填筑,满足堤防等级确定的压实度要求。为保证新老堤身良好结合,原堤坡开挖成阶梯状,以便于层土搭接。堤防加高培厚的设计,首先要施测原堤防横断面图,根据规划所确定的堤顶高程、堤顶宽、边坡在横断面上套绘加高培厚设计线,在图上推算出培厚宽度,从而计算出加高培厚土方量,而后再进行取土坑面积、拆迁赔偿范围等施工布置。堤防加高培厚主要有以下情况:

第一,在多沙的河道上,由于河床不断的淤垫抬高,排洪断面日益缩小。为了宣泄一定的洪水,必须抬高堤防的高度,以适应防洪的需要。因此,在河道淤积泥沙未根治之前,每隔一定年限,堤防就须加高一次。为保持堤身稳定,堤顶加高了则必须按原边坡进行培厚。

第二,堤防在防洪运用一定年限后,由于多年的风吹雨淋、洪水浸泡,或因堤顶交通量大,或因年久失修,或以上几种原因兼而有之,造成堤身土体塌落与销蚀,堤防高度和宽度不够标准,不能满足防洪的需要,必须进行加高培厚。这属于堤防管理中的正常维修措施。

第三,河道设计标准的提高:在中小流域上兴建水利工程时会遇到流量资料不足或代表性差的情况,河道将可能出现比原设计更大的洪水,为满足国民经济发展和堤防安全的需要,必须提高洪水设计标准;或上游河流水系进行调整后,来量加大,抬高洪水位。这些均需对堤防进行加高培厚。

第四,由于堤防原断面偏小,或因堤身多为沙性土,堤身浸润线的出逸点较原设计有所抬高,易出现险工,需培厚堤身降低出逸点,以保证安全。

第五,河道清淤、河槽拓宽需堆放弃土,结合培厚堤身,以利防洪与交通等。

第六,跨河建桥,建穿堤涵、闸、站等情况下,堤身与构筑物接合部位必须加高培厚。总之,在堤防管理中,堤身断面只准培厚,不准削弱。

(二) 放淤固堤

放淤固堤又称冲填或吹填固基,其原理是将含有泥沙的浑水,送入堤防两侧的放淤区内,使泥沙沉淀淤宽堤防断面,用以弥补堤身、堤基的质量缺陷和堤身断面不足。泥沙沉淀后析出的清水或用于灌溉,或自流入河中。放淤区设在背水侧的称"淤背",在临水侧的称"淤临"。放淤固堤技术在长江、淮河、黄河等流域的河道治理中均有大量应用。

1. 放淤固堤形式

按引水和输水方式不同,放淤固堤形式有自流放淤、站淤和船淤等形式。

(1) 自流放淤。利用大河水位与背水侧地面的天然高差,通过大堤上的涵闸或虹吸工程向淤区自流引水,淤填洼坑,淤高地面,以达到加固堤防的目的。黄河汛期河水含泥沙量大,河底高程高于两侧地面,具有"悬河"的特点,成为自流放淤的有利条件。

自流放淤固堤宜在汛期水位高、含泥沙量大的时间进行。黄河汛期在 7—10 月,平均含沙量 $30\sim50$ kg/m^3,有时高达 $200\sim300$ kg/m^3。抓住汛期出现沙峰的有利时机放淤,其淤积效果更佳。自流放淤的流量主要由穿堤涵闸或虹吸的过水能力确定,一般为 $5\sim30$ m^3/s。多数自流放淤都与当地放淤改良土壤的目的相结合,淤区较宽,一般可达 $200\sim300$ m,有的更宽。

自流放淤不需动力引水,无疑投资最省,且所引浑水中悬移质泥沙颗粒较细,淤积土质较好;缺点是受大河来水来沙条件的影响比较大,且退水量多,受排水条件的限制较大,往往与涝水排放发生矛盾,影响放淤计划的进行。

(2) 站淤。为了淤垫抬高地面,利用涵闸或虹吸管后的扬水站,引水或提水进行放淤固堤,简称"站淤"。与自流放淤一样,引用的都是自然含沙的河水,只是多了扬水环节与投资。站淤流量一般为 $2\sim5$ m^3/s,淤区宽度 100~

150 m。

（3）船淤。由挖泥船抽吸河槽内的泥沙，泥浆通过管道输送到淤区，垫高地面加固堤防，简称"船淤"。采用挖泥船疏浚河道，主要目的是挖深拓宽河槽，加大过水断面，其挖河弃土结合淤背或淤临的形式布置。工作原理由挖泥船的绞刀扰动河底或岸坡的泥土，将含泥沙 10%～15% 的泥浆（沙性土含量较高，黏性土较低）由泥浆泵吸入并高压输出，通过管道输入淤区。绞吸式挖泥船，一般扬程 10～20 m，运距 500～2 000 m，甚至更远。船淤不仅可以固堤，还可进行冲填筑堤，主要是利用疏浚的黏性土，先沿堤线冲填堤基与堤防下部，形成一土岭，待 1～2 年后土料沉陷与固结，再用其他机械压实和整修成堤防标准断面。

用绞吸式挖泥船进行疏浚河道和吹填固堤，在目前江河治理与海堤加固工程中，被普遍采用。自流放淤或站淤仅限在黄河流域，其他地区很少使用。

2. 放淤固堤工程设计

（1）淤宽和淤高。根据经验，发生管涌的部位多数在距堤脚 50 m 的范围以内，有些险工堤段发生在 70～90 m 范围。所以规划放淤固堤的宽度，一般为平工堤段 50 m，险工堤段 100 m。当然用绞吸式挖泥船疏浚河道结合放淤固堤，淤宽受疏浚土方量控制，宽度会更大，淤宽越大对堤防安全越有利。

放淤固堤的作用，不单是增加背河地面的压重，防止管涌的发生，还有增加堤身断面和弥补堤身隐患较多等质量不足的作用，同时还为以后继续加高大堤储备了土源。因此，淤背的高程一般与设计洪水位相平，且要求上部淤填两合土、砂壤土或壤土，以下可淤填沙土；淤临的高程，一般要求超高设计洪水位 0.5 m。

（2）淤区围堰和排水建筑物布置。无论是淤背或淤临，均以原堤防作为一面围堰，另三面须筑围堰封闭，以控制水流形成淤区。围堤在保证规划淤区宽度的前提下，应尽量顺直，且沿较高的地面上填筑，以节省土方。围堤顶宽一般 2～4 m，边坡 1∶3～1∶2，每级围堤一般筑高 2 m。淤填高度不一定一次完成，有的规划为两次或多次，挖取上一次放淤的固结土填筑围堤，再一次放淤。

采取两次或多次放淤有两个原因：①节省填筑围堤土方，或筑围堤取土困难；②避免一次放淤贮水量较大，易造成决口损失。淤区长度从几百米到几千米不等，一般自流放淤和站淤的淤区较长，船淤的淤区较短。排水建筑物一般布置在淤区的末端。

自流和站淤的排水量大,排水建筑物多采用开敞叠梁式闸门,通过调整叠梁高度,控制排放清水量。船淤的排放水量较小,且淤面高度上升快,排水建筑物须不断升迁,因此多采用直径 300 mm 或 400 mm 的胶管或钢管退水,一般管子埋设在淤区水面以下,靠自流退水。为安全计,也可埋设在水面以上,修成简易虹吸的形式。

3. 绞吸式挖泥船施工

在长江、淮河、黄河等河道治理工程中,使用大功率挖泥船疏浚河道,结合吹填固堤,取得了很好的效果。

(1) 吹填区和围堤设计及施工要求。

第一,吹填区的宽度、长度和淤垫高度,要根据堤防加固标准、挖泥船生产能力和施工时间等因素综合考虑。一次放淤达到淤垫高度比较困难时,可规划为二次或多次放淤。如果河道疏浚土方量大,规划设计的吹填区尺寸要素均超过堤防加固标准,对堤防安全更好,当然以疏浚设计要求为准;如果疏浚土方量较少,应首先满足堤防加固标准的需要。

第二,围堤高度。既要满足吹填落淤、排水的要求,做到不漫顶不溃决,应根据吹填高度、水深、风浪高度和安全超高(一般超高淤面 0.5～1.0 m)等因素决定。

第三,围堤顶宽与边坡。顶宽不宜小于 2 m,以利防守与机械运土和碾压。黏性土边坡一般采用 1∶2,砂性土可适当放缓。

第四,围堤纵坡应根据土质、挖泥船效率和淤区水面线决定,吹填沙性土时选用的纵坡及对应的水面线长(即淤区长度)为:1/500(长 500～800 m)、1/1 000(长 1 000 m 左右)、1/2 000(长 2 000 m 以上);吹填黏性土时,可选用 1/2 000～1/1 000。

第五,修筑围堰的土,可在淤区内就近开挖。但距围堤脚留出 5～10 m 的平台,取土挖深一般不超过 1.0 m。

(2) 泄水口布置。泄水口布置是否合理得当,将直接关系到吹填落淤效果,在布置时应注意以下几点:

第一,泄水口应尽量布置在吹填区尾部,以保证充分的淤程。泥浆在淤区内由泥沙自重自然沉淀,淤程愈长沉淀效果愈佳。

第二,淤背吹填区泄水口,应与引水灌渠或排水沟靠近连接,并做好清水出流的防冲设施。

第三,泄水口应随吹填工程的进展逐步抬高。淤垫高度超过2m者,在埋设泄水口涵管时,泄水口附近埋设两层或多层出口涵管,每层高差1.0m左右。当发现有浑水流出时,立即堵塞,使用上一层出水口。

(3) 输泥管道布置。

第一,挖泥船的效率发挥与管线长度成反比,管线越长,在输送过程中沿程损失越大。管道架设长度应在挖泥船额定排距内选择,尽量做到短而顺直。

第二,尽量减少变坡、弯曲,过渡段要平缓。在上下滩岸、堤坡转变地段,应使用50~150cm的短管。

第三,充分利用管道上下堤坡造成的虹吸作用,降低推力负荷。管道上下堤坡时,尽量采用钢质弯管,不易破损。

第四,岸管与水上浮管的连接装置,要能适应施工期间水位变化。

第五,管线走向要尽量利用有利地形,避开障碍物。岸管过堤后应顺堤背水坡缓缓下降。

第六,管道出水口要沿淤区长度方向移动,避免冲填高差过大。

第七,管线靠很多节管子连接而成,接头处螺丝要拧紧,保持同等受力状态,要保证接头密封,不漏水。

(三) 锥探灌浆

锥探灌浆技术的原理,是通过使用钻孔机、泥浆搅拌机、泥浆泵等机械设备及其操作程序,将泥浆高压灌进堤身空隙内,用以充填堤身、堤基内部的裂缝或空隙,从而达到提高防渗能力的目的。锥探灌浆的设备操作简单,施工方便,投资较少,效果较好,普遍被堤防加固工程所采用。所以有许多市、县河道管理机构专门组建直属的灌浆队,配齐机械设备,培训技术人员,专门进行锥探灌浆以加固堤防。

近20年来,锥探灌浆技术有了很大发展。一方面,表现在设备能力、施工工艺等方面都有较大提高和改善,由原来充填式灌浆,通过提高灌浆压力、改善布孔方式,发展为劈裂式灌浆。即运用坝(堤)体应力分布规律,用一定的灌浆压力,将坝(堤)体沿轴线方向劈裂,同时灌注黏性土的泥浆,形成铅直连续的防渗泥墙,堵塞漏洞、裂缝或切断软弱层,以提高坝(堤)体的防渗能力。另一方面,技术应用也有所扩展,不仅用于堤防加固,而且可用于堤基垂直防渗。另外,为加速浆液凝固和后期强度,进一步提高防渗能力,改用水泥浆液压力灌浆；为提高泥浆的流动性，泥浆中可掺入少量的水玻璃；为提高泥浆的稳定性和后期强度，可掺入适量的膨润土；为结合消灭白蚁，泥浆中可掺入少量灭蚁药物等，在加强灌浆成品质量和功能范围方面，都有大的提高与发展。

1. 灌浆机械设备

灌浆使用的机械设备包括钻机、泥浆泵、泥浆搅拌机及其相应的动力机械，以及输浆管、插管和控制、量测设备等，另外还有运料、供水辅助设备等。由于灌浆技术应用普遍，灌浆机械的性能不断提高，规格也多种多样，全国各地厂家生产有多批定型产品。以下仅介绍几种主要设备。

（1）钻机。用于锥探与钻孔。堤防灌浆用的钻机多为柴油机作为动力机械，功率 9 000～15 000 W，钻进深度 10～15 m，钻孔速度可达 400～900 m/h，钻孔直径 30 mm 左右，整个机组重量 300～900 kg。

（2）泥浆搅拌机。有单桶、双桶之分，容量 100～550 L，配套柴油机 1 900～18 000 W，造浆量 3～12 m³/h，机组重量 300～1 900 kg。

（3）泥浆泵。有单缸、双缸和三缸之分，配套柴油机 3 000～15 000 W；泵的流量范围在 3～15 m³/h，压力（127.486～588.399）×10⁴ Pa。

（4）输浆管。输浆管有干管、支管、小管、插管 4 种。干管一般用 φ 51 mm 或 φ 76 mm 的五层布胶管，长 100～200 m；支管一般用 φ 45 mm 或 φ 38 mm 的三层布胶管，长 100～200 m；小管一般用 φ 32 mm 的四层布胶管，长 10 m；插管一般用上节 φ 30 mm、下节 φ 25 mm 焊接的钢管，长 1 m 左右，距管顶 20 cm 左右处焊有一横管，以便手持操作。输浆管的压力要求能够承担 710～1 050 kPa。

输浆管接头形式：一种是胶管两端内插短钢管，用铅丝将胶管扎牢；另一种是用消防水头带活动接头，内有胶圈，管道内压力增大，自动密封，阻力小，拆装方便。

2. 钻孔

（1）孔位布置。

第一，若在堤身上已发现裂缝或已确认裂缝与其他隐患部位，可沿裂缝走向和隐患部位直接布孔。

第二，若堤防因土质松散而渗水，可沿堤轴线方向呈梅花形布孔数排。

第三，对堤身高大、顶宽较窄的堤防，除在堤顶布孔外，还应在临河坡布孔。

(2) 孔的行距与深度要求。

第一,一般要求孔距1.5～2.0 m,行距1.0～1.5 m。如按顺序灌浆,分为一序孔、二序孔等,可逐渐加密布孔。险工堤段孔距、行距可适当加密。

第二,钻孔深度应超过堤基接触面0.5～1.0 m。

(3) 造孔要求。

第一,严格按布孔设计放样造孔,成孔后标明位置,防止遗漏注浆。

第二,钻孔机可自行前进作业,进锥孔速度较快,成孔后应及时灌浆,防止一次钻孔过多,来不及灌注,造成孔眼堵塞或塌孔。

3. 灌浆

(1) 灌浆对泥浆特性的要求。泥浆性质与水及土的配比因素有关,三个因素的不同配合,就反映出泥浆比重、黏稠度、收缩率、析水性等不同的特性。不同特性的泥浆,能适应不同情况的要求。就灌实堤身隐患而言,多用黏性土泥浆,其析水性快,透水性弱,收缩性小;从施工角度讲,则要求泥浆的流动性好,悬浮性好,分离沉淀的速度慢些较好;对于隐患的不同情况,宽缝或较大漏洞,要求用稠度大的泥浆;细缝、小洞则要求用流动性好的稀浆。总之,在施工中应根据不同情况选配适当的泥浆。

(2) 泥浆特性的测定与调配。

第一,泥浆比重:泥浆的重量与同体积水重之比,称为泥浆比重。通常用比重表示泥浆的浓度。泥浆比重范围在1.3～1.7,适用于灌浆。泥浆比重的测定,可用比重计直接测得,也可用水、土重量称量算得。

在工地拌制泥浆,由于土料内含水量不一,扣除土内含水量,再计算加水加土量很麻烦,一般凭经验和比重计或称量法检验后确定。

第二,泥浆稠度调配。泥浆由稠变稀应加的水量和由稀变稠应加的干土重量,均通过公式计算。

第三,泥浆其他特性测定。

泥浆黏度:指浆黏滞程度,与土料有关,为泥浆流动指标。现场测定用标准黏度实测,以500 cm³浆液通过5 mm直径的管子所需要的时间来表示。黏度在20～60 s范围,为适用泥浆。

泥浆稳定性:用泥浆稳定性测定仪测定。其测法是:把约500 cm³的泥浆注满量筒,静置24 h后,从上、下出口放出的上、下部泥浆测其比重,计算上、下部比重差值。一般控制在 0.1 左右,差值愈小稳定性愈好。

泥浆收缩率:泥浆体积减去干缩后的体积,与泥浆体积的比值,以百分率表示,即为泥浆收缩率。一般比重大、含沙量大的泥浆收缩率小,反之则大。

泥浆析水性:反映浆液析水性的指标,有自由析水率、胶体率和失水量等指标。浆液静置 24 h 后,析出的清水体积占原浆液体积的百分比,叫析水率;沉淀后泥浆体积占原浆液体积的百分比,叫胶体率,显然两者之和等于 1。这两个指标主要反映浆液在自重作用下的析水性和保水能力。浆液在压力作用下的析水性用失水量来表示,100 cm³ 的浆液在 9.806 65×10⁴ Pa 的压力作用下,经过 30 min 后,过滤出来的水体积为失水量。

(3) 土料选择。灌浆土料一般是就近取土,但也要依据易灌实、易施工、易取土的原则,对土料进行优化选择。根据多年的实践经验总结,选择中粉性砂质黏土(即两合土)做成比重为 1.55~1.68 的浆液,不但能满足灌浆的"三易"要求,而且反映的各项泥浆特性也比较适中。两合土中的黏土(粒径小于 0.005 mm)含量 15%~20%,粉土(粒径 0.005~0.05 mm)含量 70%~80%,砂土(粒径 0.05~0.5 mm)含量 5%~10%。黏土含量无须过高,黏土过多时难于粉碎分解,浆液析水性差,固结慢,收缩性强,充填密实度低。但黏土含量也不能过低,过低时则含砂量大,颗粒粗,易沉淀,易堵塞进浆通路,细小缝隙不易灌到,灌浆效果自然较差。施工当中进浆量较大时,可适当增加砂土。在黄河流域,常用的中粉质砂壤土(含砂量略大)灌浆效果也较佳。

在有白蚁的堤段灌浆,在拌浆时掺入适量的杀虫剂,经过三次复灌,可基本消灭白蚁。

(4) 灌浆施工程序。在各项准备工作就绪后,灌浆实施程序按序列操作:运土→筛土和供水→拌浆→滤浆→贮浆→泥浆泵→输浆管→插管→注浆→封孔。其中插管步骤是最重要环节,直接控制灌浆质量。在插管工序之前还有钻孔工序,之后有冲洗管道等,即施工支序列:钻孔→插管→冲洗管道→收工。

(5) 拌浆与清渣。拌浆通常采用川流法,即边加水边加土边拌浆,拌好即放浆入贮浆池。川流法的优点是较硬土块可以一直在拌浆桶中浸泡搅拌,既减少清渣负担,又充分利用土料。清渣:为防止泥浆内硬物杂质进泵堵塞管道,在拌浆桶放浆出口后经筛网流入贮浆池,筛孔为 3~4 mm 方孔;在泥浆泵吸浆管龙头上又有一网罩,把浆内杂物再滤一次,网孔略小于筛孔。即泥浆进泵之前有两次滤渣过程。如拌浆桶内杂物沉积过多,须停机清除一次。

(6) 灌浆压力。刚开始灌浆时通常是自流无压注浆,当自流灌满后再以有压灌注。压力的大小应按原则控制:①以不破坏堤顶下 1 m 左右的土体结构为度;②在堤身不发生破坏的情况下,压力尽可能加大;③钻孔的孔、行距小者,压力应减小,反之应加大。

堤身发生破坏时的压力,由土质、密实度、堤身部位和浆液等多种因素所控制,尚未发现有一定规律。据试验,有的在压力约 $11.767\ 98\times10^4$ Pa 时即被破坏,但有的达 $49.033\ 25\times10^4$ Pa 时也未被破坏。因此,各地可据当地情况先行试验,找出适合当地堤防的临界破坏压力,取 0.8 倍值作控制压力为宜。长江、淮河流域均规定为 $(4.903\ 33\sim9.806\ 65)\times10^4$ Pa。根据实践经验,灌浆适合压力,常可在工地现场做一个简单的试验来确定。比如长江安徽段在灌浆时,以管径 3.33 cm 的管子抬高 1 m,浆液喷出距离 2 m 时的压力,即为适合压力。

(7) 复灌。对于吃浆量很大的锥孔,能进浆 10 m³ 以上甚至近 100 m³,由于泥浆固结析水、产生收缩,内部余留空隙,一次不可能灌实,必须进行复灌。复灌的方法是,标明吃浆量大的锥孔位置,注明初灌日期,停 5~10 d 后,在其锥孔附近再行钻孔,继续施灌,直至不进浆为止。一般复灌 2~3 次即可,有的需灌 4~5 次。在淮河的险工堤段,常采用连续几年复灌的办法,以提高灌浆质量。

(8) 封孔。灌浆停止后的锥孔,因浆液下沉会有一段空眼,应用桶或壶等容器进行人工封孔灌实,而后用土封实填平。

(四) 其他加固措施

以上加固堤防措施,都是在堤防管理维护工作中,为消除堤身隐患、恢复或提高堤防御水能力,主动采用的加固措施。但在河道整治和堤防维护修复等工程中,虽然不以加固堤防为主要目的,但工程项目在客观上起到了加固堤防的作用,对堤防而言,可称为被动的辅助加固措施。比如,在河道扩大治理工程中,原堤防须退后重建以扩大河道泄洪断面,退后重建的新堤防,在质量标准上无疑较原堤防有所提高;又比如,在滑坡、渗漏处理工程中,无论是临河帮土或临河抽槽换土、黏土斜墙,还是背河导渗或加戗压渗,以及垂直铺塑等,在堤防横断面尺寸上较原堤有所增大,在防渗能力上有所提高,在堤防稳定性上有所加强。

另外,为防止洪水风浪的冲击,在堤防临水坡设置的工程护坡或生物护坡,在临水坡脚护堤地栽植的防浪林,以及临河滩地的崩岸整治等,无疑对堤防都有保护和加固作用。

三、堤防险情的分类及处理

"在水利工程的抗旱防洪体系中,水利堤防是防治洪水侵袭的主要挡水建筑物,在保护人们生命与财产安全中,占据着重要的地位。因此,为切实保障水利堤防的安全,最大限度地发挥防洪作用,需要掌握堤防存在的险情类别及其主要成因。"[1]堤防险情的种类很多,常见的主要有崩岸、裂缝、散浸、管涌、滑坡、漏洞、溃堤七种险情。现将这些险情的成因、处理措施分述如下。

(一) 崩岸

水流与河床相互作用导致河床演变时刻处于渐变过程中,当遇到大洪水时,巨大的动能会使河势发生较大的变化,在河道局部地段出现剧烈的横向变形,即称崩岸。

崩岸有条崩和窝崩两种形式,尤以窝崩的崩坍强度最大,对堤防安全的威胁也最严重。历次发生的崩岸及治理都给国民经济造成较大的损失。一旦出现大强度的崩岸,抢险是十分困难和危险的。

要防止崩岸的发生,唯有平时对河道实施不断的监测、分析,对可能发生崩岸的河道及时采取护岸、护坡等综合治理措施。

崩岸多发生在退水期。当发生崩岸时,必须分析研究崩岸的原因,采取相应的措施。条崩多是深泓发展,逼近岸边,使岸坡变陡失稳所致。一般采用抛投块石、混凝土铰链沉排、土工织物砂模袋等办法进行护岸工程。窝崩多受地物作用,形成折冲水流或漩涡,巨大的水能量使河床发生剧烈变化,当逼近岸坡时,即会造成窝崩。窝崩的抢险措施一般采用抛投块石稳固窝口,使其不继续扩大,对窝心采取沉排(树木、树枝)等。如果窝崩已崩至堤脚,危及堤防安全时,则应当立即退建大堤,以保安全。

(二) 裂缝

裂缝往往是滑坡的先兆,不容忽视。裂缝类型有龟裂、纵缝、横缝三种。

---

[1] 李金朋.水利堤防险情的成因和抢护措施解析[J].科技创新与应用,2016(17):211.

1. 龟裂缝

堤身因土质黏性较高，长期干旱，常会发生不规则的较细微的裂缝，称之为龟裂缝。

龟裂缝的处理方法：对较宽的缝可用细碎的壤土填缝，对较窄的细缝可在表面洒水、覆盖一层壤土后夯实。

2. 纵缝

纵缝是平行于堤身的裂缝，症状是在堤肩、堤坡出现纵向较长、较宽的弧形裂缝，缝口有明显的高差，发展速度较快。纵缝是滑坡的初期迹象，若不及时处理，就可能发展成滑坡。产生的原因与滑坡原因相同（详见滑坡内容）。

纵缝的处理方法：先用塑料薄膜保护缝口，防止雨水浸入缝口扩大险情；在缝口设观测断面，监测缝口宽度和缝口的高差变化。对稳定缝要及时开挖至缝底，重新分层回填夯实，回填土宜略高于原堤面；对非稳定缝必须尽快按滑坡治理措施处理（详见滑坡内容）。

3. 横缝

横缝是指垂直于堤身的裂缝，产生的主要原因是堤基及堤身不均匀沉陷。多发生在堤基、堤身地质条件突变处、老河道堵口处、堤身分段填筑时的接头处、土堤与建筑物的接头处、临时破堤回填处等。横缝特别是贯通缝，会严重危及堤身防洪安全，必须及时处理。

横缝的处理方法：洪水位以上的裂缝，应沿缝开挖后重新分层回填夯实；若洪水位以下还有裂缝并漏水，则应在迎水侧打桩筑外障，填土止水，并及时处理裂缝。漏水严重的应在背水侧筑反滤层或养水盆。为截断主裂缝两侧可能产生的次生裂缝，应在缝两侧挖掘键槽分层回填夯实，键槽长、宽、深度应依裂缝错动土体的范围确定。

（三）散浸

散浸是指从堤背水坡或堤脚地面出现较轻微的渗水，渗水顶起的细小砂粒在坡面上缓慢流动或在孔内上下跳动而不流失的现象。散浸是渗透破坏的轻度表现，其是在较高水位下，堤身的浸润线升高后，水从坡面或堤脚渗出造成的；降雨后堤脚四周因地下水位升高，往往也会造成大范围的散浸。

大面积严重的散浸会使堤坡软化,土体强度降低,若不及早处理,就会发展成流土或滑坡。

1. 散浸的处理方法

对散浸可按砂石反滤导渗的方法处理。反滤导渗的施工方法是:先备好导渗材料,在渗水坡面上开沟,沟深 0.5 m,底宽 0.3 m。根据散渗面的大小,布置水平和顺坡面的导渗沟。水平排水沟一般 2 道,上道的位置可略低于散浸顶 1 m,下道一般布置在堤脚;顺坡面的导渗沟可做成"人"字形,沟的间距 5~8 m。顺序应从两端开始,逐步向中间合龙。

导渗材料可用砂、石料;用土工布包碎石、碎砖;用芦柴外包一层稻草,扎成直径 40 cm 的草捆等。施工时挖沟、填砂石(草捆)反滤、还土覆盖要一气呵成。

2. 反滤铺盖

当堤身透水性较强,渗水面土体过于稀软,经挖沟试验,无法采用反滤导渗方法时,可在渗水边坡上满铺反滤层,使渗水排出。反滤层材料应就地选取,砂石料、土工布、梢料(柴草)均可用。

3. 临水坡截渗

临水坡截渗可根据临水的深度、流速、风浪大小、取土难易等因素采用土工布、大雨布、大塑料布蒙在迎水坡面上,再抛黏土起到截渗的作用。

(四) 管涌

管涌又称翻砂鼓水。原因一般是堤身的地基下面有强透水层,与河床相通,堤后地面覆盖层一般为弱透水层(即为双层地基)。在汛期高水位时地基层压水头增大,渗透坡降变陡,当渗透坡降大于地表弱透水层允许的渗透坡降时,渗透水即会从地表最薄弱的地方顶出来,将下层的细砂带出地面,造成渗透破坏。

1. 管涌抢护的原则

反滤倒渗,控制细砂流失。抬高内水位,减小水头差。

2. 管涌抢护的方法

(1) 做反滤设施,以达到透水又制止砂土流失的目的。具体有以下方法:

第一,砂石材料反滤法。用粗砂、瓜子片、碎石依次覆盖管涌口,每层30~50 cm。若涌水头很高,水量很大,抛砂困难时,可先在管涌口抛块石和石子,以分散水势,再用粗砂、瓜子片、碎石依次覆盖。也可先用土袋筑养水盆,养水盆的高度以能制止细砂流失为准,水面处留溢流口,再铺设反滤料。

第二,梢料反滤法。在缺少砂石时可用梢料代替。底层的细梢料可用麦秸、稻草(厚 20~30 cm),上层的粗梢料可用柳枝、芦苇等(厚 30~40 cm),顶部再用块石或砂袋压牢,以免梢料漂浮。

第三,土工布铺设法。对面积较大、水头较小的管涌群可铺设土工布。首先应平整地面,把大于管涌群面的土工布平铺在管涌群上,并立即在布四周和上面压碎石和块石,以防土工布被顶起。但在反滤过程中,土工布的孔隙往往会被砂土堵塞,透水性能降低,土工布就会被顶起,失去反滤作用,这时应将土工布翻面或更换一块。

第四,导水管与反滤相结合法。用直径 8~15 cm 的毛竹筒,打上孔眼,外包土工布插入管涌口,尽可能插深,地表以上留 60 cm 左右,然后在筒四周铺设反滤料。此法对水头较高的管涌效果较好。

(2) 养水盆法。此法适用于水头差较小,管涌水量不大,水头不高的险情。或因反滤材料不能及时到位,可临时筑养水盆以缓解险情。筑养水盆必须注意土袋围面尽可能放大,高度以盆内水深能制止细砂流失为准,并在水面位置留溢流口。

(五) 滑坡

滑坡按发生的位置可分为迎水坡滑坡和背水坡滑坡两种,按滑坡的严重程度可分为深层滑坡和浅层滑坡两种。深层滑坡是堤坡与堤基土一起滑动,浅层滑坡(又称脱坡)仅是堤坡滑动。

1. 滑坡产生的原因

(1) 高水位持续时间较长,堤身浸润线升高,土体抗剪强度降低,在渗透压力和土体重量增大的情况下,就可能导致背水坡失稳。特别是边坡太陡(小于 1:2.5),更易引起滑坡。

(2)堤基是淤泥地基、软弱土层，或坡脚有水塘，在渗水、震动(重型车辆)等外力作用下，就可能产生滑坡。

(3)堤身施工时未能清基或清基不彻底，新老土未能很好结合或铺土太厚、碾压不实、土料含水量太高，压实度达不到设计标准。当渗水饱和时，就可能使堤身抗剪强度降低，不能满足稳定要求。

(4)洪水浸泡时间较长，迎水面土体饱和后抗剪强度降低，当水位下降较快时，堤身反向渗透压力和土体自重加大而迎水面失去外水推力支撑，则迎水坡可能失稳滑动。

(5)持续强降雨或发生大地震，也会引起滑坡。

2. 滑坡抢护的原则

先要防止雨水漏入裂缝。对因地基软弱或堤身质量差引起的滑坡，抢护的原则是"上部削坡减小滑动力，下部压重固脚，增加抗滑力"。对因渗透破坏引起的滑动，必须采取"前截后导"的措施。

3. 滑坡抢护的方法

(1)削坡减载、固脚阻滑。对背水坡发生滑坡时，可在保证堤顶有安全挡水断面的前提下，将滑坡体顶部的土体尽快挖除(禁止用铲运机施工)，同时在滑坡体脚外缘抛块石作临时压重，以固脚阻滑，然后再实施堤脚加戗台，帮宽堤身。

(2)滤水土撑。背水坡发生较长堤段的浅层滑坡时，可在此范围内全面抢筑导渗沟，导出渗水，以降低浸润线；并在滑坡体下方间隔抢筑透水土撑。具体做法是：在拟筑土撑部位开挖反滤沟，铺设反滤料后即抢筑土撑，土撑顶宽5~8 m，土撑与土撑净距8~10 m，撑顶应高于渗水点，土撑宜采用砂性土料，并分层填筑夯实，使渗水从土撑后面渗出。如背水坡脚有水塘或渍水淤泥时，可先用块石、砂袋填塘固基，再打土撑。在险情严重时也可采取土撑和反滤沟同时施工的方法。

如滑坡体长度较短，最好筑整体戗台的土撑，长度要超出滑坡体两端各5 m，顶宽不小于10 m，若无固脚材料，可将戗台加宽10 m，戗台高2 m左右。

(3)滤水还坡。采用反滤结构，恢复堤身断面的抢护措施，称为滤水还坡。该法适用于堤身浸润线升高、排水不畅而形成的背水坡严重滑坡。具体抢护方法如下：

第一,导渗沟滤水还坡。先将滑坡顶部陡坡削成斜坡,在滑坡体范围内开挖导渗沟,铺设导渗料,并将导渗沟覆盖保护后,用沙性土做好还坡。

第二,梢料(沙土)滤水还坡。当缺少沙石等反滤料时,采用此法。如基础不好,应先加固地基,然后将滑坡体的松土、软泥、草皮及杂物等清除,并将滑坡上部陡坎削成缓坡,然后按原坡度回填透水料。根据透水体采用的材料不同,可分为两种方法:①沙土还坡。如用中砂还坡,可恢复原断面,如用细沙还坡,可适当放缓边坡。②梢料还坡。当缺少砂料时,可先将地基清理,在地面铺设厚约30 cm梢料(分三层,上、下层均用厚约10 cm细梢料,中间用厚10~15 cm粗梢料)。梢料梢头向外,伸出堤坡,以利排水。梢料铺好后再用砂性土分层填筑。

(六) 漏洞

当堤背水侧出现孔洞并有集中水流流出时,即称漏洞。一般漏洞发展较快,特别是浑水漏洞,若不及时抢护,漏洞即会扩大,直至溃堤。

在长期修堤过程中,由于未能彻底清基,施工质量差,堤内可能留有树根、暗管,分段接合处有大块土堆积;有白蚁、鼠、獾等打洞破坏,在洪水长期浸泡下就会逐渐形成漏水通道。

1. 漏洞抢护的原则

漏洞抢护的原则是:前截后导、临背并举、抢早抢小、一气呵成,即在抢护时,应首先在临水侧找到漏洞进口,及时堵塞;同时在背水坡漏洞出口处采用反滤或围井,制止土料流失。切忌在背水侧用不透水物料强塞硬堵,以免造成更大的险情。

2. 漏洞抢护的方法

(1) 观察迎水侧水面的漩涡,可人工潜水摸索,有条件的可派潜水员摸探,找到洞口后可用铁锅、棉被、麻袋、草捆堵塞洞口,再抛土袋、黏性土加戗。同时在背水侧洞出口处打围井倒滤。若漏洞较大,必须注意人员安全。

(2) 软帘堵塞法:如无法判断洞口位置时,可用土工膜、土工布、雨布在迎水堤坡从上到下顺坡铺盖,同时观察洞出口水量变化,出水量突然减小,说明洞口已堵塞,可立即抛土袋、黏性土加戗。漏洞出口做倒滤。

(3) 开槽截断法:此法适宜漏洞进口位置较高,堤顶较宽的情况。即在堤顶开槽,深至洞道,再用黏性土填实,截断通道。

(4) 临水筑月堤:如临水水深较浅,流速较小,可在洞口范围内用土袋修筑月形围堰,再抛填黏土进行封闭。

(5) 背水坡倒滤法:如漏水量大、涌水位较高时,可在漏洞四周抢筑围堤,向洞口先抛大石,再抛中小石,再铺砂、石子、块石做反滤。

(七) 溃堤

崩岸、裂缝、滑坡、管涌、漏洞、跌窝等险情若不能及时抢护,在高水位时都会演变成溃堤,一旦溃堤,口门的深度、宽度发展会很快,进行抢护就非常困难了。此时防汛决策人员应按堤防的重要性、溃堤造成的损失、口门的现状、水情和自身抢险的能力(人力、物力、技术),决定是马上堵复还是等水退后再堵。马上堵复就是在急流中堵口,难度很大。水退后再堵是在静水中堵口,难度会小得多。现介绍急流堵口的方法。

1. 溃堤抢护的准备

(1) 保护好口门的两个裹头,避免因水流冲刷使口门继续扩大。

(2) 探测口门处的流速、宽度、水深、水下地形,制定堵口方案;选择最佳的堵口位置;计算堵口材料。

(3) 迅速调集堵口材料,如船只、草袋、麻袋、四棱混凝土块、钢丝绳、块石、碎石、土料等,筹备的数量须大于计算堵口材料的 1.5~2 倍。

2. 溃堤抢护的方法

溃堤抢护的方法主要有立堵、平堵和混合堵三种。立堵是由龙口一端向另一端,或由两端同时向中间抛投截流物料进占的堵口方式;平堵是沿口门选定的堵口坝轴线,利用船只平抛物料,直至露出水面的堵口方式;混合堵是立堵和平堵相结合的方法。具体方法如下:

(1) 沉船堵口法。如口门不大、水位差较小、水不太深时,可在口门上游下好锚后,用钢丝绳将装满砂石、袋装土的数艘船只,慢慢放至溃口处后沉入水中。当沉船露出水面后,立刻用装块石的草袋、麻袋、六棱混凝土块等填塞孔隙,在基本断流情况下,再逐步抛袋装土、黏土闭气至完全断流。沉船堵口的方式必须注意为下步堵口创造条件。

(2) 钢木土石组合坝堵口法。

第一,护固坝头:先从决口两端坝头上游一侧开始,围绕坝头顺水流打筑一排木桩,用铁丝连接固定,然后在木桩框架内填塞石子袋,以保护坝头。

第二,框架进占:①在两坝头开始用 5 cm 的钢管设置钢框架数排向决口中心进占,钢管打斜支撑,使之成为一个整体;②沿数排钢框架上游边缘线将木桩植入河底 1.5 m 深,间隔 0.2~0.5 m,再用铁丝将木桩与钢管绑扎紧固;③用袋装石子填塞木桩空隙,当高 1 m 时,即对上下游用袋装石子展开护坡。

第三,导流合龙:当龙口仅有 15~20 m 时,进入关键时刻,须加大堵口的强度。应加密支撑杆件和木桩的间距,加快袋装石填塞的速度,直至合龙。

第四,防渗固坝:组合坝合龙后,漏水量仍然很大,此时应在坝坡前抛袋装土、黏土,逐步闭气,在确定组合坝足够牢固情况下,才可用大雨布蒙在坝坡上。

第四节 河道堤防管理的考核

河道堤防工程管理考核是指通过制定工程管理考核办法和标准,采用检查、评议、打分等手段,科学评价河道管理水平,促进工程规范化管理,充分发挥河道工程综合效益的一种方法。

一、河道堤防工程管理考核的目的和要求

(一) 河道堤防工程管理考核的目的

1. 科学评价河道管理水平

通过对河道管理工作的考核来考查河道工程的安全状况和效益发挥的程度,检查国家、行业制定的政策法规、技术标准和规范、办法的贯彻执行情况,科学评价各管理单位的管理水平。同时,通过考核,也能够使主管部门对河道工程的管理状况、安全状况、经营状况等进行监督管理,了解、掌握管理工作中存在的主要问题和薄弱环节,并及时加以研究解决。

2. 促进河道工程规范化管理，充分发挥工程效益

考核使河道管理单位在组织机构、规章制度、档案管理、河道安全管理、水行政管理、工程监测、经济管理等方面加以规范，使河道管理工作逐步迈入规范化、法治化、现代化轨道。

3. 发挥先进河道管理单位的示范带动作用

河道工程管理考核时，对先进管理单位进行表彰奖励，同时也给其他管理单位增加了压力，逐步使管理工作形成比学赶优的氛围，推动整体管理水平的提高。

（二）河道堤防工程管理考核的要求

第一，考核应对照标准，从严掌握。在考核中要认真负责，严格把关，不能放宽要求，使考核工作真正达到推动管理水平提高和示范带动的目的。

第二，组建考核专家组。考核主管部门在考核前应建立水利工程管理单位考核验收专家库，验收专家组从专家库抽取验收专家的数额不应少于验收专家组成员的三分之二；被验收单位所在地的验收专家不应超过验收专家组成员的三分之一。

第三，严明考核纪律。为了能使考核做到"公开、公平、公正"，考核工作主管部门应制定考核工作纪律，要求考核专家对照考核标准客观公平打分，不徇私情，不搞平衡。

第四，考核要采取"一听、二看、三问、四查、五评"的办法。

"一听"：听取考核单位关于考核工作开展情况的汇报及自评、初验的得失分情况介绍。

"二看"：查看堤身有无雨淋沟、杂草、裂缝、洞穴、垃圾等；堤坡是否平整；堤顶道路是否完整、平坦；庭院环境是否整洁；管理标志、里程桩、界桩、险工险段及工程标牌、警示警告牌等是否齐全、醒目、美观；图表、制度是否明示；护坡、护岸、丁坝、护脚等有无缺损、松动、塌陷；混凝土结构表面是否整洁，有无脱壳、剥落、露筋、裂缝；观测设施是否完好，有无违章现象等。

"三问"：询问了解重要岗位人员（包括运行、档案、会计等人员）的业务水平和能力，询问检查和汇报中尚不清楚的问题。

"四查"：检查各项制度是否完善，管理体制和机构设置是否科学；检查档

案资料是否完好,管理是否规范;检查防汛物料储备情况,工程检查、维修养护、观测情况及记录是否完整、准确、规范;检查费用情况,工资、福利情况等。检查中,对奖励证书、有关文件等要求出示原件,否则,不应给分。

"五评":对于一些拿不准、有争议的问题以及有关合理缺项等,由专家组集体评议后确定。

第五,考核结束后,专家组应将下一步改进意见以书面形式反馈给被考核单位,以便管理单位对照整改。

二、河道堤防工程管理考核的对象

河道工程的考核对象是水利工程管理单位,指直接管理水利工程、在财务上实行独立核算的单位。

各级水行政主管部门可根据河道重要性及等级,分级管理河道考核工作。水利部负责考核的河道工程是:全国七大江河干流、流域管理机构所属和由省级管理的河道堤防、湖泊、海岸以及其他河道三级以上堤防工程。

根据水利部考核办法,河道堤防工程(包括湖堤、海堤)达到设计标准的,或虽未达到设计标准,但遇标准内洪水连续 5 年未发生重大险情的,可以通过考核后确定等级。对于不具备上述条件的河道堤防工程,只对其管理单位的管理状况进行考核,提出考核意见,不确定等级。

三、河道堤防工程管理考核的组织和申报

河道工程考核分为自检、考核、初验、验收等阶段,有些水管单位可根据其隶属关系适当简化考核程序。

根据水利部的考核办法,管理单位根据考核标准每年进行自检,并将自检结果报上一级主管部门。上一级主管部门及时组织考核,将结果逐级报至省级水行政主管部门。流域管理机构所属工程管理单位自检后,经上一级主管部门考核后,将结果逐级报至流域管理机构;部直管水利工程管理单位自检后,将结果报水利部。省级水行政主管部门负责本行政区域内国家一、二级水利工程管理单位的初验、申报工作。对自检、考核结果符合国家一、二级水利工程管理单位标准的,省级水行政主管部门负责组织初验,初验符合国家一级标准的,向水利部申报验收批准,并抄报流域管理机构;初验符合国家

二级标准的,向流域管理机构申报验收,验收合格的报水利部批准。水利部和流域管理机构接到申报后要及时组织验收。

四、河道堤防工程管理考核的内容和标准

水利部对考核的内容和标准有明确规定,规定河道工程考核的重点是考核河道工程的管理工作,主要是组织管理、安全管理、运行管理和经济管理。考核实行1 000分制。考核结果为920~1 000分的(含920分)(其中各类考核得分均不低于该类总分的85%),确定为国家一级水利工程管理单位;为850~920分的(其中各类考核得分均不低于该类总分的80%),确定为国家二级水利工程管理单位。

河道工程考核标准的结构包括:类别、项目、考核内容、标准分、赋分原则、备注,共分4类32项。

考核时应注意以下问题:

第一,河道工程考核时,由于河道考核标准中已有穿堤建筑物考核内容,所以堤防上的小型水闸及穿堤建筑物不需要再单独考核。但是,如果被考核单位同时直接管理大中型水闸,则需按水闸考核标准对大中型水闸进行考核打分,并以河道、水闸两类工程考核得分较低的来确定该单位的考核等级。按水闸标准考核时,其组织管理和经济管理部分可以与河道工程一致,不再评分。

第二,关于合理缺项的处理。每个单项扣分后最低得分为0分。如出现合理缺项,则此项的得分根据所属类别中其他项目得分的平均水平按比例折算(即按该类其他各项扣分后的加权平均值计算)。合理缺项依据该工程的设计文件确定,或由考核专家组商定(没有设计文件可依据的)。

第三,考核时应注意填写考核验收情况表、专家组成员表、考核得分汇总表等,专家组组长及成员应在相应表格上签名。

五、河道堤防工程管理考核的奖励和复核

水利部考核办法中规定,经考核验收确定为国家一、二级水利工程管理单位的,由水利部颁发标牌和证书。各级水行政主管部门及流域管理机构可对获评国家一、二级水利工程管理单位的单位给予奖励,具体奖励办法自行

制定。

水利部考核办法还规定,已确定为国家一、二级水利工程管理单位的单位,由流域管理机构每三年组织一次复核,水利部进行不定期抽查;部直管工程由水利部组织复核。对复核或抽查结果达不到原确定等级标准的,取消其原定等级,收回标牌和证书。已确定为国家一、二级水利工程管理单位的单位,遇标准内洪水工程而发生重大险情的,取消其原定等级,收回标牌和证书。

第八章

生态河道采砂管理

第一节　砂石资源与河道采砂规划

一、河道砂石资源与管理

（一）河道砂石资源的分类

1. 依据社会效益进行分类

（1）兴利：①水利水电工程（如吹填固基、整修堤防、修筑土石坝等）建设；②建筑用料；③吹填造地（包括填充路基、地基等）。

（2）除害：①河道整治；②港航疏浚；③取、排水口疏浚。

2. 依据砂石料用途进行分类

（1）工程性砂石：水利水电工程（如土石坝等）建设。

（2）公益性砂石：①吹填固基；②河道整治；③港航疏浚；④取、排水口疏浚；⑤吹填造地。

（3）经营性砂石：①建筑用料；②工程性、公益性采砂活动中有实质性经营行为的。

河道砂石资源的利用，应尊重河势演变的客观规律，充分考虑河道泥沙的补给情况，在保证河势稳定、保证防洪和通航安全，保证水工程、水生态环境安全的前提下,结合河道整治,对河道砂石资源的开采进行科学的规划、规范的许可和有效的监督。

(二)河道砂石的管理

相关部门通过制定和完善相关法规,科学制定采砂规划、规范进行采砂许可,监督采砂作业有序实施,依法行政、规范程序、提高效率、强化服务,保证河势的稳定、防洪和通航安全及水生态安全。

1. 河道采砂管理事关人民群众的利益

为维护河势稳定,保障防洪安全和通航安全,依法、科学管理河道采砂工作,我们要高度重视河道采砂管理工作,正确处理好个人利益和集体利益、单位利益和国家利益、局部利益和整体利益的关系,从维护广大人民群众根本利益的高度出发,充分调动执法人员的积极性,将各项措施落到实处,科学管理、有序利用河道砂石资源。

2. 河道采砂管理中相关部门的职责

河道采砂管理工作的好坏,既反映水行政主管部门的行政能力,也代表着人民政府依法行政的形象。在河道采砂管理工作中,各级水行政主管部门要依据有关法律法规,坚持依法行政。

(1)进一步制定和完善有关法规及标准,做到有法可依。各级水行政主管部门要在法律法规框架范围内,研究制定具体的实施办法,如采砂许可证的审批发放办法、可采区现场监管办法、解禁后未取得许可证的采砂船只的管理办法等。

(2)行政行为合法化。无论是许可证审批发放,还是现场监督管理,各级水行政主管部门都要符合职权法定的要求,做到行政主体、对象、程序、内容合法化。要特别注意避免行政行为的"越位""缺位""错位"问题,既不能行政不作为,也不能超过法定管理权限实施行政行为。

(3)执法、处罚合法化。对非法采砂、违规偷采行为,既要保持高压严打的态势,做到违法必究,执法必严,绝不手软,又要做到依法执法、严格执法。

(4)加强监督,建立责任追究机制。要强化行政监督,自觉接受社会监督和舆论监督,做到有权必有责、用权受监督、侵权要赔偿;要建立责任追究机制,落实各项具体责任,把采砂管理的各项目标任务层层分解、落到实处。

（5）不断研究新情况，努力提高行政能力。从事采砂管理工作的人员，特别是各级领导干部要研究新情况、解决新问题、建立新机制，努力提高河道采砂管理的行政能力，树立水行政主管部门依法行政的良好形象。

（6）加强执法队伍建设与管理，全面提高执法人员的综合素质。针对河道采砂管理要建立起一支作风过硬、组织严密、纪律严明、战斗有力、廉洁自律的专职执法队伍。

第一，加强教育培训，提高管理执法队伍的政治素质和业务素质，依法行政，从严执法。

第二，建立有效的管理约束机制，用制度管理队伍，用制度约束队伍，提高执法队伍防腐拒变的能力，从源头上加强监督和管理，构筑反腐倡廉的思想防线和制度防线，保持队伍的纯洁性。

第三，建立有效的监督机制，将监督关口前移，对水行政执法人员的执法程序、执法内容实行全方位、全过程的监督。

二、河道采砂规划

"砂石作为重要的建筑材料，随着经济的发展，工程建设对砂石的需求量急剧增大，河道采砂逐渐成为管理部门的工作难点、媒体关注的焦点和社会关注的热点。"[①]河道采砂规划是水利规划中的专业规划，是对河道采砂活动加以控制和引导的重要手段。制定科学合理的采砂规划方案，是河道采砂管理的重要基础。"随着经济社会的快速发展，砂石需求居高不下，加之长江共抓大保护，近年来砂石资源供需矛盾日益突出。长江河道采砂规划的实施为江砂合理有序开采，缓解供需矛盾提供了依据和保障，推动了采砂管理能力和监管水平的提高。"[②]

（一）河道采砂规划的必要性

1. 合理开发利用长江江砂资源

制定采砂规划是合理开发利用长江江砂资源的需要。河床砂石是河道

---

① 陈广华.河道采砂管理的创新模式研究[J].黑龙江水利科技，2021,49(12)：213-215.
② 汪鹤卫.长江河道采砂规划认识与思考[J].云南水力发电，2022,38(12)：6-9.

稳定、水沙平衡的物质基础。肆意开采、滥采乱挖江砂必将对长江的河势、防洪、航运、生态与环境等方面带来严重的负面影响。没有制定全江统一的采砂专业规划,明确长江中下游干流河道的禁采范围和可采区、禁采期和可采期、控制开采总量和年度开采量,成为长江江砂资源出现被掠夺性开采的重要原因之一。长江河道采砂管理走上依法、科学、规范、有序的正轨,迫切需要以科学的采砂规划为指导。

如果不对长江中下游采砂进行科学的规划,而无限制地、掠夺式地开采江砂,将会破坏长江中下游干流相对稳定的河势,破坏长江中下游河道的冲淤平衡。所以,制定河道采砂规划是合理开发利用长江江砂资源的需要。

2. 完善长江流域专业规划

制定采砂规划是完善长江流域专业规划的需要。综合利用规划是开发、利用和保护长江的总体要求,相应地,必须有各项专业规划与之配套,如河道治理规划、防洪规划、航运规划、岸线利用规划等。长江河道采砂存在的问题十分突出,已经成为社会各界关注的焦点。因此,制定河道采砂规划既是为了满足长江河道采砂管理的需要,也是为了完善长江流域相关专业规划的需要。

3. 保证河势稳定、防洪和通航安全

制定采砂规划是保证河势稳定、保证防洪和通航安全、保护良好水环境和水生态等事业的需要。长江中下游防洪是长江流域防洪的首要问题。多年来,党和国家十分重视长江中下游的防洪建设,大力兴建和加高加固长江中下游堤防,使其具有一定的抵御一般洪水袭击的能力。

河势稳定是长江中下游防洪安全、通航安全、沿江工农业和交通通信设施正常运行的重要条件,在不合理的区域、不合适的时段,以不恰当的方式进行河道采砂,势必对长江中下游河势的稳定、防洪和通航安全、水环境和水生态保护、沿江重要设施的运行等带来不利影响。

4. 对河道采砂实施有效管理

制定采砂规划是对河道采砂实施有效管理的需要。针对长江中下游干流河道采砂及管理的现状、暴露的主要问题以及由此带来的不利影响,长江中下游沿江各省相继颁布了禁止在河道内采砂的省政府令、通告、公告等,对

维护长江中下游干流河道河势稳定、保证沿江两岸堤防和防洪设施的安全、保证通航安全,以及沿岸国民经济各部门重要设施的正常运行起到了积极作用。

河道砂石资源的禁采导致的诸如砂料紧缺、砂价大幅上涨,诱使一些人铤而走险,省际、市际、县际边界河段的非法偷采现象时有发生,如果长期禁采下去,执法管理机构的人员、设备、经费则不堪重负。换言之,在长江中下游干流河道全线禁采在取得一定积极成效的同时,对沿岸国民经济和社会发展也带来一定程度的负面影响,因此,河道砂石料的开采不可能长期禁止下去。但是,开采江砂需要依据科学的采砂规划。

(二)河道采砂规划的编制原则

第一,应符合相关法律、法规和规章。采砂规划应符合《中华人民共和国环境保护法》《中华人民共和国水污染防治法》《中华人民共和国自然保护区条例》《中华人民共和国河道管理条例》等法律法规的规定和要求。

第二,应与沿江经济社会发展规划相协调。采砂规划应符合流域综合规划,并与防洪规划、河道治理规划及航运规划相协调。

第三,以维护河势稳定,保障防洪安全、通航安全、沿江工农业生产生活设施正常运用和满足生态环境保护要求为前提,科学、适度、合理地利用江砂资源。

第四,坚持"在保护中利用,在利用中保护"的原则,并做到上下游、左右岸统筹兼顾。

第五,应突出采砂规划的宏观指导性,重视采砂规划的可操作性,并对采砂总量和采砂设备实行控制。

(三)河道采砂规划的主要任务

第一,确定规划范围。目前的长江中下游干流河道采砂规划范围为:长江中下游干流宜昌至长江口长约1 893 km。规划研究的采砂活动主要是针对建筑砂料的开采。

第二,确定规划任务。目前的长江中下游干流河道采砂规划的主要任务为:根据长江中下游干流近期河道演变情况和来水来沙情况,在保证河势稳定、防洪安全、通航安全、沿江工农业生产生活设施正常运用和满足生态环境保护要求的前提下,确定适度、合理地利用江砂资源的开采范围和开采量。

具体提出长江中下游干流河道禁采范围、可采区的规划范围、控制开采条件，并确定禁止开采期。

第三，规划报告的内容。目前的长江中下游干流河道采砂规划报告主要内容为：河道地质情况、河道演变情况、河道泥沙补给分析、禁采范围的确定、可采区的确定、可采区江砂开采的环境影响分析，以及规划的实施与管理等。

（四）河道采砂范围的规划

1. 禁采范围的规划

(1) 江砂开采的控制条件。

第一，防洪安全对江砂开采的控制要求。长江是一条雨洪河流，洪水主要由暴雨形成。长江中下游干流虽有比较宽深的河道宣泄洪水，但安全泄洪能力仍远远小于巨大的洪水来量。防洪建设使长江中下游干流主要河段现有防洪能力基本达到：荆江河段依靠堤防可防御 10 年一遇的洪水；城陵矶河段依靠堤防可防御 10~15 年一遇的洪水；武汉河段依靠堤防可防御 20~30 年一遇的洪水；湖口河段依靠堤防可防御 20 年一遇的洪水。一般的常遇洪水，依靠堤防，经过严密防守，基本可以安全度汛。但一遇大洪水，随即暴露出存在的问题。随着国民经济与社会的发展，长江中下游沿岸地区在我国国民经济与社会发展中的地位愈显重要，对防洪的要求也越来越高，与现有防洪能力偏低的矛盾也愈显突出，防洪形势仍十分严峻。

长江中下游是长江防洪的重点，堤防是长江中下游最古老、最基本的防洪设施。由于长江中下游干流堤防均修筑在第四纪冲积平原上，且堤防修筑多是逐次分阶段加培而成的，堤身土质结合不良，堤身土质复杂、质量较差，目前，很多堤防仍未达标。另外，堤基表层防渗铺盖一般厚度为 1~3 m，最大 10 m，下部为深厚的透水层，高洪水位时，堤内常出现渗漏、管涌等险情。堤外由于近岸水流冲刷，崩岸险情时有发生。

无序的采砂活动必将对原本比较薄弱的堤防工程带来更为不利的影响，其主要表现为：临近江堤采砂使深泓贴岸，堤身相对高度加大，岸坡变陡，极易引起堤岸崩坍，危及堤防安全；临近江堤采砂，使堤基透水层外露，汛期高水位时容易出现翻砂鼓水险情；靠近涵闸、泵站、护岸工程等附近采砂，严重威胁水利工程的安全运行；滥采乱挖则影响局部河势稳定，使险工段水流顶冲部位上下游移动、左右岸摆动，影响防汛安全。

防洪问题是长江中下游的首要问题,河道采砂应严格服从防洪要求,不得影响防洪安全。

第二,河势稳定对江砂开采的控制要求。由于防洪与航运的需要,长江中下游很早就开始了修筑堤防、保护岸坡、疏浚航道等整治工程。进行护岸以稳定岸线,从而可以控制河道的平面摆动,是长江河道主要的整治工程措施。长江中下游护岸工程,最早可追溯到明成化初期的荆江大堤护岸工程。中华人民共和国成立前,长江中下游干流沿岸只有几处零星可数的矶头和桩石工程,河道基本处于频繁变化的自然状态。中华人民共和国成立后,开展了大规模的护岸工程建设。经过多年来的建设,长江中下游已经形成了规模较大的干流河道护岸工程。在天然节点和大量护岸工程的作用下,长江中下游干流河势得到了基本控制,总体河势趋于稳定,但局部河段仍存在主流摆动、岸线崩退剧烈、河势变化较大的情况。

在长江中下游干流河道长期演变过程中,通过挟沙水流与河床的相互作用,形成了相对稳定的河床形态。河道演变与上游来水来沙条件、支流和湖泊的交汇、河床边界条件以及人类活动等关系密切。在长江中下游干流河道中,河岸抗冲能力强、河床较窄的河段,河势比较稳定。而河岸抗冲能力弱、河床宽浅的河段,河势稳定性较差。近年来,随着对砂石骨料需求的增加,江砂开采量剧增,开采范围已遍及长江中下游沿江各省。滥采乱挖现象破坏了河床形态及河道治理工程,改变了局部河段泥沙输移的平衡,引起河势的局部变化和岸线崩退,对局部河段的河势稳定带来了极为不利的影响。

江砂开采不得影响长江中下游河道的河势稳定。

第三,通航安全对江砂开采的控制要求。长江是我国内河航运最为发达的河流,是西南、华中和华东地区之间以及出海的水上大动脉。保障长江中下游干流的通航安全,对促进沿江地区经济与社会发展具有非常重要的意义。滥采乱挖江砂对长江通航安全的影响主要表现在:采运船只挤占主航道,频频引发事故;引起河势变化,也恶化了航道水域和港口运行条件。

为了避免采砂对通航安全的不利影响,主航道中心线两侧一定范围、船舶安全作业功能区一定范围、航道整治工程一定范围,以及可能导致航道条件恶化的区域,不得进行江砂开采。

第四,其他因素对江砂开采的控制要求。长江中下游地区具有突出的、多方面的经济发展内在优势,特别是近年来,随着我国改革开放的纵深发展,经济建设中心从沿海向长江三角洲与沿江内陆延伸,国家开始实施沿江开发

第八章
生态河道采砂管理

开放战略,先后启动上海浦东新区建设和三峡工程建设两大跨世纪工程,长江中下游干流沿江地区的开发开放由此全面展开,这些地区现已成为我国经济发展的重点区域和国内外投资的热点。长江中下游干流河道两岸分布有许多重要的工农业设施和过江设施。应避免长江河道采砂对沿岸国民经济各部门和沿江(过江)重要工农业设施带来不利影响。

(2) 禁采区划定原则。目前,长江中下游江砂开采已遍及湖北、江西、安徽、江苏各省的许多河段,随着经济建设的迅速发展,加之江砂开采的显著经济效益,今后对砂石料的开采需求将会进一步增加。不合理的开采必将对防洪、河势、航运及沿江工农业设施的运用带来一系列的不利影响,给国家建设造成损失。为此,必须在长江中下游干流河道划定禁采范围。

划定禁采范围的基本原则如下:

第一,为了服从防洪的要求,禁止在大堤临江、险工段附近开采江砂。禁止在已建护岸工程附近开采江砂。开采江砂必须进行防洪专题论证。禁止在对防洪不利的汊道开采江砂。

第二,为了满足对河势控制的要求,采砂前必须对可能引起河势变化的影响进行专题论证。严禁在可能引起河势变化的河段开采江砂。

第三,为了满足航运的要求,采砂船只不得挤占航道,影响航运。因采砂可能引起航道变迁,影响沿江港口、码头的正常作业的水域应划为禁采区。

第四,为了突出保护水生态环境,维护长江中下游干流河道水生态环境的动态平衡及可持续利用,重点保护珍稀水生动物的栖息地和繁衍场所、主要经济鱼类的产卵场、重要的国家级水产原种场、洄游性鱼类的主要洄游通道、城镇集中饮用水水源地等应划为禁采区。

第五,可能产生影响过江设施、通信设施和军事设施等的正常运行的水域应划为禁采区。

(3) 禁采水域的确定。

第一,大堤临江段及其上下游 1 000 m,距大堤堤脚 300 m 的范围。

第二,重点险工段以及其上下游 1 000 m,距险工段 400 m 的范围。

第三,护岸工程上下游 1 000 m,距护岸工程 200 m 的范围。

第四,重要涵闸上下游 500 m、外侧 500 m 的范围。

第五,重要水文站测验断面上下游 1 500 m 的范围。

第六,过江电缆(管线)标志上游 500 m、下游 300 m 的范围。

第七,长江大桥、过江隧道上游 2 000 m、下游 1 500 m 的范围。

第八,航道整治工程建筑物上下游1 000 m,距建筑物300 m的范围。

第九,主航道中心线两侧一定范围:武汉以上为150 m,以下为250 m。

第十,城镇生活饮用水水源取水口上游1 000 m至下游500 m的范围。

第十一,泵站、排(污)水口周围150 m的范围。

第十二,港区、锚地、轮渡区及沿岸重要工农业设施水域的范围。

2. 可采区规划

(1) 可采区划定原则。为了合理利用长江的江砂资源,确保江砂的开采不致影响河势稳定、防洪安全、通航安全、沿岸工农业设施的正常运用,以及满足生态与环境保护的要求,制定可采区规划应遵循以下原则:

第一,江砂开采必须服从河势稳定、防洪安全、通航安全、水环境保护的要求,不能给河势、防洪、通航、水环境保护等带来不利影响。

第二,江砂开采必须保证工农业设施的正常运用。长江中下游干流沿岸分布有众多的生产、生活设施和交通、通信设施,江砂开采不应当影响这些设施的安全和正常运用。

第三,江砂开采必须满足长江水土资源可持续开发利用的要求。江砂的开采必须考虑长江河道泥沙的补给情况,避免进行掠夺性和破坏性的开采,保证江砂资源的可持续利用。

(2) 可采区的确定。根据可采区划定的基本原则,在对长江中下游干流河道演变基本规律和河道近期冲淤变化特点进行分析研究的基础上,综合考虑长江中下游河势稳定、防洪安全、通航安全、沿岸工农业生产和生活设施正常运行、水环境保护等方面的要求,并充分考虑长江中下游干流河道来水来沙条件和江砂开采后泥沙的补给情况,确定可采区。

(3) 控制开采高程和年度控制开采量。为了避免不合理和过度开采对河势、防洪等各方面带来的不利影响,保证江砂资源的可持续开发利用,必须对长江中下游干流河道江砂开采总量、各可采区年度开采量和开采高程进行控制。长江中下游干流河道年度江砂开采总量不得超过多年平均补给量。各个可采区控制开采高程和年度控制开采量,根据开采区附近多年河势的变化、河床冲淤变化及泥沙的补给、航道现状、两岸堤防及险工的分布情况进行综合分析,从河势、防洪、航运、水环境与水生态保护等方面综合考虑确定。

(4) 采砂船控制数量。为了避免采砂作业船只过多影响航运,甚至发生事故,同时考虑减少采砂作业船对水体的污染和对水生态的影响,必须对各可采区内采砂船的数量进行控制。对于距离主航道较远，对航运影响较小的一般采区，暂按可采区的大小，大致按每 500 m 长度布置一艘采砂船考虑。对于距离主航道较近，或位于船舶锚地附近水域，采砂作业船过多可能会对航运带来一定影响的可采区，适当减少采砂船的数量。对距离珍稀水生动物保护区较近和处于鱼类洄游通道附近的可采区，为减小采砂活动对珍稀水生动物和鱼类的影响，也要对采砂船的数量进行适当限制。

（5）明确禁采期。长江中下游干流河道处于冲积平原，河道岸坡抗冲能力差，崩岸险情时有发生，河道两岸地势较低，全靠两岸堤防保护，防洪形势极为险峻。长江洪水峰高量大，6—9 月是长江防汛的关键时期，为防止河道采砂对两岸防汛安全造成不利影响，6—9 月禁止采砂。

河道采砂还应避免对珍稀水生动物造成不利影响，应当积极保护渔业资源，尽量减小对"四大家鱼"产卵场和洄游性鱼类洄游通道的影响。因此，对处于"四大家鱼"产卵场附近水域的可采区，在其主要产卵期（4—7 月）应禁止采砂；对于处于洄游性鱼类洄游通道的可采区，在洄游性鱼类的洄游期（4—11 月）应禁止采砂。

（五）河道采砂规划的实施

1. 河道采砂规划的实施方案

河道采砂规划经上级水行政主管部门批准后，在其具体实施时，要求有关地方人民政府水行政主管部门根据采砂规划，在维护本行政区域内河势稳定，满足防洪要求、通航要求以及水生态环境要求的前提下，拟定本行政区域内的采砂规划实施方案，报本级人民政府批准后实施，并报相关管理部门备案。河道采砂规划实施方案的基本内容为简述河道采砂规划在本行政区域内确定的可采区（各可采区名称）数量，编制依据及编制单位等。

（1）规划基本情况。

（2）本行政区域内的河道概况。

（3）可采区规划原则。

（4）《长江中下游干流河道采砂管理规划（2021—2025 年）》确定的可采区。根据可采区规划的原则，在对河道演变基本规律和河道近期冲淤变化特点进行分析和研究的基础上，考虑河道来水来沙条件和江砂开采后泥沙的补给情况，以及采砂可能对河势、防洪、通航安全、水生态环境等方面的影响，经综合分析研究，就各可采区的情况进行分述。

(5) 禁采期。

(6) 年度控制开采量。

2. 可采区年度实施计划

可采区划定后，如果在可采区内过度开采，河床可能形成局部深坑，或引起河势动荡，或威胁到堤防安全，或造成水流分散影响航深，或造成对珍稀水生生物栖息环境的破坏。为避免不合理和过度开采对河势、防洪等各方面带来的不利影响，保证江砂资源的可持续开发利用，各可采区控制开采高程和年度控制开采量应根据采区附近多年河势的变化、河床冲淤变化及泥沙的补给、航道现状、两岸堤防及险工的分布情况进行综合分析，从河势、防洪、航运、水运、水环境与水生态保护等方面综合考虑确定，并分采区进行阐述。

各地县级以上地方人民政府水行政主管部门在本级人民政府的领导下，负责本行政区域内的河道采砂管理工作。从组织上保证河道采砂依法、科学、规范有序地开展，保证采砂规划的顺利实施。

3. 河道采砂许可证制度

河道采砂许可证制度是加强河道采砂管理，保障河道采砂有序进行的重要措施，也是防止滥采乱挖河道砂石资源的重要手段之一。河道采砂规划是进行河道采砂许可证审批发放的重要依据，因此发放河道采砂许可证时，要严格按照经批准的河道采砂规划进行，并进行年度采砂区论证和水生态环境影响分析，有相应的环保措施时，才能发放河道采砂许可证。有关管理部门应根据河道采砂的动态变化，加强河道采砂许可证的管理，加强采砂区规划论证工作，根据河道采砂规划的修订情况及时变更或者废止已批的河道采砂许可证。

发放河道采砂许可证涉及航道的，应当征求相关部门的意见。河道采砂许可证有效期一般不得超过一个可采期，实行一地一船一证。禁止伪造、涂改、买卖、出租、出借或者以其他方式转让河道采砂许可证。申请从事采砂活动的单位和个人，应当填写《河道采砂许可申请表》，提交规定的相关材料。经县级地方人民政府主管部门签署意见后，逐级报送有审批权的相关单位审批。从事长江采砂活动的单位或个人需要改变河道采砂许可证规定的内容和事项的，应当按照规定的条件和程序重新办理河道采砂许可证。

（六）河道采砂规划报告的编制

为加强对河道采砂规划和河道采砂项目的管理，规范河道采砂规划和采砂项目可行性论证工作，提高技术成果质量，保证采砂规划和采砂项目的科学性、合理性，针对可采区的规划布置以及整修堤防进行吹填固基、整治河道、吹填造地等采砂项目的可行性论证工作，有关省已由省级质量技术监督部门发布地方标准，出台了"河道采砂规划报告编制导则"和"河道采砂项目可行性论证报告编制规程"，对河道采砂规划报告和河道采砂项目可行性论证报告的编制提出了相关技术规定。

1. 河道采砂规划编制要求

（1）总则。

第一，编制河道采砂规划应遵守国家有关法律、法规。

第二，编制河道采砂规划应充分考虑维护河势稳定、保障防洪和通航安全、沿河涉水工程正常运行以及生态与环境保护的要求。

第三，编制河道采砂规划应符合江河流域综合规划和区域规划，并与相关专业规划相协调，贯彻全面规划、统筹兼顾、科学合理的原则，正确处理好整体与局部、干流与支流、上下游、左右岸、近期与远景、需要与可能等方面的关系，做到适度、有序地开采和利用河道砂石资源。

第四，河道采砂规划的主要内容应包括河道演变与泥沙补给分析、河道采砂的分区规划、采砂影响分析、规划实施与管理等。

第五，河道采砂规划的规划期可根据规划河流的特性确定。

第六，编制河道采砂规划应重视基本资料的收集整理和分析利用。

（2）基本资料。

编制河道采砂规划，应根据规划要求调查、收集、整理和分析有关气象、水文、地形、地质、环境、社会经济、防洪、航运和涉水工程等方面的资料。

第一，水文气象资料，应包括能反映流域或规划河段气象、水文特性的有关特征数值的资料。

气象资料：主要包括降水、气温、风、雾等气象特征值。

水文资料：①径流资料，主要包括规划河段历年水位、流量、流速特征值等；②泥沙资料，主要包括规划河段的历年输沙量、含沙量、泥沙颗粒级配、床沙等；③潮汐资料，包括感潮或潮流河段的潮位、潮差、流速、潮汐基本特性以及潮流河段流向等；④冰情资料，包括河流历年封冻起讫日期、封冻历时及变化规律、冰厚、封冻影响等。当规划河段上游有较大蓄水工程或其他人类活动对规划河段水沙条件有明显影响时，应收集人类活动影响情况及相应的水沙条件变化资料。

第二，河道地形和地质资料，应包括能反映河道地形、地质特征的资料。①规划河段历年河道地形图、固定断面资料等。②规划河段的地形地貌、地层岩性特征、河谷结构、岸坡形态和类型；河床沉积物的物质组成及主要物质来源；河道砂（砾石）层的分布特征；河道砂层的可采性分析等。③可采区砂层的颗粒组成、储量、分布范围及高程等。④有关环境地质问题预测评估成果、预防崩岸等地质灾害产生的限制条件及措施建议。

第三，社会经济资料，应包括规划河段沿岸行政区划、主要城镇和人口分布、主要国民经济指标、主要产业布局等。

第四，生态与环境资料，应包括采砂河段的生态与环境现状、水功能区划、环境保护规划和已批准的珍稀动物保护区等。

第五，规划河段防洪、护岸和航运资料，应包括河道两岸堤防、护岸工程资料；航道等级和维护尺度，现状航道位置及尺度，通航船舶类型、客货运输量，主要碍航水道分布及治理情况等资料；河道内已建及规划期内拟建的涉水工程资料。

第六，编制河道采砂规划应收集江河流域和区域综合规划、防洪规划、河道整治规划、航运规划、沿江各地经济发展和城市建设规划，以及规划河段的采砂现状和管理资料。

第七，对收集的资料应进行合理性和可靠程度的分析评价。

（3）河道演变与泥沙补给分析。编制河道采砂规划应根据规划河段的水文、地形、地质、河道演变分析成果、人类活动等基础资料进行河道演变与泥沙补给分析。河道演变与泥沙补给分析的内容可根据不同河道特性、治理及开发情况和采砂（主要指水采、旱采）不同要求具体确定。

第一，河道演变分析。①河道演变分析的内容，应包括河道历史演变、近期演变以及河道演变趋势分析；②河道历史演变分析应说明历史时期河道平面形态、河床冲淤和洲滩等演变特征；③河道近期演变及演变趋势分析，应综合分析规划河段近期的河势和河床冲淤变化特性和演变趋势；④对于规划河段内的碍航浅滩，应分析其年际和年内冲淤变化、碍航程度以及航道整治的影响等；⑤规划河段及其上游干、支流修建水库等水利枢纽、实施水土保持和河道整治等人类活动而可能导致规划河段来水、来沙、边界条件等发生较大变化时,应分析其对河道演变的影响。

第二,泥沙补给分析。①泥沙补给分析应包括各河段来水特性,泥沙来源,悬移质、推移质泥沙的输移特性和颗粒级配,床沙的组成及其颗粒级配;②泥沙补给分析可根据河道的水文、地形、地质等资料、河道演变特性及规划河段的河道冲淤状况、床沙颗粒级配、上游来沙数量和颗粒级配,并结合规划采砂要求,利用输沙平衡原理分析各河段的泥沙补给状况;③泥沙补给分析应分析人类活动对规划河段泥沙来量变化和补给的影响;④对于某些特殊河流或重要河段的泥沙补给分析,可结合数学模型计算或河工模型试验进行分析。

(4) 采砂分区划定的依据。采砂分区规划,应包括禁采区、可采区、保留区的规划。采砂分区规划应在分析研究规划河段河道采砂的影响因素和控制条件的基础上进行。

第一,禁采区划定。禁采区应在分析研究采砂的影响和控制因素的基础上划定,即:①对维护河势稳定起重要作用的河段和区域,包括控制河势的重要节点、重要弯道凹岸、汊道分流区,须控制其发展的汊道等;②对防洪安全有较大影响的河段和区域,包括防洪堤外边滩较窄或无边滩处、深泓靠岸段、重要险工段附近、护岸工程附近区域以及其他对防洪安全有较大影响的区域;③对航道稳定和通航安全影响较大的河段和区域,包括主航道内、航道变迁区域、碍航水道、过度弯曲的航道及其上下游一定区域、港口码头区域等;④对河道的生态与环境影响较大的河段和区域,包括国家和省级人民政府划定的各类自然保护区,珍稀动物栖息地和繁殖场所,主要经济鱼类的产卵场、重要的国家级水产原种场、洄游性鱼类的主要洄游通道、集中饮用水水源地、重要引水河段等;⑤对涉水工程正常运用有不利影响的河段和区域,包括桥梁、码头、涵闸、取、排水口、过江电缆、隧道等的保护区域;⑥与江河流域和区域综合规划及有关专业规划有矛盾的河段和区域。

第二,可采区划定。可采区规划应包括规划河段年度控制开采总量的确定,各可采区规划范围和年度控制实施范围、控制开采高程、控制开采量、可采期和禁采期的确定,可采区作业方式、弃料堆放及其处理方式的选择等。

可采区规划应综合考虑河势、防洪、通航、生态与环境保护、涉水工程正常运行以及开采运输条件等因素,在河道演变与泥沙补给分析的基础上划定。这些区域包括对河势稳定、防洪安全、通航安全、生态与环境保护、涉水工程正常运用等基本无影响或影响较小的区域;河道整治、航道整治、港口码头运行等需要疏浚的区域。

规划河段年度控制开采总量应综合考虑泥沙补给、砂石储量及需求等因素来确定。年度控制开采总量原则上不宜超过河道多年平均泥沙补给量。

可采区范围的规划布置及其平面控制点坐标的确定,应采用最近的河道地形图。年度控制实施的可采区的长度和宽度指标,应结合可采区所处规划河段的具体情况分析确定。地形图的比例尺可视河道宽度等情况确定,一般不小于1:10 000。

第三,保留区划定。规划河段内,禁采区和可采区以外的区域应划定为保留区。划定的保留区可根据河道演变情况和采砂需求,经过充分论证和办理审批手续后调整为可采区。

(5)采砂影响分析。编制河道采砂规划应分析采砂规划方案对河势稳定、防洪安全、通航安全、涉水工程、生态与环境保护等方面的影响,并提出结论性意见及对策措施。

第一,采砂对河势稳定的影响分析,应包括研究不同边界条件和开采方式对河势稳定的影响,宜采用最近的河道地形资料,并结合河演分析成果进行分析。

第二,采砂对防洪安全的影响分析,应包括采砂方案对防洪水位、近岸流速、堤防安全、重要险工险段、防洪工程等的影响。重要防洪河段可结合数学模型计算和河工模型试验进行分析和论证。

第三,采砂对通航安全的影响分析,应包括对航道的影响和对通航安全的影响。对航道的影响应结合航道通航现状、航道规划等级和维护尺度,航道存在的主要问题等情况,并结合河道演变进行分析。

第四,采砂对涉水工程的影响分析,应包括采砂对涉水工程运行条件、安全、效率等的影响。可根据采砂直接影响到的河段两岸有关涉水工程分布情况及正常运用要求进行。

第五,采砂对生态与环境安全的影响分析,包括分析采砂活动对水体水质、取水口水质的影响范围等的影响;对主要经济鱼类、珍稀濒危及特有水生动植物的影响;对沿岸城镇、居民点、建筑物等的影响;砂料堆放和运输对城镇及居民点的影响。制定生态与环境保护的措施,可在调查涉及区域环境现状的基础上进行。

第八章
生态河道采砂管理

(6) 规划的实施与管理。

第一,河道采砂规划应明确提出可采区实施程序意见。对于开采量特别大或位于环境敏感河段的可采区,在发放采砂许可证之前,还应在采砂规划的基础上进行采砂的环境影响评价。

第二,河道采砂规划应在对河道采砂管理现状进行调查并分析采砂管理存在的主要问题的基础上,提出完善采砂管理的措施。

第三,对可采区及采砂影响河段,应根据不同河流的特点,提出动态监测管理措施和意见。

2. 河道采砂规划编制说明

(1) 总则。

第一,河道采砂活动涉及河势稳定、防洪与通航安全、涉水工程的正常运用、生态与环境等诸多方面。科学地编制河道采砂规划是加强采砂管理的重要基础和有效措施。

第二,相关专业规划主要包括防洪规划、河道治理规划、环境保护规划、水土保持规划、航运规划、岸线利用规划等。

第三,在确定河道采砂规划的规划期时,应考虑不同河流的水文特性、河道演变特性、泥沙补给特性、经济社会发展要求等,在综合分析研究后确定。一般以 3~5 年为宜。

第四,基本资料是采砂规划的重要基础依据,应确保基本资料的真实性、准确性、完整性和实用性。鉴于规划的河流为国内主要河流,以往相关的规划和研究成果比较多,应加以收集、复核和利用。

第五,编制河道采砂规划应贯彻水利行业及相关行业的法规和国家有关方针政策,应符合现行国家有关标准和行业标准的规定。

(2) 基本资料。基本资料是编制河道采砂规划的基础。详尽收集流域及规划河段气象、水文资料,为分析流域及规划河段气象、水文特性所用,是科学制定河道采砂规划的重要基础工作。

第一,根据水文气象特性分析及规划编制的需要,对收集的水文气象资料的主要要求为:①采砂规划对气象资料的要求,应能据此说明流域及规划河段基本气象变化特征及重要的气象要素特征;②采砂活动一般在行洪河道中进行,水文特性的分析,要求说明流域及规划河段基本的径流、洪水、枯水、泥沙特性,并能从中认识采砂活动对河道水文特征的影响。当规划河段属于防洪重点河段时,分析内容还包括流域及规划河段的暴雨洪水特征。因此,水文资料的收集,应能充分满足上述分析的需要。

规划流域及河道的泥沙来源及组成、河段输沙量特征、泥沙颗粒级配、床沙组成及级配等是采砂规划中水文特性分析的重点,也是制定采砂规划的依据。因此,流域及规划河段泥沙资料的收集应力求全面和翔实。当开采的砂石的主要成分为卵石推移质时,泥沙分析内容还应包括卵石推移质泥沙来源及补充量的调查分析。

规划河段位于感潮河段或潮流河段时,水文特性的分析主要体现在潮汐变化特性及规律等方面。因此,要求收集相应的潮位、潮差、流速、潮汐基本特性以及潮流河段流向等资料。

北方河流冬季封冻是其主要特征之一。因此,收集北方河流冰情资料,开展必要的冰情变化特征及规律、规划河段发生冰坝与冰塞的可能性以及采砂的影响等分析,是北方河流采砂规划的重要内容。

人类活动的影响,包括上游大型水库的兴建、大型土建项目建设或开采矿藏活动、水土保持措施的实施等,将明显影响甚至改变下游河段的来水来沙特性。因此,应收集这些基本情况资料,以及因这些活动所造成的水沙变化资料,为分析流域产沙影响因素、初步预测规划期内流域来水来沙变化趋势等奠定基础。

第二,河道地形资料,是认识河道形态的基础资料。因此,全面收集河道地形资料对采砂规划极为重要。重要河流,特别是防洪问题比较突出或重要的通航河流,收集历年河道地形资料,对全面深入分析采砂河段河道演变情况和趋势是十分必要的。对于特别重要的河段及河势变化频繁的河段,编制采砂规划时,还应根据规划的需要,开展专门的河道地形观测。

(3)河道演变与泥沙补给分析。河道演变与泥沙补给分析是编制河道采砂规划时确定河道采砂规划年度控制开采量及可采区布置的重要基础和依据,是河道采砂规划的重要内容之一。

由于各规划河道的类型、特性的差异,治理开发情况及采砂方式(水采、旱采)的不同,河道演变及泥沙补给分析的内容也有所不同。对于河道走向及平面形态受山体和阶地严格制约的山区性河道及山区性向平原性性过渡的河道,一方面由于其河道演变进程相对平原冲积性河道较为平缓,河床形态及冲淤变化的泥沙组成也与平原冲积性河道有所不同。另一方面,某些山区性河道或山区性向平原性过渡河道的开发利用的程度有限,采砂影响相对

第八章
生态河道采砂管理

较小,并受河道地形及水文资料不足的影响,河道演变分析的内容可侧重于边滩心滩、多滩多汊型河道的推移质堆积物的堆积演变分析。泥沙补给分析的内容可侧重于推移质泥沙运动的分析。对于河道演变受近期来水来沙条件及河床边界等相互影响的平原冲积性河道,开发利用的程度变大,河道稳定性要求增加,河道演变分析的内容应力求全面深入,泥沙补给分析的内容可侧重于悬移质泥沙运动的分析。

第一,河道演变分析。①研究河道演变特性是编制河道采砂规划的重要基础工作。为此必须广泛收集并整理河道水文、地形、床沙组成、河道整治及开发利用的历史资料、现状资料及规划资料,在此基础上进行河道演变分析。②河道历史时期演变、近期演变以及河道演变趋势分析是河道演变分析的主要组成部分,并应以河道近期演变、河道演变趋势分析为重点。③河道历史时期演变分析应注意根据历年河道地形图并结合史籍资料进行综合分析,着重分析历史时期河道平面形态及洲滩冲淤变化等演变规律。④由于有碍航浅滩的河段的航槽易受来水来沙等外界因素影响而发生变化,并影响其下游河段的河势及冲淤变化,因此对有碍航浅滩的河段年际和年内冲淤变化及整治情况等的分析是河道近期演变分析的重要内容。⑤河道演变趋势的分析应注意采砂规划期内来水来沙及人类活动对河道演变的影响。

第二,泥沙补给分析。泥沙补给分析应注意河流干流及支流与湖泊的汇流、分流水系历年来水来沙变化的分析,以及各河段悬移质和推移质来沙及输沙特性、年际和年内冲淤特性的分析,并根据各河段的输沙特性分析各粒径组泥沙的数量。

对于以推移质输沙特性为主的河道,根据多年推移质资料,计算其算术平均值即为多年平均推移质输沙量。

对于以悬移质输沙特性为主的河道,根据多年悬移质资料,计算其算术平均值即为多年平均悬移质输沙量,并可据悬移质颗粒级配计算各粒径组泥沙的数量。

第三,人类活动改变了河流或河道的自然状态,也影响了河流的自然来水来沙特性。特别是规划河段上游水库工程的兴建和水土保持措施的实施,必然会对河流或河道的来水来沙条件产生明显影响并带来较大变化。所以,泥沙补给分析也应包括此类人类活动对规划河段泥沙量变化和补给的影响。

第四,数学模型计算和河工模型试验是泥沙补给的定量分析的有效方法,对于某些特殊河流或重要河段更具有针对性和实用性。在规划阶段,对于某些特殊河流或重要河段的泥沙补给,有条件时,可以结合数学模型计算和河工模型试验进行分析,使泥沙补给分析成果更加科学合理。

第二节 河道采砂许可管理

一、河道采砂许可的内涵阐释

采砂许可制度是加强河道采砂管理,保障河道采砂有序进行的重要措施,也是防止滥采乱挖的重要手段之一。河道采砂规划是进行河道采砂许可的重要依据。河道采砂许可属于行政许可,是指水行政主管部门根据公民、法人或者其他组织的申请,经依法审查,准予其在河道管理范围内从事河道采砂活动的行为。

"河道采砂事关河道保护、生态环境以及公共安全,是河湖管理的重点和难点。"[1]河道采砂既涉及公共安全、生态环境保护,而且也属于有限资源的开发利用,因此对河道采砂经营权的授予,必须采取公开、公平、公正、透明的方式。引入市场竞争机制进行河道采砂许可,既是有关法律法规的规定,也是有效实施河道采砂管理的重要手段。

二、河道采砂许可的实施程序

(一) 申请

主管部门在办理申请时,必须要求从事采砂活动的单位和个人提供真实有效的基本材料。

1. 河道采砂申请的内容

(1) 采砂许可申请书。

---

[1] 刘爱丽,苑晨阳,和吉.我国河道采砂许可方式演变分析研究[J].东北水利水电,2023,41(2):22—25,71.

(2) 营业执照的复印件(提交复印件时,须验原件。下同)及其他相关材料。

(3) 采砂申请与第三方有利害关系的,与第三方达成的协议或有关文件。其中,采砂申请书应当包括:①申请单位的名称、企业代码、地址、法定代表人或者负责人姓名和职务,申请个人的姓名、住址、身份证号码;②采砂的性质和种类,开采地点和范围;③开采时间;④开采量;⑤采砂作业的设备、数量;⑥控制开采高程和作业方式;⑦砂石堆放地点和弃料处理方案;⑧采砂设备的基本情况;⑨采砂作业技术人员基本情况;⑩其他有关事项。凡申请进行水上采砂作业的,申请书还要包括船名(船号)、船主姓名、采砂设备功率等内容,并提供船舶证书和船员证书的复印件。

2. 公示河道采砂许可规定的义务

县级以上水行政主管部门应当将法律、法规、规章规定的有关河道采砂许可的事项、依据、条件、数量、程序、期限以及需要提交的全部材料的目录和申请书示范文本等在办公场所公示。

3. 提交真实有效材料

申请人提出河道采砂许可申请,应当按照有关要求如实向水行政主管部门提交有关材料和反映真实情况,并对其申请材料实质性内容的真实性负责。有关水行政主管部门不得要求申请人提交与其申请的河道采砂许可事项无关的资料和其他材料。

4. 申请方式

申请人可以委托代理人向采砂所在地县级以上水行政主管部门提出河道采砂许可申请。河道采砂许可申请可以通过信函、电报、传真、电子数据交换和电子邮件等方式提出。

(二) 受理

第一,申请事项依法不需要取得行政许可的,应当即时明确告知申请人。

第二,申请事项依法不属于本行政机关职权范围内的,应当即时作出不予受理的决定,并以书面形式告知申请人。

第三,申请材料存在可以当场更正的错误的,应当允许申请人当场更正。

第四，申请材料不齐全或者不符合法定形式的，应当当场或者在 5 日内一次告知申请人需要补正的全部内容。

第五，申请事项属于本行政机关职权范围，申请材料齐全、符合法定形式，或者申请人按照本行政机关的要求提交全部补正材料的，应当受理行政许可申请。

第六，行政机关受理或者不受理行政许可申请，应当出具加盖本行政机关专用印章和注明日期的书面凭证。

（三）审查

1. 对采砂许可材料的审查

县级人民政府水行政主管部门应当对申请人提交的申请材料进行初审，市级人民政府水行政主管部门进行审查，省级人民政府水行政主管部门负责审批发证。

（1）初审。申请人提交的申请材料由县级人民政府水行政主管部门对申请材料的实质性内容进行核实。对申请材料齐全、符合法定形式的，自受理申请之日起，在规定的时间内完成初审，提出是否符合审批发证条件的初审意见，并决定是否报送市级人民政府水行政主管部门审查。不予上报的，应当在做出不予上报决定之日起的规定时间内以书面形式通知申请人，并说明理由。初审意见通过的，县级人民政府水行政主管部门以书面形式通知申请人。

（2）审查。市级人民政府水行政主管部门对县级人民政府水行政主管部门的初审意见进行审查，在规定时间内提出是否符合审批发证条件的意见并决定是否报送省级人民政府水行政主管部门。不予上报的，应当在做出不予上报决定之日起的规定时间内以书面形式通知初审的县级人民政府水行政主管部门，并说明理由。决定上报的，将审查意见和相关材料报省级人民政府水行政主管部门审批。

（3）审批。省级人民政府水行政主管部门收到市级人民政府水行政主管部门的审查意见后，将对采砂许可做出批复，并在规定时间内通知市级人民政府水行政主管部门，最终由受理申请的县级人民政府水行政主管部门将河道采砂许可证送达申请人。

2. 审查的注意事项

(1) 对申请材料实质性内容的核定有人员数量的规定。

(2) 审查工作由有关水行政主管部门逐级进行,但上级水行政主管部门不得要求申请人重复提供申请材料。

(3) 在审查过程中,有关水行政主管部门发现行政许可事项直接关系他人重大利益的,应当告知该利害关系人。申请人、利害关系人有权进行陈述和申辩。有关水行政主管部门应当听取申请人、利害关系人的意见。

(四) 决定

第一,省级人民政府水行政主管部门应在法定的期限内按照规定的程序做出采砂许可决定。

第二,申请人的申请符合法定条件和标准的,省级人民政府水行政主管部门应当依法做出书面决定。

第三,做出不予许可决定的,应当说明理由,并告知申请人享有依法申请行政复议或者提起行政诉讼的权利。

第四,做出准予许可决定的,应当向申请人颁发河道采砂许可证。

第五,做出采砂许可决定后,应当予以公开。

(五) 期限

第一,实施河道采砂许可的期限。

第二,有关各级地方人民政府水行政主管部门审查、批准采砂许可的期限。

第三,颁发河道采砂许可证的期限。

(六) 听证

有关法律、法规、规章规定,实施行政许可应当听证的事项,或者有关行政机关认为需要听证的其他涉及公共利益的重大行政许可事项,有关行政机关应当向社会公告,并举行听证。

三、河道采砂许可的主要方式

河道采砂许可方式选择恰当与否,既关系到政府与采砂经营者的经济利益,而且也关系到采砂管理目标的实现。近年来,在各地河道采砂管理实践中,遵循公开、公平、公正的原则,大多采取体现市场竞争机制的方式(拍卖或招标)。人们对采砂许可方式进行了一些探索,取得了一些积极的成效,但在采砂业主的经营活动和地方政府有关部门的管理工作中也出现了一些新的问题,值得进一步研究和思索。

(一)采砂许可采取的主要方式

采砂许可方式即指政府主管部门在作出采砂许可决定时采取的某种方式。目前主要有以下两类:

一是直接许可。即由当事人提出采砂申请,管理部门经过规定的审批程序,直接对其作出许可决定。这种方式是在采砂管理尚不规范,采砂规模小,申请人数少,未编制河道采砂规划等情况下普遍采用的方式。其优点是程序简单,周期较短,且管理成本较低。弊端是不利于体现砂石资源的价值,导致国有资源的流失。目前仅在少数采砂规模很小的河流采取这种许可方式。

二是引入市场竞争机制的许可方式(拍卖或招标)。由于国民经济基础设施建设步伐的加快,建筑市场对砂石的需求猛增,河道采砂经济利益凸显,导致采砂规模越来越大,河道采砂成了社会议论的热点、媒体关注的焦点、政府管理的难点。河道采砂问题引起了各级领导的高度重视,各级水行政主管部门按照依法、科学、有序的管理要求,加大了监管力度。

(二)采砂许可中的市场竞争

1. 拍卖

拍卖是指以公开竞价的形式,将特定物品或者财产权利转让给最高应价者的买卖方式。

(1)拍卖的标的(即拍卖品)。拍卖的标的是指可以通过拍卖方式转让所有权或使用权的各种财产,包括:公物、无形资产、不动产、企业资产(产权)、艺术品及文物。

(2) 拍卖的方式。

第一，英国式拍卖。英国式拍卖亦称增价拍卖，它是指拍卖标的的竞价由低向高依次递增，直到以最高价（达到或超过底价）击槌成交的一种拍卖。增价拍卖是最古老并一直占统治地位的一个拍卖方式，在我国的拍卖活动中应用较为广泛。

第二，荷兰式拍卖。荷兰式拍卖亦称减价拍卖，它是指拍卖标的的竞价由高到低依次递减，直到第一个竞买人应价（达到或超过底价）时击槌成交的一种拍卖方式。

第三，有底价拍卖。有底价拍卖是指在拍卖前，委托人与拍卖机构双方经协商并以书面合同形式先行确定拍卖品的底价（也叫保留价），在拍卖时，若竞买人所出的最高竞价达不到底价，则拍卖不能成交。

第四，无底价拍卖。无底价拍卖是指在拍卖前，委托人与拍卖机构并不先行确定拍品的底价，在拍卖时只要产生最高应价，拍卖即可成交。

第五，密封递价拍卖。密封递价拍卖又称投标拍卖，是指由拍卖人事先公布拍卖标的的具体情况和拍卖条件，然后竞买人在规定的时间内将密封的标书递交拍卖人，由拍卖人在事先确定的时间公开开启，经比较后选择出价最高者成交。

第六，速胜式拍卖。速胜式拍卖是增价拍卖的一种变体。拍卖标的的竞价也是按照竞价阶梯由低到高依次递增。不同的是，当某个竞买人的出价达到（大于或等于）保留价时，拍卖结束，此竞买人成为买受人。

第七，定向拍卖。定向拍卖是一种为特定的拍卖标的而设计的拍卖方式，有意竞买者必须符合卖家所提出的相关条件，才可成为竞买人参与竞价。

第八，反向拍卖。为满足会员个性化需求而设计的拍卖方式。注册会员可以提供希望得到的产品的信息、需要服务的要求和可以承受的价格定位，由卖家之间以竞争方式决定最终产品提供商和服务供应商，从而使注册会员以最优的性能价格比实现购买。

(3) 拍卖的程序。拍卖的程序分五步，依次为委托、公告、拍卖操作、结算和拍卖物的交付。

第一，委托阶段。法定拍卖是依据政策由委托人提起的拍卖，因此当委托人提起拍卖时，必须依据法规政策中的有关条款，由委托人发出《委托拍卖函》或与拍卖人签订《委托拍卖协议书》。

第二，拍卖的公告阶段。拍卖的公告过程包括：拍卖的公告，对拍卖标的物的宣传，与竞买人的联络，以及拍卖标的的展示。

第三，拍卖的操作过程。潜在的竞买人经过咨询和看样过程后，为明确表示其参加竞买的意愿，就必须进行竞买登记，而成为真正意义上的竞买人。在交付保证金和领取竞价号牌后，依照公告规定的时间和地点参与竞价，当拍卖师落槌表示成交后，在诸多竞买人中就产生出买受人。竞买人一旦成为买受人，就应与拍卖人签署《拍卖成交确认书》。

第四，拍卖的结算。拍卖的结算包括：买受人的结算，除买受人外其他竞买人的结算，拍卖标的的保管交付，委托人的结算，拍卖人的核算以及拍卖的总结和资料的管理归档。拍卖人收到买受人的价款后，就应及时与委托人进行结算，将扣除委托手续费后的价款交付委托人。对于有些标的，拍卖人还应该要求委托人提供相关文件手续等，以利于买受人办理权属变更。

第五，拍卖物的交付。买受人在拍卖人规定的时间内支付全部价款和拍卖手续费后，拍卖人方可将拍卖标的交给买受人，同时拍卖人应提供票据给买受人。

第六，拍卖的实施要素：①委托人、拍卖人的姓名或者名称、住所；②拍卖标的的名称、数量、质量；③委托人提出的保留价；④拍卖的时间、地点；⑤拍卖标的的交付或者转移的时间、方式；⑥佣金及其支付的方式、期限；⑦价款的支付、期限；⑧违约责任；⑨双方约定的其他事项。

2. 招标

招标是应用技术经济的评价方法和市场经济竞争机制的作用，通过有组织地开展择优成交的一种相对成熟、高级和规范化的交易方式。它是招标人在依法进行某项适宜于竞争性活动过程中，事先公布招标条件，邀请投标人投标并按照规定程序从中选择交易对象的一种经济行为。

在商业贸易中，大宗商品的采购或大型建设项目承包等，通常不采用一般的交易程序，而是按照预先规定的条件，对外公开邀请符合条件的国内外制造商或承包商报价投标，最后由招标人从中选出价格和条件优惠的投标者，与之签订合同。在这种交易中，对采购商（或采购机构）来说，他们进行的业务是招标；对承包商（或出口商）来说，他们进行的业务是投标。招标概念有广义与狭义之分。广义的招标是指由招标人发出招标公告或通知，邀请潜在的投标商进行投标，最后由招标人通过对各投标人所提出的价格、质量、交货期限和该投标人的技术水平、财务状况等因素进行综合比较，确定其中最佳的投标人为中标人,并与之最终签订合同的过程。当人们笼统地提招标时,则通常指广义的招标。狭义的招标是指招标人根据自己的需要,提出一定的标准或条件,向潜在投标商发出投标邀请的行为。当招标与投标一起使用时,则指狭义的招标。与狭义的招标相对的一个概念是投标,投标是指投标人接到招标通知后,根据招标通知的要求填写投标文件(也称标书),并将其送交给招标人的行为。可见,从狭义上讲,招标与投标是一个过程的两个方面,分别代表了采购方和供应方的交易行为。

招标是一种特殊的交易方式和订立合同的特殊程序。目前已有许多领域采用这种方式,并已逐步形成了许多国际惯例。从发展趋势看,招标与投标的领域还在继续拓宽,规范化程度也在进一步提高。在我国,随着社会主义市场经济的发展,招标已成为一种广泛的、最常用的采购方式。

(1) 招标的不同方式。招标分为公开招标和邀请招标。公开招标是招标人通过招标公告的方式邀请不特定的法人或者其他组织投标。邀请招标是指招标人以投标邀请的方式邀请特定的法人或其他组织投标。还有一种接近招标的采购方式叫询价采购。这种采购方式适用于采购小金额的货架交货的现货或标准规格的商品。询价采购可以不写详细的招标文件,只将询价单(写明采购内容和报价要求)发给几家厂商(法律规定一般应不少于 3 家),保证有一定竞争性。

(2) 招标应具备的要素。招标是最富有竞争力的一种采购方式。与其他采购方式相比,招标采购至少应具备以下要素:

第一,程序规范。在招标投标活动中,从招标、投标、评标、定标到签订合同,每个环节都有严格的程序、规则。这些程序和规则具有法律拘束力,当事人不能随意改变。

第二,编制招标、投标文件。在招标投标活动中,招标人必须编制招标文件,投标人据此编制投标文件参加投标,招标人组织评标委员会对投标文件进行评审和比较,从中选出中标人。因此,是否编制招标、投标文件,是区别招标与其他采购方式的最主要特征之一。

第三,公开性。招标投标的基本原则是"公开、公平、公正",将采购行为置于透明的环境中。招标投标活动的各个环节均体现了这一原则:招标人要在指定的报刊或其他媒体上发布招标公告,邀请所有潜在的投标人参加投标;在招标文件中详细说明拟采购的货物、工程或服务的技术规格,评价和比较投标文件以及选定中标人的标准;在提交投标文件截止时间的同一时间公开开标；在确定中标人前，招标人不得与投标人就投标价格、投标方案等实质性内容进行谈判。这样，招标投标活动就完全置于社会的公开监督之下，可以防止不正当的交易行为。

第四，一次成交。在一般的交易活动中，买卖双方往往要经过多次谈判后才能成交。招标则不同。在投标人递交投标文件后到确定中标人之前，招标人不得与投标人就投标价格等实质性内容进行谈判。也就是说，投标人只能一次报价，不能与招标人讨价还价，并以此报价作为签订合同的基础。

(3) 招标的作用。招标是一种有组织的交易方式，是一种公开的采购行为。遵循"公开、公正、公平"的原则，对买方和卖方而言，都有很多益处。由于它具有公开性，使所有的投标人都有均等的投标机会，因此也使招标人有充分的选择机会；招标的规则相当严谨，对每个投标人都有着极强的约束力，因此保障了买方的所有权利；招标的核心是竞争，通过货比数家，选定性能价格比最高的投标人为中标人。

(4) 招标程序。政府采购的招标程序一般为：①采购人编制计划，报财政主管部门政府采购办审核；②采购办与招标代理机构办理委托手续，确定招标方式；③编制招标文件；④发布招标公告或发出招标邀请函；⑤出售招标文件，对潜在投标人资格预审；⑥接受投标人标书；⑦在公告或邀请函中规定的时间、地点公开开标；⑧由评标委员对投标文件评标；⑨依据评标原则及程序确定中标人；⑩向中标人发送中标通知书并与之签订合同。

(5) 招标文件制作要点。招标文件（以下简称标书）是招标活动最直接的依据，招标项目的描述、投标人须知、招标程序、合同式样、技术响应等项目是标书的主要内容，其内在的逻辑性、完整性、合法性是标书的精髓。标书是重要的采购资源，具有法律效力，是采购当事人共同遵守的原则，在招标活动中，任何人违背标书精神而作出的肆意行为都必须承担相应的责任。基于以上的认识，我们更加感觉到标书制作的重要性，特别是标书中对一些敏感性话题的描述更要精练、准确、切中要害，千万不能有含糊不清的表述、逻辑不清的言辞，因为这些关键性的词语决定着供应商的投标资格，决定着投标人的根本利益。招标文件维护着采购工作的权威性、严肃性与公正性，因此，标书中的关键路径的设置显得十分必要与迫切。

第一，招标文件制作的原则。

全面性：标书内容涉及采购人需求、项目具体技术参数、标准化设置、市场行情、采购环境、有效竞争、公平参与权、定标标准、法律法规条款、公共政

第八章 生态河道采砂管理

策功能,甚至还要考虑文化传统等方方面面的影响。因此,制作一份完整的标书是一项系统性的工程,标书制作者与集中采购机构担负着繁重的起草重任,怎样把上述控制性内容全面而准确地融入标书文本中,考验着工作人员的业务素养与综合素质,也显示着采购机构管理质量水准。

逻辑性:标书是招标工作时采购当事人都要遵守的具有法律效力的文件,因此逻辑性要强,不能前后矛盾,模棱两可。用语要精练,要用简短准确的书面语言表达项目规范与要求,力戒啰唆、重复、前后不一。招标邀请书、招标目标任务说明、投标须知、购销合同等作为标书的几个组成部分,既要准确地表达逻辑含义,又要使整体逻辑空间顺畅,体现一致性与一贯性。

非歧视性:这项要求对标书制作人员要求很高,采购人对采购项目的策划、市场行情了解、采购环境追踪、预算与方案选择等前期工作,会有许多想法,一旦申报采购计划并交由集中采购机构执行时,标书制作人员就面临着几个关键点的控制与把关。如选定品牌采购问题,准入门槛或资质要求问题,厂家授权与产品质量可靠性矛盾问题,信息公开与参与权受限问题,采购人倾向性意见及控制等。界定歧视性条款,也是标书制作水平的真实体现。因此对采购信息的收集、归类、分析显得十分重要,横向纵向对比能够判定采购人是否具有倾向性,对供应环境、企业销售渠道与方式的掌握,有利于让标书制作者对采购人的需求做出客观评价,对政策法规的准确理解与执行,有利于标书制作者剔除歧视性条款,也是对采购人"只要出钱想买什么就买什么"传统观念的强力阻击,是设立采购机构,彰显公共政策功能的目的所在。

法律规范性:标书具有法律效力,是合同组成部分之一,是采购人需求、供应商履约的直接依据,也是所有投标人共同遵循的标准,更是纠纷处理的依据。因此,标书内容中法律法规的控制路径要严格设立,不能含糊不清,难以操作,要明确权利、义务与责任,应做到:①严格遵守采购法规与标书制作原则,在具体细节安排上能全面落实各项规定,确保标书体现法律精神,有很强的权威性与说服力。②实际操作过程中,要严格按标书规定执行,对事不对人,一视同仁。废标、无效标、未实质性响应标书、未提供有效资质等重大事项,要提出明确的处理规定,对于评分权重设置、投标保证金交纳、定标原则等具体内容要按照法律规定细化,并一丝不苟地执行到位,公开接受各方监督。③法律法规细化成标书条款要有实际操作性,便于采购当事人的控制与监督,要结合采购项目特点,有针对性地细化法律条文,不具备实现条件的或者操作性不强的,要酌情删减,不要碍于面子等而制造众多不必要的麻烦。

第二，招标文件涉及的关键问题。目前，标书制作偏向于大而全，标书内容多达上百页，涉及开标过程的一切事务。内容多有重复，如开标时间在投标邀请函、投标人须知、开标定标中多次出现；合格投标人与资质要求，在邀请函、投标人须知中重复出现；概念性描述较多，未作明确规定，有时语言表达不清晰，如废标条款、资质审验程序、证明材料、财务状况等，仅做一些概括性的说明，未能做具体的可操作性规定，标准难以统一，自然惹起许多纷争，甚至难以决断。

实质性响应标书条款：一般情况下，未实质性响应标书内容的，将定为无效投标，这对投标人来说是致命的，也是最容易引起纷争的地方。最有效的控制方式就是根据法律法规要求，结合采购人意愿及项目实际情况，对实质性响应标书的内容做明确规定。在设置实质性响应标书条款的同时，特别要对引起废标、无效标以及未实质性响应标书情况作出强化规定，严格界定未实质性响应标书内容。未实质性响应标书的情况包括：特殊项目要求提供的生产厂家书面项目授权或代理商证书而未提供的，提供两个以上报价与设计方案（竞争性谈判可以酌情考虑），技术指标与方案不能满足标书规定要求的，漏报标书要求设备与服务的，开标现场未带资质原件的。对于投标文件中主动提出技术偏差，但能满足采购项目实际需求的方案，是否列入未实质性响应范围，要做实际考察；另外对"标书出现重大偏差"的概念，如何界定也要明确。技术偏差的界定比较困难，专业性很强，要有专家来界定，商务偏差可以设定一个比例，确定设备偏差价格占总投标价格的百分比，操作起来还是比较方便的。无效投标中一般还有评标委员会认为有必要取消的投标，也要界定清楚，不能太模糊，致使操作起来难以统一，从而留下采购风险与不确定因素。

开标现场验原件等关键性词语描述：公开招标一般不存在资格预审制度，各投标人领取标书时往往又容易忽略资质查验，忘记携带原件，加之路途遥远，回去拿原件再来买标书，将会增加投标成本，另外由于采购中心资格审查人员专业性、敬业心等方面的限制，发放标书时审核资质原件往往有难度，因此在开标现场由评委查验的规定十分重要与关键，各地执行部门都有同感。但在标书制作上还是不太严谨，如仅作开标现场验原件的规定，然而开标现场是一个广泛的概念，一般可以认为是从开标仪式到评标结束的时间段内，那么投标文件递交算不算开标现场，开标仪式结束后再回去拿资质原件是否有效，对所有投标人是否公平，投标有效期内（一般为 20~30 日）提供资质证明材料是否有效,这也是关键性的控制点,事关投标人是否有效投标问题。为了保持公平与操作便捷,标书中应明确注明何时递交资质原件供评委审验,在规定时间内未提供的当作无效投标处理。

评标原则标准控制:具体评分办法及细则是否公开,目前还没有形成统一意见,但至少评标办法要明确列入标书中,公开信息,以便投标人做准备,千万不能出现评分原则之外的要求作为评分办法的内容,这样对投标人不公平,也存在暗箱操作风险,最好要公布评分原则权重分值,让投标人心中有数,但假如完全公布评分细则,则可能存在串标嫌疑,如价格分取平均值,就给了不法投标人串通的途径,也会引起采购机构业务外的许多麻烦,不管怎么说,绝对客观的评分办法是没有的,评委会客观行使自由裁量权,而且专业评委的主观能动性是评标结果真实、公正、有效的有力保证。

澄清时间控制:招标采购单位对已发出的招标文件进行澄清或者修改的,应当在招标文件要求提交投标文件截止时间15日前,在财政部门指定的政府采购信息发布媒体上发布更正公告,并以书面形式通知所有招标文件接收人,所澄清或者修改的内容为招标文件的组成部分。另外,招标采购单位可以视采购具体情况,延长投标截止时间和开标时间,但至少应当在招标文件的截止时间3天前,将变更时间书面通知所有招标文件接收人,并在财政部门指定的政府采购信息媒体上发布变更公告。采购文件中要具体规定考察与答疑会的程序安排,充分考虑到可能出现的各种情况,并相应地制定策略措施与补救办法,明确规定由此而来的责任问题,防止事后出现纷争。在安排延迟投标截止时间和开标时间的过程中,为防止投标人无休止地澄清要求,投标书对此要有具体说明。

正确执行标书控制措施:标书设置好的关键路径控制,是为了保证政府采购活动的公开透明、公正客观,是树立采购机构权威与良好形象的必由之路,因此,如何处理执行过程中出现的违规行为,事关政府采购工作的好坏。

一要铁面无私,一视同仁。标书控制点设置其实是为了维护各投标人的公平参与权,提高竞争力,因此对于违反规定者,要严格按规定执行,绝不能因为无效标太多、被废标人告状或者有领导打招呼而放弃原则,这样才能达到标书设计的控制效果。

二要排除干扰,自我保护。只要在标书制作过程中经过充分论证,对必要控制点做明确的表达,政府采购关键手续与环节有效展开,从深层次意义上来说,采购机构也相当于设置了自我保护的屏障,只要控制有力,方向正确,执行有力,采购机构有理有据地处理投标人各方面的问题,不仅自身能得到保护,而且还会极大地提高自己的威望与社会影响力。

三要不断完善控制点方案。政府采购工作属于新生事物,在法律法规、制度建设、运行机制体制、管理与操作程序等方面还存在许多问题,甚至某些全局性的问题尚未得到根本解决,各项工作尚处于探索与完善阶段,因此出于标书制作精益求精的要求,以及丰富实践工作的现实呼唤,控制方案设置还要不断丰富,不要怕控制严、矛盾多,也许开始阶段工作展开困难大,付出的重复劳动多,但只要各项规范工作执行到位,不良弊端被不断地曝光与革除,政府采购将在规范与控制中健康成长,持续发展。

(6)招标方法的比较。生态河道工程的招标方法通常采用综合评分法与无标底评标法,具体如下:

第一,综合评分法。综合评分法是招投标中最常用的办法。综合评分法的关键分值——经济标——通常是围绕标底进行的,但在具体实践中由于种种原因,可能造成标底失真,进而影响施工队伍的选择和中标价的确定,采用"A+B"招标法可确保招投标的公平、公正和成功,在实际操作中要把握好以下几点:

"围标"现象及防止办法:"A+B"招标的一个重要特点就是:评标标底是各投标单位有效报价的算术平均值(A)与业主招标审定的标底(B)的平均值,在这种情况下,如果参加投标的某企业的项目经理同时又挂靠其他几个施工企业并以不同单位名义参加投标,只要他的几个投标报价比较接近,而又在有效报价范围之内,那么就能控制"A"值,使得"A+B"的平均值向他的投标报价靠拢,达到中标的目的。这就是俗称的"围标"。因为这种手段具有一定的隐蔽性,因此,只有对入围投标施工企业进行严格审查,严防各投标企业之间相互串通"围标",才能保证"A+B"招标的公平、公正。

适当控制投标企业数量:组织招标时,不但要注意工程队的级别,还要控制工程队的入围数量,不能有多少队伍报名就让多少队伍参加投标。否则入围的单位水平参差不齐,资质等级混杂,相互竞争,本身就失去了许多可比性,很难体现甲方所制定的标底或评分细则的具体要求。其结果可能会出现提问多、争执多的混乱局面,也可能出现水平较低的企业中标的现象。为了确保招标工作的顺利进行,为了确保好中选优,应当控制投标企业的数量。

准确确定有效投标报价的范围:由于每一个有效投标报价对计算评标标底都有影响,因此,在制定评分细则时,应当准确确定一个有效投标报价范围,将正常的投标报价纳入有效投标报价之内,在编制招标评分细则时,以审定参考标底的3%~7%作为有效投标报价范围较为适当,再以有效标作B值同标底A值平均,不会"脱标",负差值大于正差值,有效标的企业多,可以适度地降低合同价,达到节约经费的目的。

第二,无标底评标法。综合评分法的关键性分值——经济标——评审通常是围绕标底进行的,因此,标底编制是否合理、可靠、公正是决定评标结果的重要尺度,是衡量投标单位标价的准绳,是给上级主管部门提供核实建设规模的依据,可以预先明确自己在拟建工程上应承担的财务义务,可使评标结果更趋于公平、公正、可靠。但在实践中,有时会由于泄密或围标等原因造成有失公允,给评标工作带来难以确定的后果,这时,还有一种无标底评标方法可选择使用。

工程无标底评标是指作为招标人的建设单位(即业主)不组织编制标底。开标前,评标委员会根据工程具体特点制定评标原则,依据投标报价的综合水平确定工程合理造价(评标基准价相当于标底),并以此作为评判各投标报价的依据。评标基准价可采用各投标报价的算术平均值,开标后按照开标前既定的计算方法分析投标报价,计算评标基准价。

(7)关于流标的话题。所谓流标,是指政府采购活动中,由于有效投标人不足3家或对招标文件实质性响应的不足3家,而不得不重新组织招标或采取其他方式进行采购的现象。流标,实际上是一种招标失败,在政府采购活动中,流标的现象时有发生。这种现象一旦发生,无形中增加了采购成本,延长了采购周期,进而导致采购效率的下降。为此,认真分析流标的原因,寻求和制定治理流标的对策,显得十分必要。

第一,导致流标的原因。招标文件中对供应商应当具备的资质条件要求过高,一些标的额并不大、技术要求并不复杂的采购项目,往往对供应商提出了较高的要求,致使经营规模不大的供应商因资质不够而无法参与竞争,经营规模稍大的供应商又由于项目的标的额不大而对投标不感兴趣,结果是高不成、低不就,想做的进不来,符合条件的又不愿参加,最终导致有效投标人不足3家而流标。

采购过程中对设备的型号和配置要求不够合理,往往指定品牌或限定一个品牌,在一定程度上也就排斥了其他品牌供应商的投标。由于在一个地区同一品牌的代理商本来就不多,就会导致有效投标人不足3家而出现流标现象。

预算价定得过低,有的管理部门总是把项目预算价格压到最低,甚至必要的费用(比如差旅费等)都没有考虑进去,使得外地供应商望而却步,不敢同本地的供应商竞争。投标报价只要超出了预算价,就不可能中标,外地供应商由于路途较远,投标成本及中标后的履约成本相对本地供应商要高,由于预算价定得过低,外地供应商就会觉得划不来而不参加投标,而本地符合条件的供应商又少,使得有效投标人不足3家而流标。

付款方式过于苛刻,也是导致流标的一个重要原因。供应商如期履约后,一时不能收回或在很长时间才能收回全部合同价款,这种情况极大地挫伤了供应商特别是外地供应商的投标积极性。

在招标文件中提出一些不切实际的要求,比如说要求投标人提供制造厂商针对某项目的授权证书原件等(这种需要授权证书的要求,也程度不同地给制造厂商提供了控货以至于操纵市场价格的机会)。一般情况下,制造商在一个地区对经销商经销授权主要看销售规模,正常情况下并不很多,销售规模小的地区可能一家都没有,有些制造厂商仅给某一家关系较好的经销商授权,而其他供应商由于无法获得授权而被定为废标,使得招标活动无果而终。

招标文件中的废标条款过多过滥,投标若有疏漏即为废标,使得经评审后符合招标文件要求的供应商不足3家而流标。

第二,防止流标的对策。通过对导致流标原因的分析,可采取以下对策来防止流标,从而降低采购成本,提高采购效率。

编制全面严谨、科学规范的示范文本供采购单位编制招标文件时参考。产生流标的六个原因中大多数都与招标文件中的相关条款有关,因而制订一套各类采购项目的招标文件示范文本是防止流标的根本途径,可以借鉴国家或媒体上公布的不同采购类别项目的招标文件,结合本地区的实际,组织专业力量出台招标文件示范文本,提供给采购单位作为参考。

在招标文件中要体现公正合理性要求,不得附加任何歧视性条款。对投标人如有特殊要求的,应在招标文件相关内容处加粗注明,以引起投标人的重视。对废标相关条款也应依法设立。

推行多品牌设备的采购方式,有些通用型货物甚至可以不定品牌,只需提出性能参数的要求,这样可以让更多的符合性能要求的货物代理商都来参与竞争。

通过分析流标的原因,采取以上针对性措施,可以有效地降低流标的发生，但并不意味着完全可以避免流标。产生流标的原因远不止以上所列举的几种情形，这就要求在每次流标情况发生后，及时总结和分析产生流标的原因，以便采取正确的处理对策。比如有些产品的生产厂家较少，招标文件中确定的评标定标办法不合理等都会导致流标，只有"对症下药"，才能从根本上解决流标这一问题。

3. 招标与拍卖比较

招标与拍卖都有保护有效竞争、规范市场秩序的运作准则，促进资源的合理化配置和实现最优化效益的功效。在当今强调竞争和效率的世界经济活动中，这两种交易方式已经越来越多地受到重视并被人们广泛采用。

拍卖的范围很广泛，如土地使用权、房屋所有权、破产企业整体资产、机械设备、冠名权、艺术品（字画、古董）、生活用品、食品、专利、高新技术、版权等，凡是法律法规允许出售的物品和财产权利都可以被拍卖。为了实现利益的最大化，许多物品和财产权利的所有人，都采取拍卖方式，特别是在公物处理以及涉案物品变现中，拍卖更具有重要的意义。

招标投标是指采购人事先提出货物、工程或采购的条件和要求，邀请众多投标人参加投标并从中选择交易对象的一种市场交易行为。招标涉及的范围广泛，主要是指货物、工程和服务。实际上货物方面主要是机电设备和机械设备等成套设备，工程方面主要是指工程建设和安装。服务项目的范围包括银行、金融、保险、卫生服务、客货运输、旅游、宾馆和餐饮、研究和开发、住房服务等。联合国及世界经济贸易等国际机构和组织，已将招标投标作为在国际之间进行经济贸易活动的一项通行的重要法则，制定了相应的规定，在全世界范围内加以推行，对世界经济以及国际贸易的发展，产生着十分积极的作用与影响。

招标和拍卖都具有竞争和公平的特性，两种交易方式都是在固定的时间、固定的地点，按照固定的程序和条件进行的，但拍卖与招标有本质的区别。通俗地说，当一方要买，而多方争着卖时，买方根据一定的条件选择一个卖方的交易叫招标，招标方式可使买方的效益最大化。当一方想卖，而多方争着买，卖方按价高者得的原则选择一个买方的交易叫作拍卖，拍卖方式可使卖方的效益最大化。此外，招标与拍卖还有以下不同：

（1）拍卖的最大特点是价高者得，即将物品或财产权利卖给出价最高的人，而招标最大的特点却是购买满足招标文件要求的、要价最低（但不低于成本价)的投标人的货物或服务。

(2)拍卖时,竞买人一般可以多次出价(采用密封递价方式拍卖时,只可出一次价,但这种拍卖方式很少用),而招标时投标人却只能报一次价。

(3)拍卖时的出价是公开的,在拍卖会场上的所有人都能当场知道每个竞买人的出价(密封递价方式拍卖除外)。而招标时,每个投标人的出价都是保密的,只有在开标时才知道。

(4)《中华人民共和国招标投标法》规定,招标人具有编制招标文件和组织评标能力的,可以自行办理招标事宜。而拍卖却不同,《中华人民共和国拍卖法》规定,拍卖人不得在其组织的拍卖活动中拍卖自己的物品和财产权利。

(5)招标可分为邀请投标和公开招标,而拍卖只能是公开拍卖。拍卖是以价格为最大约束的,只要谁出的价格是最高的,就卖给谁,而不考虑其他的因素。招标除了价格的因素外,还要满足招标文件的其他条件,否则出价再符合招标人的意愿,也可能落标。

(6)从合同订立的角度来讲,拍卖人的叫价和竞买人的叫价或应价,均为要约引诱,不是要约本身。但投标人的报价,除另有约定外,均视为要约,不能随便撤销或更换。

(7)招标要由5个以上(单数)成员组成的评标委员会根据招标文件确定的评标标准进行评审,确定中标人或推荐中标候选人后交由招标人最终确定中标人。而拍卖时,一位拍卖师就可以根据最高叫价或应价当场宣布成交,确定买受人。

在拍卖中有一种方式比较特别,那就是"密封递价拍卖",这种方式与招标有更多的相似之处,如:只能报一次价,报价时竞买人之间彼此不知道他人的报价,这是与招标相结合的一种拍卖方式,但这种方式不利于竞争的最大化,因此比较少用。

综上所述,招标与拍卖虽然有很多相似的地方,但完全是两种不同的交易方式,不能随意混用。

第三节　河道采砂的监督检查

按照有关法律法规的要求,行政机关应当建立健全监督制度,通过核查反映被许可人从事行政许可事项活动情况的有关材料,履行监督责任。根据具体情况,对被许可人的监督检查可以定期或不定期进行;对被许可人的监督检查一般以实地检查为主,不需要实地检查时,可以采用书面审查、计算机互联等方式进行监督检查;在行使监督检查职责时,检查人员可以依法查阅或者要求被许可人如实提供有关情况和材料;监督检查的依据是法律、法规、规章和行政许可决定。当监督检查人员发现被许可人未按照法律、法规、规章和许可决定履行义务时,应当责令其限期整改。被许可人在规定期限内不改正的,应当依据有关法律法规的规定予以处理;当接到被许可人违法从事有关行政许可事项的举报时,必须及时核实、处理。

一、河道采砂现场监管

现场监管是指各级水行政主管部门依照相关法律法规赋予的职责和提出的要求,对河道采砂作业活动进行的监督检查。其目的是加强经采砂许可后的采砂作业实施的现场监督管理,及时发现和处理有关违法违规采砂行为,以保证河道采砂管理总体目标的实现。

(一)现场监管人员的职责

第一,宣传、贯彻和落实相关法律、法规和规章。

第二,依照相关法律、法规和规章的规定,维护可采区现场的采砂作业秩序,对采砂活动中的违法违规行为进行查处。

第三,对采砂作业船的采砂作业方案和作业计划进行审查。

第四,采取有效措施,确保采砂作业按采砂许可证的要求和有关规定实施。

第五,对采砂船的作业和运砂船的装载、进出采区的秩序进行监管,并对生产、装载的砂石料进行计量。

第六,为采砂船和运砂船及时填写"采运通联单"。

第七,依法征收河道砂石资源费,依法查处拒缴、拖欠行为。

第八,配合公安、海事部门查处涉砂治安、刑事案件和碍航事件。

第九,记录现场监管工作情况,及时上报现场监管过程中的重要信息。

(二) 现场监管的基本内容

现场监管人员对采砂作业现场进行监管的基本内容如下:

第一,进入的采砂作业船是否持有合法有效的河道采砂许可证或有关批准文件,是否存在买卖、转让、涂改、伪造等情况。

第二,采砂作业船及采砂设备是否与被许可的船只相符、是否按规定设置标识和显示信号。

第三,采砂作业船的技术人员及现场生产管理人员是否符合相关要求。

第四,采砂作业船的安全生产措施的落实情况。

第五,采砂作业船是否在批准的采区范围内、是否按照规定的作业方式和开采控制高程进行采砂作业。

第六,采砂作业是否按照要求处理砂石弃料、船舶污水及生活垃圾。

第七,采砂作业是否遵守核准的开采时限和控制开采量。

第八,采砂作业船是否按照规定缴纳了河道砂石资源费。

第九,采砂船和运砂船在作业现场的生产、停靠、装载、进出采区等是否遵守规定。

第十,采砂船和运砂船在采区所在水域是否遵守其他相关管理规定。

二、河道采砂行政监督

广义的行政监督是指立法机关、行政机关、司法机关、社会政党、社会团体、群众组织、公民、社会舆论等多种政治力量和社会力量,依照法律的规定,对国家行政机关及其工作人员的行政管理活动,是否符合法治原则,是否符合国家和人民的利益所进行的监察和督导;狭义的行政监督是行政机关的一种行政行为,是指以行政机关为监督的主体,以行政管理职权,对管理对象及所管的事务实施的监督检查活动。

（一）河道采砂行政监督的主体

作为行政执法监督的主体，必须是人民政府、行政执法部门，监督的对象必须是下级政府或行政执法部门。河道采砂执法监督的主体包括三类：一是各级人民政府；二是水行政主管部门；三是流域管理机构。

（二）河道采砂行政监督的内容

第一，水行政主管部门制定规范性文件，主要是审查其合法性。

第二，水行政主管部门的执法工作情况，主要是行政执法责任制执行情况和行政执法活动中处理案件情况（检查案件是否查清，适用法律是否正确，执法程序是否符合规定，案卷文书是否符合要求，行政处理决定是否得以执行）。

第三，行政机关执法主体资格、行政执法人员执法资格情况。

第四，行业社会秩序及综合社会评价（主要是指行政执法机关的社会形象）。

参考文献

[1] 卞锦宇,耿雷华,方瑞.河流健康评价体系研究[J].中国农村水利水电,2010(9):39-42.

[2] 陈德赐.河道管理范围内建设项目管理的问题及建议[J].江西建材,2021(8):276-277.

[3] 陈广华.河道采砂管理的创新模式研究[J].黑龙江水利科技,2021,49(12):213-215.

[4] 陈军军.河道管理存在的问题及生态治理建议[J].运输经理世界,2021(6):139-140.

[5] 成波,李怀恩.河道生态基流生态经济价值及其时间变化研究[J].水利水电技术,2021,52(3):94-102.

[6] 崔庚,刘言,佟守正,等.提升水库下游河流水质的生态放流量确定和可行性分析[J].环境科学学报,2022,42(11):184-192.

[7] 刁艳芳,王刚,张倩,等.河道生态治理工程[M].郑州:黄河水利出版社,2019.

[8] 董胜,郑天立,张华昌.海岸防灾工程[M].青岛:中国海洋大学出版社,2011.

[9] 董哲仁.河流健康的内涵[J].中国水利,2005(4):15-18.

[10] 董哲仁.河流生态系统研究的理论框架[J].水利学报,2009,40(2):129-137.

[11] 方国华,叶晓晶,姚怀柱,等.基于模糊物元法的农村河道生态状况评价[J].中国农村水利水电,2022(4):80-84,91.

[12] 冯兰文,耿志军.浅谈如何做好生态水利工程管理[J].国际公关,2021(11):73-74.

[13] 高晓冬.河道治理工程对水文监测影响因素分析[J].河南水利与南水北调,2022,51(2):49-51.

[14] 耿金荣.谈河道管理存在的问题及建议措施[J].山东水利,2021(5):61-63.

[15] 韩玉玲,严齐斌,应聪慧,等.应用植物措施建设生态河道的认识和思考[J].中国水利,2006(20):9-12.

[16] 韩玉玲,岳春雷,叶碎高,等.河道生态建设——植物措施应用技术[M].北京:中国水利水电出版社,2009.

[17] 郝弟,张淑荣,丁爱中,等.河流生态系统服务功能研究进展[J].南水北调与水利科技,2012,10(1):106-111.

[18] 何用,李义天,吴道喜,等.水沙过程与河流健康[J].水利学报,2006,37(11):1354-1359,1366.

[19] 胡一三,宋玉杰,杨国顺,等.黄河堤防[M].郑州:黄河水利出版社,2012.

[20] 黄智杰.植物造景在风景园林设计中的应用[J].特种经济动植物,2023,26(1):153-155.

[21] 霍二勇.孝河堤岸防护工程设计与管理对策[J].山西水土保持科技,2015(3):26-27.

[22] 嵇晓燕,崔广柏.河流健康修复方法综述[J].三峡大学学报(自然科学版),2008,30(1):38-43,59.

[23] 贾茹.河流生态修复研究[J].建筑工程技术与设计,2018(30):2389.

[24] 孔维博,尹亚敏,彭尔瑞,等.山区河流生态河道治理工程扰动区植被群落恢复的影响研究[J].中国农村水利水电,2021(3):31-35.

[25] 李成,高丹丹,杨小露,等.浅析河流生态修复[J].农业与技术,2016,36(5):151-153.

[26] 李金朋.水利堤防险情的成因和抢护措施解析[J].科技创新与应用,2016(17):211.

[27] 李妹姣.多条件下生态河道治理探讨[J].湖南水利水电,2020(2):48-50.

[28] 李想,刘睿,甘露,等.筑坝河流生态系统变化与响应研究[J].人民长江,2021,52(8):63-70.

[29] 李薛锋,尹娟,邱小琮.径流季节变化对清水河河道生态环境需水量的影响[J].水土保持通报,2022,42(3):23-28,35.

[30] 廖颖娟,占安安.河道生态堤防工程设计研究[M].昆明:云南科技出版社,2020.

[31] 刘爱丽,苑晨阳,和吉.我国河道采砂许可方式演变分析研究[J].东北水利水电,2023,41(2):22-25,71.

[32] 刘昌明,刘晓燕.河流健康理论初探[J].地理学报,2008,63(7):683-692.

[33] 刘和昌,孙前,李伟,等.基于生态流速求取河道生态流量的方法研究[J].水力发电,2022,48(6):27-29,89.

[34] 刘心怡,刘婵,敖偲成,等.城市化对河流着生硅藻物种和功能多样性的影响——以深圳市河流为例[J].环境科学学报,2022,42(11):435-444.

[35] 毛昶熙.堤防工程手册[M].北京:中国水利水电出版社,2009.

[36] 南军虎,刘一安,陈垚,等.裁弯河道内生物栖息地改造及生态流量估算[J].水资源保护,2022,38(3):189-197.

[37] 孙新.山区河道治理工程研究[J].陕西水利,2022(6):65-67.

[38] 孙雪岚,胡春宏.河流健康评价指标体系初探[J].泥沙研究,2008(4):21-27.

[39] 唐涛,蔡庆华,刘建康.河流生态系统健康及其评价[J].应用生态学报,2002,13(9):

1191-1194.

[40] 汪鹤卫.长江河道采砂规划认识与思考[J].云南水力发电,2022,38(12):6-9.

[41] 王翠娜.关于人工湿地污水处理技术在城市建设的应用探讨[J].中华建设,2022(9):99-100.

[42] 吴春华,牛卫华.论河流生态系统健康[J].人民黄河,2006,28(2):10-12.

[43] 吴晓敏.青草沙水库北堤水生态修复策略与范围分析[J].净水技术,2018,37(S1):4-7,13.

[44] 熊坤杨.生态河道治理模式及其评价方法研究[J].中国高新科技,2019(3):111-113.

[45] 徐海飞,赵微人,纪芸.基于河道健康生态系统和水量平衡的城区河道生态环境需水量研究[J].湘潭大学学报(自然科学版),2022,44(6):99-105.

[46] 闫磊.堤防工程设计[J].河南水利与南水北调,2020,49(8):69-70.

[47] 杨丽蓉,陈利顶,孙然好.河道生态系统特征及其自净化能力研究现状与发展[J].生态学报,2009,29(9):5066-5075.

[48] 杨晴,张建永,邱冰,等.关于生态水利工程的若干思考[J].中国水利,2018(17):1-5.

[49] 姚仕明,胡呈维,渠庚.三峡水库下游河道演变与生态治理研究进展[J].长江科学院院报,2021,38(10):16-26.

[50] 张启军.河道管理档案收管用工作思考[J].山东档案,2021(5):52-53.

[51] 张婉婉.生态水利工程设计若干问题的探讨[J].山西农经,2018(14):71.

[52] 张韦韦.植物造景在生态河道中的作用与艺术手法[J].南方农机,2018,49(4):216,226.

[53] 张肖.河道堤防管理与维护[M].南京:河海大学出版社,2006.

[54] 张洋,王超.河道治理及生态护岸工程措施研究[J].工程技术研究,2022,7(18):56-58.

[55] 张晔.基于现代生态水利设计原则的探讨[J].黑龙江水利科技,2018,46(9):88-89.

[56] 赵晨程,高玉琴,刘钺,等.基于云模型的生态河道建设评价[J].水资源保护,2022,38(2):183-189.

[57] 赵鹏程,陈东田,刘雪,等.河道生态建设的技术研究[J].中国农学通报,2011,27(8):291-295.

[58] 赵彦伟,杨志峰.城市河流生态系统修复刍议[J].水土保持通报,2006,26(1):89-93.

[59] 赵志强.河道管理与堤防工程维护探讨[J].农业科技与信息,2021(5):36-38.

[60] 周风华,哈佳,田为军,等.城市生态水利工程规划设计与实践[M].郑州:黄河水利出版社,2015.

[61] 周锁明.河道管理存在的问题及对策[J].清洗世界,2022,38(3):135-137.